在别的星球上

SUR LES AUTRES MONDES

［法］吕西安·吕都 – 著

王秀慧 唐淑文 – 译

北京联合出版公司
Beijing United Publishing Co.,Ltd.

太阳和月亮是两颗古人观测到的外观和真实形状相符的星球

月球上的日出和日食

显示了月表各种色调的月球图——卢西恩·鲁达乌斯于东维尔莱班天文台绘制

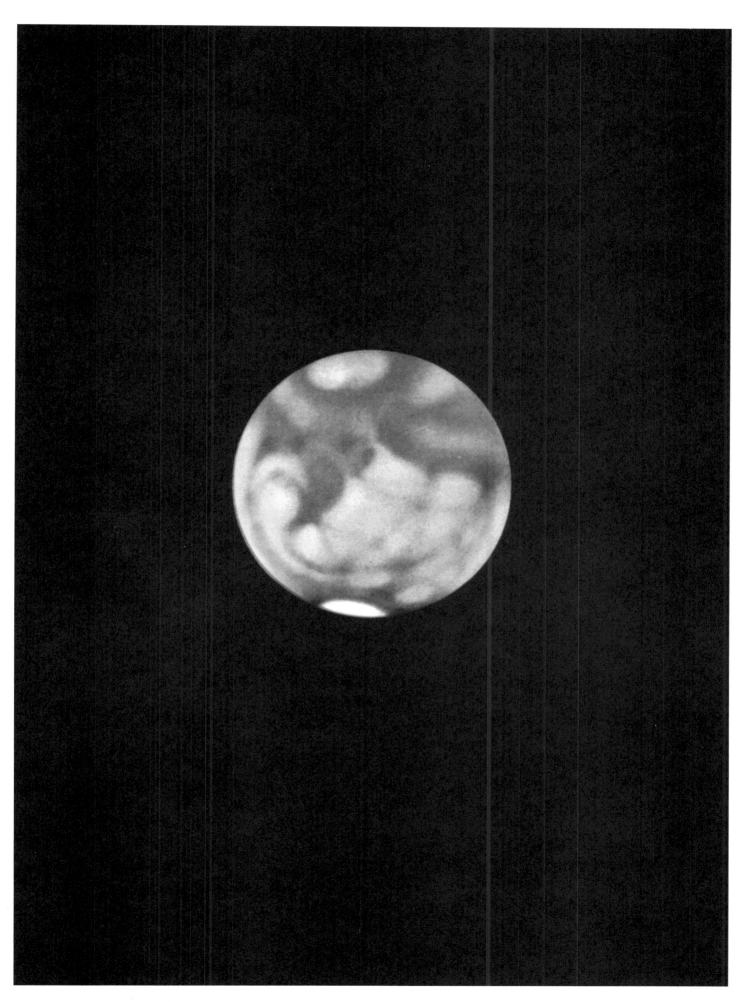

望远镜中的火星

火星上被认为是沙漠地带的景观的可能特征

黄昏时的火星，天上有两个小"月亮"，地球闪耀如夜晚明星

火星上被称为"海洋"区域的景观的可能特征

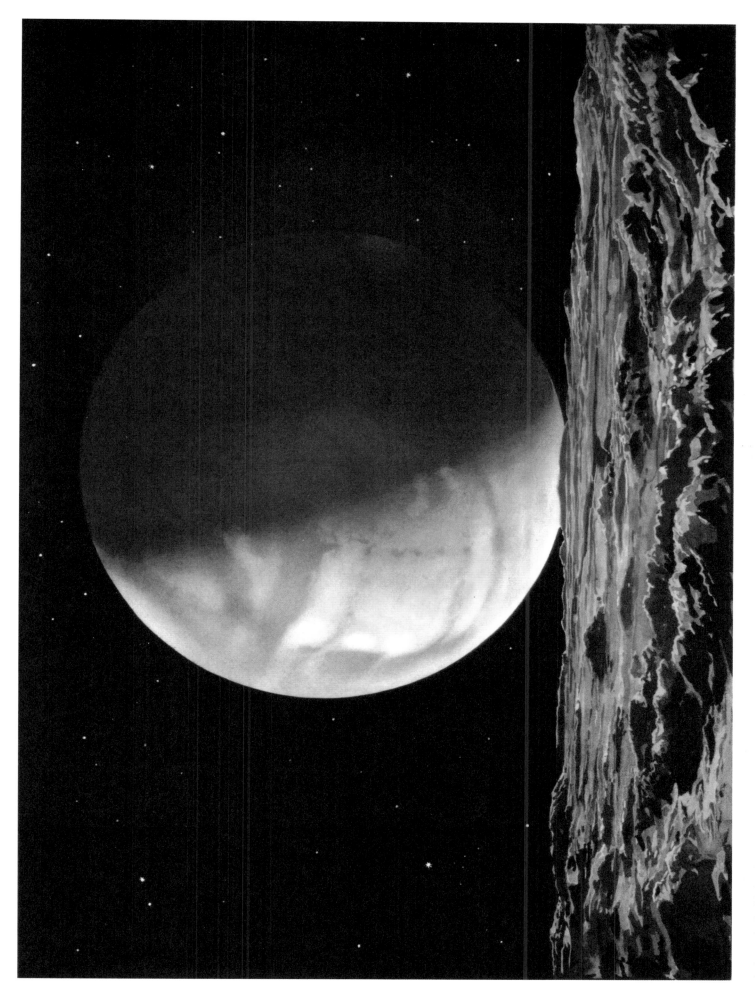

在火卫一上看到的火星表面

在一个至日时，从土星卫星上观测到的明亮的土星

与在地球上看到的太阳相比，在天王星上看到的太阳只是一个大光点

从金星上看到的太阳圆盘近于是从地球上看到的两倍大

与从地球上看到的太阳相比，在水星上看到的太阳就像一个巨大的巨盘

在海王星的天空上，太阳只是一颗明亮的恒星，其视直径是从地球上看到的 1/30

与在地球上看到的太阳相比，在土星上看到的太阳只是一个小圆盘

在木星上看到的太阳有地球上看到的 1/5 宽

在一个双星系统中，在两种不同颜色的"太阳"照耀下，行星表面可能呈现出的景观的效果图

从木星第一颗卫星表面看到的木星

望远镜中的木星及其"红斑"

从土星卫星上看到的奇异的土星相位

目 录

第三章　月球

046—101

第四章　水星

102—125

第九章　土星

222—239

第十章　天王星，海王星，冥王星

240—253

第十一章　太阳与恒星

254—267

前　言

本书并非一部天文学专著。作者仅仅想借此书引领大众初步了解地球所属的太阳系的构成及其运动。

作者通过综合与概括向我们讲述了这个偏居一隅的星系的历史。最新光学仪器的不断完善以及天文学家们孜孜不倦的钻研，使身处星屿深处的我们得以观察、理解周遭发生的所有奇迹。

在第一章中，我们回顾了用来解释这一世界的所有理论和想象"体系"。古人的基本观念、中世纪的信仰、文艺复兴时期的发现、17世纪与18世纪的推理论证及逻辑演绎，知识世界的每一时期都在为这一公有建筑添砖加瓦。最新的现代化进展要归功于科学方法与数学的普遍应用，尤其是仪器技术的发展。

第二章阐述了人类观测天空所采用的众多调查和研究方法。从简单的放大镜一直到威尔逊山天文台口径2.5米的天文望远镜……我们依旧在期待更好的工具出现。

下文专辟章节论述了组成太阳系的每个天体，从离我们最近的卫星——月球开始。可以说，我们对月球表面的熟悉程度甚至超过对地球上的某些区域。接着，从太阳系的引力中心——太阳出发，作者依次向我们介绍了"天外的地球"：几乎被距离最近的太阳掩去光芒的小小水星；在迷雾中让人难以辨认的地球的孪生姊妹金星；令大众尤为好奇的火星；数以千计的星体微粒——小行星，其质量之和相当于地球质量的 1/1000*；巨大且不稳定的木星；复杂而神奇的土星；在我们宇宙边缘的天王星和海王星；最近被发现的更遥远的冥王星。

本书还专辟一章来介绍巨大的光热源——太阳，其中有少量篇幅用来简要介绍其他"太阳"——那些在不可估量的远方闪耀的恒星。

神奇之旅最终以两大问题告终：一是对地外生命存在可能性的普遍思考，二是着眼于宇宙航行学研究。

---

* 天文学知识的更新建立在测量方法和工具的进步基础之上。本书于20世纪30年代出版，即便在当时达到了高度的客观性和科学性，但必然存在一些具有时代特性的理论、结论和数据，例如此处。实际上，迄今为止已知的小行星已有80多万颗。但为尽可能呈现时代原貌，保证数据和结论与测量方法及工具的统一，本翻译保留原书中的各种数据及知识点，以脚注对较重要的信息进行相关注解。——编者注（以下注释若无特殊说明均为编者注）

天文学研究尤为艰难；通常那些表示持续时间、距离和大小的"天文数字"都是我们无法理解的。我们很难意识到，这些可怕的数量在我们的认知范围内没有任何可能的参考。因此，推广这门科学困难重重，但是本书作者艺术天赋卓越，叙述通俗易懂，并配有大量解释性图片，尤其是一系列经科学重构后极具启发性的"行星景观"图，真正把我们运送到了其他星球之上，甚至可以说让我们用手触摸到了它们。

书中的资料是无数直接观察的成果；作者吕西安·吕都根据最新披露的科学信息收集了大量资料，这些资料启发他写成了一部能够普及所有人的著作。他审慎地删去了某些可能过于令人费解的研究进展，同时并没有忽略任何要点。

诚然，如果我们希望从阅读这样一部作品中获得一些成果和愉悦，事先必须暂时忽视主流看法和基本常识。

比如，我们的地球是一颗飘浮在无边宇宙中的天体，在这无边无际的宇宙里有着数十亿颗跟我们的太阳既相似又不大相同的恒星。除了那些已成为我们现有知识的坚实基础和被明确接受了的科学观念，仍有无数的假想不断面世，它们或相互补充或相互矛盾。事实上，昨天的错误经常为明天的真理铺平道路。

根据类比推测，其他天体可能已经孕育了一些生命，这些生命形式与地球上的生命或多或少有些许相似之处。

如此，在不久的将来，我们只要跨出一步，就可能会与这些天外文明打交道……那些浪漫的想象终将驶向迷人的未来。

与此相反，另有观点认为，地球表面的蓬勃生命可能只是茫茫宇宙中的一个个例。

这种充满假想的科学，尽管存在着许多无解之疑，却吸引无数人放弃口腹之欲，置身于假定理论的研究领域之中，多么神奇！

我们没有错过这门科学，事实上，我们经常走得太远。

作者认为，在老老实实止步于所获知识极限的同时，重新规整所有资料大有裨益。

如果读者看完本书后能得出以下结论，那么作者便实现了他的目标："这部分确凿无疑，那部分极有可能是正确的；鉴于我们当前的知识水平和所掌握的方法，剩下的部分还不能被把握，未来会将其攻克。"

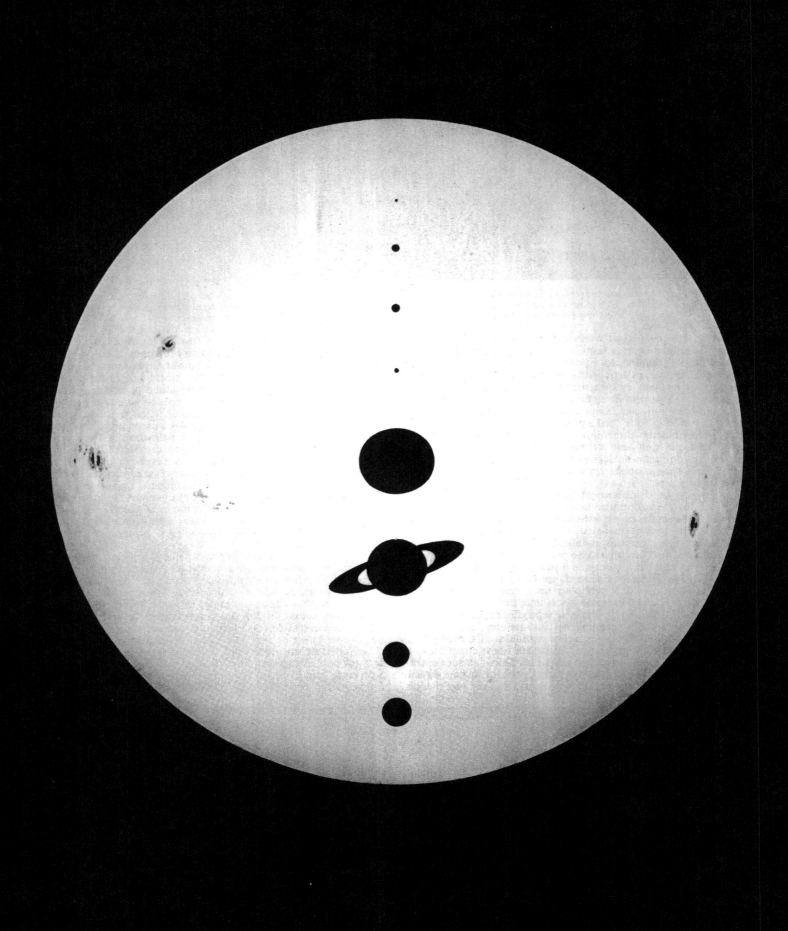

第一章 天文知识

在谈论其他星球之前，我们必须首先强调天文科学的发展以及当前采用的研究方式和方法，否则我们将无法展开这一话题，更遑论书中呈现的各种描述，况且乍看之下，人们可能会斥责这一主题是虚诞的天方夜谭，但重要的是，自古以来它一直吸引着人类前仆后继，这些先驱先后带来他们对星辰这一永恒问题苦苦追索后的回答。我们更要承认的是，当今时代给出的所有答案都是建立在直接观察、计算测量以及现代科学技术应用的理性基础之上；而当这些研究并未给某一事态提供一手资料之时，我们可以将其与经验进行对照，获得想要的结果。

最终的胜利可能尚未来临——远远没有。任何断言都是在忽视进步；但可以肯定的是，每一天，我们关于天体的认识都在不断清晰、不断补全。尽管如此，尽管待探索的领域还如此广袤，但可以这么说，我们合情合理的好奇心已经得到了满足。这并不意味着我们现在已经有能力揭开其他世界本质的"面纱"，而是我们已获取的知识足以对它们进行相当完整的描述。我们不用进入简单灵活但缺失根据的猜想假设就能够谈论它们。这一广阔多变的想象领域终会被抛弃，我们将驻扎在精确知识为我们打开的绝对领域内。

在书中介绍天文发现的演变范围及其酝酿出的概念领域，可能会偏离本书的性质，但在主线中回顾这漫长精彩的一路至关重要，因为这漫漫数世纪的求索使得 20 世纪的天文学家们更加清楚地了解宇宙、接近真相。

古人眼中的天空

我们所知的最远古的资料证明：人类自古以来就注意到了天体，并力图揭开他们置身其中的这一伟大谜题。然而我们的先辈不知自然法则，缺乏光学仪器，对母星——地球的认知也乏善可陈，他们对天象以及天空中星辰的概念自然全是谬误。此外，我们很难知晓古人对宇宙的真正认识，原因有二：一、缺乏证据手稿——它们几乎全部葬身于亚历山大图书馆[1]的大火之中；二、神话攫取了尚存的资料，将其改头换面，淹没在宗教信仰和神话传说的废纸堆里，例如，作为

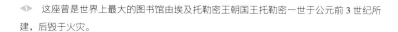

➤ 埃及第十八王朝石碑，现存于开罗博物馆。碑上是崇拜朝之太阳神阿吞的埃及人，阿吞神以太阳圆盘的形象出现。

◆ 这座曾是世界上最大的图书馆由埃及托勒密王朝国王托勒密一世于公元前 3 世纪所建，后毁于火灾。

真正的学者，古埃及的祭祀们严谨地观察并研究天空及天体运动，这一科学赋予他们凌驾于人民之上的无可质疑的权威，但祭司们善财难舍，只将其作为宗教启蒙传授给几个信徒，以防止如此珍贵的发现被泄露出去。信徒们知道什么呢？几个巧妙的神话就满足了好奇心，他们也就不可能发现其中的具体事实。今天，许多作家如饥似渴地查阅神话寓言，希望发现其中可能蕴藏着的部分精确科学。然而必须承认的是，我们很难确定，某个精彩的故事是源自观察事实，还是诗意的想象游戏。

此外，古代的天文学家们发现了什么呢？他们的认知显然来自长期的凝视观察。他们先是被天空呈现出的无可比拟的景观所吸引，继而注意到某些经常出现的表象。为找出其规律及周期，古人只能用肉眼耐心地观察和研究。要知道，第一架折射望远镜直到 1610 年才面世，但天文观察则可追溯至公元前几千年。正因是亲眼所见，所以他们不会怀疑这是否是天空的真正模样。当时流行的观点认为，天空不过是随机点缀着各种光源的拱顶。如果那时的人们没有能力估量天体与我们之间或近或远的距离，那么在他们眼中，这些光源不就像是在弯弯的天花板上缓慢运动，且与我们的距离同样遥远吗？在地球上的任何一个角落，人们都能观察到天体在这一运动的牵引下浮出地平线，缓慢升到一定高度，然后慢慢降落直至消失在天空的另一头。

古人还将天空看作围绕地球转动的球面，对此我们同样不应大惊小怪，即便这唯一的球面假说很快便不足以

▲ 摄影记录下的星空的视动现象。在静止不动的照相机前，星星缓缓移动，影像也随之在感光板上变幻成一道道我们此刻见到的和谐的光迹（曝光时间：1 小时）。

解释不同天体的各种运动。事实上，古人对天上之物的持续观察揭示了三种天体。首先是向地球挥洒光芒的太阳和月球，它们是能够通过人眼观测其视直径[1]的天体。其次是"流浪的星星"（行星），它们根据时间出没，在空中画下一道道或长或短的弧线。最后一种是"固定的天体"，即由无数天体组成的星团，它们的相互位置不变，以一种恒定的速度在我们的头顶上旋转。因而，当时的人们以为这些固定的天体按所属类别在互相嵌合的轨道上转动，而这整个同心拱顶系统则围绕宇宙的中心——地球而转，为人类提供效用，供人类赏玩。

古希腊哲学家来到埃及收集古埃及祭司们耐心、规律的观察的成果，超越或者说补充完整了其中一些基础概念，并加以综合。如此一来，他们飞快地了解到了天体的运动。公元前 600 年，毕达哥拉斯教授学生，地球及太阳是球形结构。那时他便断言，太阳在空中不动而地球绕着太阳运动。他还猜想这些星星也同太阳一样。这一如此接近真相的宇宙观却似被前人的观念扼杀了，直到 2000 年后经哥白尼重新拾起，毕氏理论才最终取得胜利。

◆ 指被观测的物体在垂直观测者视线方向中心的平面上产生的透视投影的直径，并非真实直径，现一般称为角直径或视角直径。

▲ 人类的目光自古便凝注在星星上。夜幕一降临，天上的星星就被点亮了，有些组成了几何图案，形成星座，更加吸引人们的注意。

公元前 3 世纪至公元前 1 世纪，蓬勃发展时期的亚历山大博学园拥有许多杰出的天文学家：埃拉托斯特尼、阿利斯塔克、喜帕恰斯以及托勒密。托勒密博学多才，编纂了著名的集大成之作《至大论》。为了不偏离主旨，此处我们就不再详细列举之前提到过的这些古代天文学家的工作。我们不得不钦佩这些智者的能力，敬慕他们杰出甚至天才的发现：在缺乏光学仪器的情况下，仅凭十分简陋的测量工具，便能确定地球的圆周长，大致准确地计算出地月距离，发现岁差……托勒密正是在这些要素的基础之上才建立了著名的托勒密体系 [1]。他自然而然会将地球看作宇宙中心，天体绕地球做圆周运动；认为月球离地球

最近，其次是"内行星"水星和金星，再次是太阳，太阳之外便是所谓的"外行星"们。由于这一组合过于简单，无法解释所有行星运动，因此托勒密又在其体系的基础之上加入了"本轮"概念，即天体绕主圆周轨道上的一点做小圆周运动。每颗行星在公转时也在做本轮运动：金星公转周期 225 天，火星为一年又 222 天 [2]……托勒密体系看起来无懈可击，乃至在长达 1700 年的时间里都拥有统治力。此外还需指出的是，托勒密体系不仅构思精巧，还蕴含丰富的宇宙志知识。古代的天文学家们几乎全神贯注于天体运动，而无暇顾及天体构成、形状及其相对距离。这一点很容易解释——这些学者生活在天空异常纯净的东方，他们可以不间断地标出星星的连续位置，建立数据，进而推断出其组合运动，但至于这些天外来客的自然状态，他们就无从得知了；此外，由于自我中心主义作祟，他们视星辰为装饰夜空的照明光源。前人兴许试过测算日地距离，但均以失败告终。

◆ 即托勒密地心体系。

◆ 现测定火星公转周期为 687 个地球日，即 1.88 个地球年（一年又 322 天）。

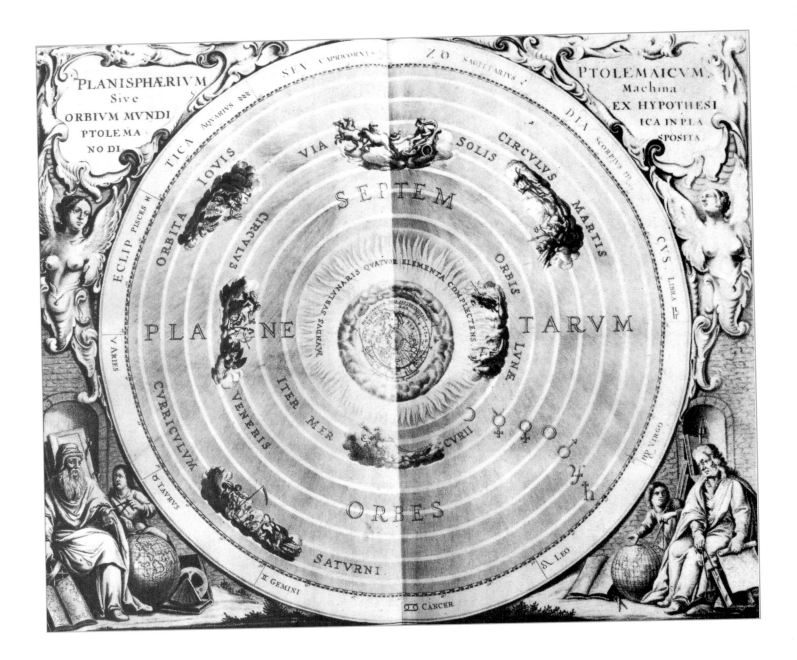

▲ 托勒密的宇宙体系：地球是宇宙中心。摘自安德烈亚斯·塞拉里乌斯编著的星图《和谐大宇宙》，阿姆斯特丹，1660 年。——拉鲁斯出版社

一些哲学家认为，在地球和其伴随物太阳及行星组成的地球体系外，可能还存在着其他类似体系。毕达哥拉斯学派的信徒们甚至断言"每个天体都是一个世界"，但通常说来，确定这些世界的数量着实是个难题，每个人根据其哲学理论所给出的答案都不尽相同。

基于五种柏拉图立体、地球五大洲、人体五感，柏拉图认为存在五大

世界。而后，伊壁鸠鲁的学生卢克莱修则宣称存在无数个世界。他说，既然没有什么是独一无二的，任何生命、任何物体都有族属系派，那么散落在太空中的天空、海洋、星星也是无尽的。然而这一伟大设想被宗教论据打败了：在无限世界之中，须有许多同上帝一样强大的朱庇特神 [1]。而在泛神论逐渐沉沦、一神教日益兴起之时，这种异议十分可怕。

我们可以看到，这些观点与天文学和基于事实观察的推理演绎已不再相关。实验科学被辩证科学取而代之。我们可以设想这会启发出多少种不同的假说啊！

至于邻近地球的天体，尤其是太阳和月球，对它们的猜想更是五花八门，有些甚至是毫无根据的怪力乱神之语。比如，阿那克西曼德认为太阳是地球的 28 倍大，阿那克萨戈拉认为太阳比伯罗奔尼撒半岛大一点，而赫拉克利特却认为太

◀ 朱庇特神，古罗马神话中的众神之王。

阳只有 1 英尺 [1] 大，斯多葛派则将
太阳看作理性生物……其他观点或照
顾到了太阳的外形，或将太阳跟什么
进行了比较，相对于空口白话而言更
有优势。比如，卢克莱修认为："太
阳不比我们眼中所见更大，也不如我
们眼中所见明亮。因为一个燃烧的物
体向我们辐射光与热时，不管多远的
距离都不会改变我们所看到的它的表
象。"通过类似推理，他认为月球的
体积就像人眼所看到的那样时大时小。
普鲁塔克几乎记载了当时人们对月球
的全部猜想，其中有一种奇怪的假说
声称，我们的卫星只是一面反射地球
的简单镜子，我们看到的黑点则是地
球上的海洋和大陆的影像。希腊的一
位伦理学家则出于个人意愿攻击这一
猜想过于现实：他将月球看作亡灵的
栖居之地，并在一次混杂着神话与形
而上学的讨论中延伸、发挥……

　　以上便是文章主线中对古代世界
留给天文学的遗产的概述。对于对天
体运动的研究而言，这一遗产已经非
常丰富；但如果考虑到对地外世界的
研究，那就乏善可陈了。

---

1 英尺 = 0.3048 米。

▲ 为了解释月球表面形貌，古人将月球比作映照地球形象的镜子。

中世纪的宇宙志信仰以及文艺复兴时期的发现

在科学沉睡的几个世纪里，屡遭侵略的希腊－拉丁世界已然四分五裂，疲惫难支，摇摇欲坠，因此文明重新在西欧生长。然而，一方面，捍卫个人生命、祖国和新生社会的任务就足以使无数代人前仆后继，劳动生活并未给精神生活留下一隅之地；另一方面，《圣经》已经预先回答了才智之士提出的所有问题。中世纪基督教会圣师圣多玛斯·阿奎那采纳了一种类似托勒密体系的宇宙观，他认为所有天体都为地上的居民而生。在这一时期，只有阿拉伯人还在观测天空，他们将亚历山大博学园 [1] 的发现原封不动地传给后人，同时坚持规律性的观察，为以后宇宙志的建构做出了贡献。

人类似乎是经历了迂回转折才重新拾起对天上之物的兴趣的。确实如此，15世纪前夕，人类对大航海的渴望、与日俱增的未知国度的诱惑使得勇敢的水手踏上征程。在看不到岸的海面上没有任何方位标志，水手们只有寻找天上能指引方向的星星。同一时期，印刷术的发明 [2] 使得知识和思想的传播成为可能；人们还发现了古希腊罗马的知识文化遗产。对知识的强烈渴望再一次占据上风，且再也不会黯淡。一代代学者前仆后继，其中的开先河者便是哥白尼。

哥白尼曾拜读过毕达哥拉斯猜想，他借助计算及长期观察得以展示并完成毕氏未完成的设想。正因如此，他被视为名副其实的现代天文学的奠基之人。哥白尼将太阳视为行星围绕的中心，地球只是其中之一，现代学说与之唯一的不同便是指出了有一个天体或是卫星绕地球旋转。因为此时望远镜还未面世，哥白尼和他的前辈们一样，只能用肉眼进行观测。至于其他星星，哥白尼认为，它们都是像太阳一样的恒星，其运动不过是地球自身运动所产生的相对表象。这一崭新概念将摧毁此前盛行的所有理论，因而它并未马上被接纳，直到两个世纪之后才占据上风！人类艰难地放弃了宇宙中心这一他们自认为与自身相称的位置。日心说的胜利经历了多少论战、悲喜，我们在此就不再赘述了。无论如何，我们必须正视当时的哥白尼体系的反对者们所提出的严重质疑：为什么只有地球拥有卫星？后者进行的是怎样复杂的运动？如果太阳系如哥白尼表述的那样，那么行星，特别是地球和太阳之间的行星们，应该呈现同月球相似的相位变化，然而当时的人们却无法发现它们。诸如此类的问题直到第一架折射望远镜瞄向天空才得到答案。

此外，正是海员将望远镜用到了声名卓著的大发现之路上。据史料佐证，第一架望远镜是荷兰的一个眼镜店主发明的，初衷是海用。它由一根首尾两端镶有透镜的管子构成，因此可以将物体的直径放大两三倍。伽利略听说这一发明后，产生了将其应用于天体研究的想法。1610年1月7日，伽利略首次将自制的望远镜瞄向了木星。他发现，木星是个直径相当大的圆盘，伴有明亮的星点。起先他误以为这些星点是恒星，但在随后几夜的不断观察中，他意识到，这些星点不是恒星，而是围绕木星运动的、与我们的月球极为相似的4颗卫星。之后，新的天文发现接踵而来：这位威尼斯学者观测到了金星的相位；清晰地看到了月球上的山脉；辨认出了土星的独特面貌，却始终没有解开土星光环之谜；最后，他将

▲ 14 世纪初期观测天空。选自阿布马谢尔·阿巴拉克斯的《天文学导论》。威尼斯。1506 年。

◀❶ 与前文提到的亚历山大图书馆是同一时期的文化成果，由国家维护，供学者们居住、学习和教学。

◀❷ 这里是指约翰内斯·古腾堡发明的活字印刷术。

▲ 哥白尼的宇宙体系：太阳位于宇宙中心。
摘自安德烈亚斯·塞拉里乌斯编著的《和谐大宇
宙》，阿姆斯特丹，1660 年。——拉鲁斯出版社

▼ 肉眼可见的太阳黑子，其周围区域的亮
度减弱。

望远镜对准太阳，发现了太阳黑子。他感到非常奇怪：用肉眼也经常能观测到的
太阳黑子，为何以前的人类从未发现呢？这大概是因为"即使是一个微小的缺陷
也可能会损害太阳的光辉"这种想法在那些把太阳视为净化之火的人看来是不可
接受的；就算有人曾注意到它们，也会将其归因为视力不良或是其他与太阳本质
无关的原因。

随着天文学观测日渐清晰，我们很容易想象出当年伽利略发出的惊叹。他所
使用的工具比起现代设备来逊色不少，他从未用过放大倍数超过 30 倍的望远镜，
而某些设备先进、位置优越的现代天文台却配备有可放大 2000 倍甚至更多倍数
的望远仪器。尽管简易，伽利略的望远镜却实现了直接观察；只有直接观察才能
为哥白尼体系提供确实依据。托勒密忠实信徒们的反对之声逐渐减弱直至消匿无
踪——金星呈现出的相位同预料的一样，只是距离太过遥远，目力不及，但在望
远镜中一览无遗；月球并非独一无二，光木星便有 4 颗卫星……尽管如此，托勒
密的狂热信徒却还未言弃，直到经过了几代人的更替，哥白尼体系才被认可和接
受。无论如何，哥白尼通过计算将行星系中的天体安置回了真正的位置上，而伽
利略则亲眼看到了它们。

我们在此处稍费笔墨是因为这两位天才不仅是天文学的改革者，还为本书的
主题"行星研究"开辟了道路。我们不关注恒星体系，只着眼于太阳系的世界——
其他"地球"也如我们的母星一般，围绕其他"太阳"运转。接下来，我们要着
墨于行星天文学的进步。对恒星的研究可能与行星研究并驾齐驱，但后者才是我

▲ 与像王冠般镶嵌在夜空中的月亮一样，地球也是我们眼中满天繁星中的一颗。

在他之后，牛顿揭示了天体运行所遵循的定律。这时人们才知道，天体根据质量及彼此之间的距离相互吸引。牛顿是一位真正的百科全书式的通才，他不仅精通数学、物理，还擅长天文学，对异常艰难的月球运动研究贡献巨大。此外，他还是解释潮汐现象的第一人。

们关注的重点。

16 世纪前夕，行星学诞生了，从此，天文望远镜一刻不停地搜索着天空；再后来，其他工具手段如摄影术、光谱学也纷纷登场并做出贡献，太阳系一点一点显露出更加广阔、复杂的相貌。伽利略的一位前辈第谷·布拉赫对于星象位置的测量十分谨慎，得出的结果也十分精确，他的学生开普勒在这些数据的帮助下，对哥白尼体系进行了修正。事实上，哥白尼体系中行星的圆形轨道未能完全反映这些天体的运动，因此开普勒最终产生了椭圆轨道这一想法，并认为太阳处在椭圆轨道的一个焦点上。

现代：天文学进展与解释

也许是因为有了太多发现，也许是因为动力十足，17 世纪和 18 世纪的天文学领域学者云集，优秀工匠辈出。巴黎天文台的首任台长卡西尼致力于确定金星、火星和木星的自转；惠更斯辨认出了土星所呈现出的奇怪外观——一个被圆环围绕的球体，他还发现了土星的一颗卫星；罗默通过观测木卫食确立了光速有限观；牛顿的后继者克莱罗、达朗贝尔、拉格朗日以及拉普拉斯是 18 世纪法国最为著名的代表人物，所有人都知道拉普拉斯 <1> 提出的解释太阳系生命及其形成的著名假说；威廉·赫歇尔是个名副其实的"观察者"——他深知改善光学仪器的必

◆ 皮埃尔 - 西蒙·拉普拉斯（1749—1827），法国著名天文学家、数学家。这里提及的假说指的是拉普拉斯在《宇宙系统论》中从数学和力学角度充实了康德哲学角度的星云说，提出了第一个科学的太阳系形成与演化理论。

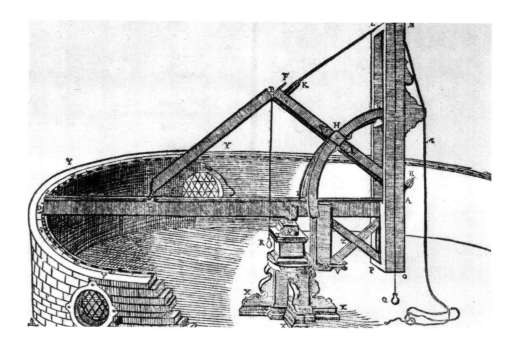

要性，努力制造性能更加强大的观测工具，最终制造出了一架口径 1.45 米的天文望远镜。赫歇尔将大量精力投入到了恒星天文学的研究中，被后世誉为"恒星天文学之父"，但他对一些行星问题也颇感兴趣。他发现了天王星及其两颗卫星，并确定了土星的两颗卫星的自转周期。

就这样，通过精确的数据，关于行星的知识日渐丰富，人们自然而然想要了解其他星球的本质。17、18 世纪的学者们钟爱逻辑清晰易懂的推理，这在当时引起了强烈反响：在古希腊罗马时代及中世纪，人们曾认为，地球不仅地位高于其他天体，还是宇宙诞生的起源；而如今，地球的地位一再下降——与其他天体一样不过是行星链中的一颗。过度谦虚代替了过分骄傲，再加上稍嫌简单化的推演，人们最终认为，水星、金星、火星与木星的特征同地球一样，甚至更加奇特；同时，人们也再无理由认为地球是唯一孕有生命的行星。其著作在科学领域拥有法律效力的丰特奈尔出版了《关于宇宙多样性的对话》一

书，这部社交对话体著作实际上是第一部通俗天文学作品。丰特奈尔在书中解释道，月球是无人之地这种说法已经没有立足之地了，它就如安图说明圣丹尼空无一人一样荒谬，因为一个从未出过城的"巴黎市民"站在巴黎圣母院塔楼顶端，就算能望见圣丹尼市，也看不到城内的居民。同样，行星可能距太阳各有远近，但总有一天，人们会看到星球上的植物、矿物，当然还有生物。丰特奈尔对这些行星逐一观测以研究其上的生存环境，他因从未怀疑过外星生命的存在，便轻率地统统赋予这些古老的星球以生命。通过科学论证、逻辑推理以及温情的想象，丰特奈尔勾勒出火星、木星、土星的社会面貌，与太阳王统治下的王朝大相径庭。

同一时期，数学家兼天文学家惠更斯也涉足了这一问题。作为观星专家，他的观点更加宝贵。惠更斯十分相信逻辑和理性的可靠性，因此在尽可能客观地研究行星、行星间相对距离及各自面貌后，他最终坚定地认为行星的地表特征同地球一样。他是如此推崇行星与地球之间的相似性，以至于他的论述竟不似出自一位科学家之笔。如此经过再三推论——尽管他的论证中只有代数形式具有科学性——惠更斯最终确定了行星生命的存在，自然，他也相信行星生命的体貌同地球上的人类一样。惠更斯详细核查地球上的生物及事物的所有属性，将其赋予相邻的星球，因而其他行星上的人不仅四肢俱全会思考，还像地球上的人类一样拥有知识储备，孕育艺术科学……我们的天文学家还产生了这样一种大胆的想法：这些外星人是不是优于我们地球人……惠更斯对此并无疑虑，他一定认为自己通过进一步的巧妙推演，打开了幻想的大门。

如要继续深入 17、18 世纪所形成的关于其他星球的观点，那我们只能考虑来自当时的学者、思想家的权威意见，因为若要忆及当时以行星为框架或主题

▲ 18 世纪人们想象的其他行星居民——拉鲁斯出版社

的想象作品，这点篇幅远远不够。当时的作家和诗人要么出于对奇幻故事的兴趣，要么为了隐晦表达对社会或政治的批评，纷纷采用月球、火星或者木星作为各自作品的背景。显然，不管这些作品多么奇特有趣，都无法吸引我们的注意。然而，说到这两个世纪丰富的科学文学作品，我们不得不提及伏尔泰的《微型巨人》。这位敏锐的哲学家也涉足了"行星"这一主题，但他的作品不过是对《关于宇宙多样性的对话》以及丰特奈尔在这部作品中采用的笛卡尔主义的愉快批评，要知道，丰特奈尔和惠更斯深受笛卡尔主义影响。简言之，伏尔泰可能是在回答从巴黎圣母院的塔楼上眺望圣丹尼的市民这一问题，他讽刺道，人类总是凭"一个人身上有跳蚤就断言旁边的人身上也有跳蚤"，没有比这个回应宇宙多样性的答案更好的了。哲学家的玩笑吗？批评家的戏谑吗？也许是吧，但同时，这也是对在科学事实面前愈显失败的惠更斯等人的演绎方法的谴责。随着天文技术的日臻完善，天文发现的成果越来越多，也越发清晰，古老的推理方法逐渐被真正意义上的科学方法所代替，这一过程起势缓慢，但随后突飞猛进。科学的方法从特定发现出发，依赖实践来发展。

仅用几页纸就想概括 19 世纪和 20 世纪初期的天文学进展，无异于痴人说梦，因为科学从未像此刻这样巨步向前，我们也从未见过哪个时代曾诞生过这么多出类拔萃的天文学家。首先，数学被大量应用到对天文现象的研究之中，从而带来了众多重大发现。比如，勒维耶 [1] 仅仅通过强大的计算能力就揭示并确定了海王星的存在及其位置；无数的"寻星者"聚焦于浩瀚无垠的星辰宇宙。与此同时，仪器技术与这一天文学分支齐头并进，带来了无数的发现和希望。我们将在下一章逐一介绍这些现代仪器——天文望远镜、光谱仪器、摄影仪器，以及它们在天文学研究中各自的地位。

有人说，这一切都与专家有关，但重要的是，我们须知道学者们基于上述方式方法建立的"确切"描述为我们塑造了怎样的宇宙以及太阳系各星球。上个世纪 [2]，新发明的光学仪器带来了天象的详细细节，但人们经常过于仓促地妄下结论，著名的"火星运河"便诞生于此时（见"火星"一章）。这些在稍后有必要承认的错误解释告诫人们必须谨慎、耐心。今天，天文科学已经发展到了这样一种程度：人们无须想象和做过于烦琐的演绎，就能获取关于行星外表或特性的某些基本概念。现在，人们已然熟知了这些神秘的天体，而这一切要归功于伟大的天文学家兼普及者弗拉马利翁 [3] 及其著作。

尽管如此，如果不首先解释整个行星系统及其在宇宙中所占的地位，我们依旧不能着手定义太阳系的每个成员或掌握它们的特点乃至形象。

◆ 奥本·尚·约瑟夫·勒维耶（1811—1877），法国数学家、天文学家。德国天文学家伽勒根据他的计算观测并证实了海王星的存在。

◆ 在这里指 19 世纪。

◆ 尼可拉斯·卡米伊·弗拉马利翁（1842—1925），法国天文学家、作家，作品包含了天文科普类书籍和早期科幻书籍。

▲ 最初，人类多么倾向于火星上的"运河"想象。

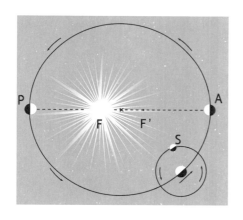

▲ 行星轨道为椭圆形，太阳位于焦点 F、F'
中的一处。行星在轨道上运行时，交替经
过近日点 P 和远日点 A。如图所示，由于
行星的公转，S 处的卫星也被行星牵引绕
日运动。

天文学的描述概念：行星系、太阳和恒星

　　我们会尽可能简要地概述行星系的定义，因为本篇的目的并不在于提供关于
宇宙志的完整论述。

　　行星受引力影响，围绕中心太阳做圆周运动；行星体积各异，在同心轨道上
运行，离中心越远，轨道必然越大。在如此不平等的发展轨道上，天体运动受万
有引力定律控制高速进行，其速度与距离成反比；因此某颗星球沿轨道绕一周比
距日距离更远的星球用时要短，原因有两个：一、周长较短；二、公转速度更快。

　　除此之外，行星的轨道不是正圆形，而是椭圆形，太阳位于每个椭圆轨道的
一个焦点上。轨道的椭圆率，即偏心率[1]，会导致行星距日距离产生规律性的变化，
尽管只有几颗星球会受影响，我们把行星离太阳最近的位置称为近日点，反之为
远日点；同样，由于距离不同，行星在每个点上的运行速度也不一样。这种不规
律性会对与物理环境相关的某些现象产生影响，正如我们将会看到的每颗行星所
特有的现象。考虑到行文简洁及习惯用法，我们目前仅涉及基于平均距离的一般
分布情况。

◆　椭圆率，也称偏心率、离心率，此数据越大，表明行星的轨道越扁。

现在已知的九大行星 <1> 如图所示依次距太阳越来越远 <2>

❶ 水星	❷ 金星	❸ 地球
❹ 火星	❺ 木星	❻ 土星
❼ 天王星	❽ 海王星	❾ 冥王星

◆ 现为八大行星。2006 年 8 月 24 日，国际天文联合会重新定义"行星"这个名词后，冥王星从大行星（有足够的质量使本身形状为球体且有能力清空轨道附近区域的小天体的行星）变成了矮行星（未能清空轨道附近区域的小天体的行星）。

◆ 按照国际天文联合会在 1979 年制定并使用的天文学单位，以太阳 - 地球间的日地平均距离（149 597 870 700 米，一般取 149 600 000 千米或约 1.5 亿千米表示）为一个天文单位，天文时间单位为 1 个地球日，即 86 400 秒。现八大行星和冥王星的平均距日距离、公转周期根据美国国家航空航天局（英文简称：NASA）的数据在表格中相应位置的括号里显示。

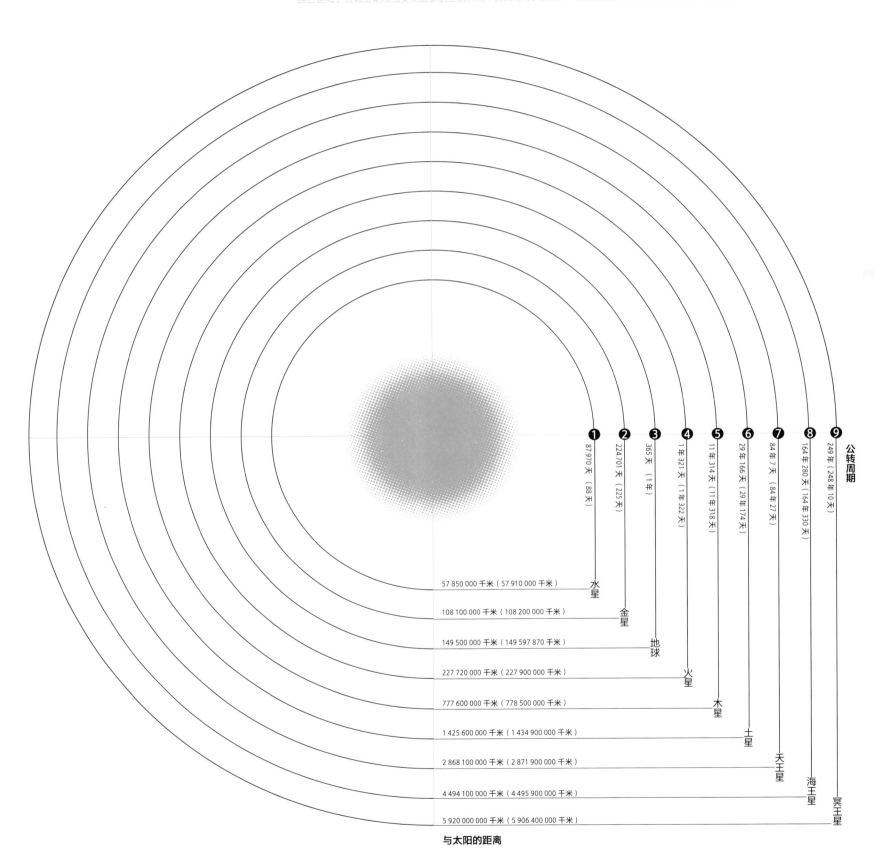

公转周期

❶ 87 970 天（88 天）
❷ 224.701 天（225 天）
❸ 365 天（1 年）
❹ 1 年 321 天（1 年 322 天）
❺ 11 年 314 天（11 年 318 天）
❻ 29 年 166 天（29 年 174 天）
❼ 84 年 7 天（84 年 27 天）
❽ 164 年 280 天（164 年 330 天）
❾ 249 年（248 年 10 天）

57 850 000 千米（57 910 000 千米）水星
108 100 000 千米（108 200 000 千米）金星
149 500 000 千米（149 597 870 千米）地球
227 720 000 千米（227 900 000 千米）火星
777 600 000 千米（778 500 000 千米）木星
1 425 600 000 千米（1 434 900 000 千米）土星
2 868 100 000 千米（2 871 900 000 千米）天王星
4 494 100 000 千米（4 495 900 000 千米）海王星
5 920 000 000 千米（5 906 400 000 千米）冥王星

与太阳的距离

木星是肉眼可见的最远一颗行星，在很长时间内都被视为太阳系的边界。根据上图所示数字，我们可以看出整个体系逐渐显露——首先1781年发现了天王星，继而1846年发现了海王星，最后1930年发现了冥王星。

除了这九大行星，为使定义完整，我们还需加入大量微小的天体，即小行星。肉眼是看不到小行星的，即使用最强大的机器观测，通常也只能看到些微弱的光点。小行星数量庞大，目前已经发现了1200多颗，每年这一数字都在变大。大部分小行星的轨道都聚集在火星和木星之间；最新发现的一些小行星则在偏心率很大的轨道上运动，它们交替接近、远离太阳，

▲ 探照灯下被照亮的巴黎天文台。在这种情况下，建筑物仿佛在夜晚发光，行星也是如此，它们的光芒来自太阳的光线。本张照片上的两个圆屋顶惊人地再现了行星球体发光的条件。

最近时在地球轨道内侧，最远时则在火星外侧。小行星的体积非常小（其中许多直径只有几千米），以致我们对其表面特点及物理环境仍一无所知。尽管我们对小行星颇有兴趣，但从天体力学的角度出发，我们不会于此着墨过多。

我们在此处指出的大行星和小行星的区别只在于其直径，直径决定我们是否会出于某些目的研究它们。在大部分大行星的周围，体积更小的天体或者说卫星在距离不同的位置运转，因而一条拥有几颗卫星的行星链恰似太阳系的缩影。举世闻名的月球是唯一一颗围绕地球旋转的卫星。在对星辰的探索之旅中，我们得知，某几颗行星比地球更加得天独厚，它们各自拥有好几颗"月球"，这些"月球"像我们的月亮一样运转，或多或少驱散了黑夜。

我们眼中闪耀着的行星、卫星中，有几颗有时会特别明亮，但它们本身是不会发光的。这些天体仅仅是向我们反射其表面获得的太阳的光亮，且强度与其距离或多或少成反比，正如夜晚的建筑或物体往往昏暗模糊，但在辐射灯的会聚下竟显得熠熠生辉。任何一颗行星球体只有朝向太阳的那面是明亮的。根据行星相对于地球观测点的空间位置，这个观测视角或多或少可以让我们看到行星明亮的那面——月球的连续相位缘于它在绕地旋转时呈现在我们眼中的不同状态。由于围绕光源焦点运动，行星相继运转到不同位置时，其球体就会像月球一样，显示出不同的光照相位。像这样的观察只能借助相当强大的光学仪器才能进行，因为这些行星离我们太过遥远，距离消减掉了相位变化，以至于肉眼凡胎的我们只能看到闪烁的光点，却不知其体积异常可观。与此同理，这些与地球或月球多少有些相似的天体的真正特点只有通过使用天文望远镜进行大量观察才会得到无可争议的证实。

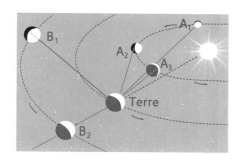

▲ 等距射影情况下，行星球体的照明条件以及地球上不同的观测角度

Terre：地球

1 在地日之间的行星：在A1处，行星的明亮一面几乎全朝向地球；在A2处，只有半面明亮；在A3处，从这一角度只能看到明亮与黑暗的相交处。就这样，一颗星球便呈现出了与月球相似的连续相位。

2 地日之外的行星：在B1处，行星垂直于太阳，我们只能隐约看到相位；在B2处，行星呈满月状，此时行星恰好处在地球的背面。

▲ 不管行星相对于太阳和地球的位置在哪里，在我们眼中，它总是无数或明或暗的光点中的一个。在黄昏时分，古人便如此观察金星，而天文望远镜却能即时发现其相位的真正面貌。

▲ 以木星为例：深夜人眼中的木星以及天文望远镜中的一轮表面被照亮的巨大圆盘。

　　刚刚描述的照明条件与食也有关。食是由多个相关天体的相互运动形成的。当月球行至地球与太阳之间时，对于地球上的某些区域而言，月球完全或部分遮住了太阳，此时，地球处在月球背对太阳投下的锥形阴影里。而当情况相反——月球恰好行至与太阳相对的地球背面时，它就处在地球的阴影里而接收不到阳光，此时，如果月球上有观察者，他会认为发生了日食。这些食——日食或是月食——必定也会发生在其他拥有附属卫星的星球上；这些天文现象产生的景致不一，却格外吸引我们的注意。

　　行星在围绕太阳运动或受太阳牵引的同时，其自身也在进行自转，绕其母星运转的卫星情况也相同。如果我们分别观察每颗行星，就会发现它们的自转周期是不同的；由于行星的自转运动与其围绕太阳的公转运动同时进行，因此不同行星表面的昼夜长短也是不一样的。此外，各个行星自转轴的倾斜度也不一样。正因如此，地球四季交替，昼夜时长不等。由于自转轴在绕日公转期间倾斜（自转轴在太空中的方向固定不变），旋转中的地球的不同区域所直面的太阳光线也变化不定——北半球和南半球轮流成为太阳光照更多的半球。其他行星同地球一样，其球体表面按相同的顺序暴露在阳光下，但根据各个星球的情况，所造成的影响程度不一。

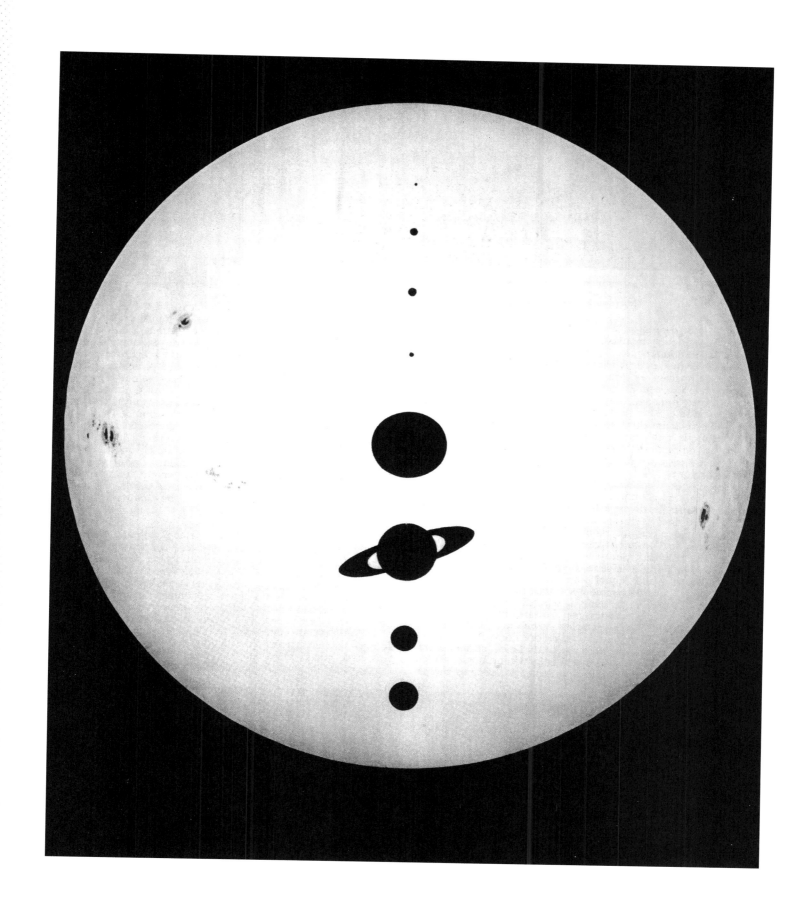

▲ 太阳与主要行星之间的大小对比。
从上往下依次是：水星、金星、地球、火星、
木星、土星、天王星、海王星。

综上所述，太阳是我们这些星球居民的主宰。太阳不仅维持各个星球在其强大的吸引力统率下运动，还施与各星球光亮，使我们可以看见它们；这些光热以及太阳散发的其他大量辐射，还是太阳系中所有天体物质生命的保障。这样一个巨大的火炉有多重要？这正是我们将要明确指出的。

太阳是一颗直径不小于 1 391 000 千米的球体，直径是地球的 109 倍，其体积则是地球体积的 1 301 200 倍[1]。这些参数均符合我们眼中的这轮光辉洒满天空的圆盘，但实际上，太阳的构成极为复杂。它耀眼的表面是阳光的来源[2]，由一层固态或液态的白炽物质组成，中心分布着密度极大的气层，气层上还有其他高温层，外延相当可观。这些外层通常是看不见的，因为透明的地球大气层会散射太阳光线，阻碍人眼观察。只有在日全食的时候我们才能饱览它们的光彩，因为

当这轮耀眼的圆盘被不透明的月球遮住时，其外围会被清晰地辨认出。所有这些区域会周期性发生多种多样的重大奇观，很快我们将一一描述。

◆ 根据 NASA 的数据，太阳平均直径 864 000 英里，即 1 392 000 千米，地球直径 12 742 千米，太阳直径为地球直径的 109 倍，体积为地球的 1 301 019 倍。（https://solarsystem.nasa.gov/）

◆ 太阳大气层从里向外分为光球层、色球层和日冕层，如今天文学界认为地球接收到的太阳能量（即我们所说的阳光）基本上来自太阳大气层底层厚约 500 千米的光球层。

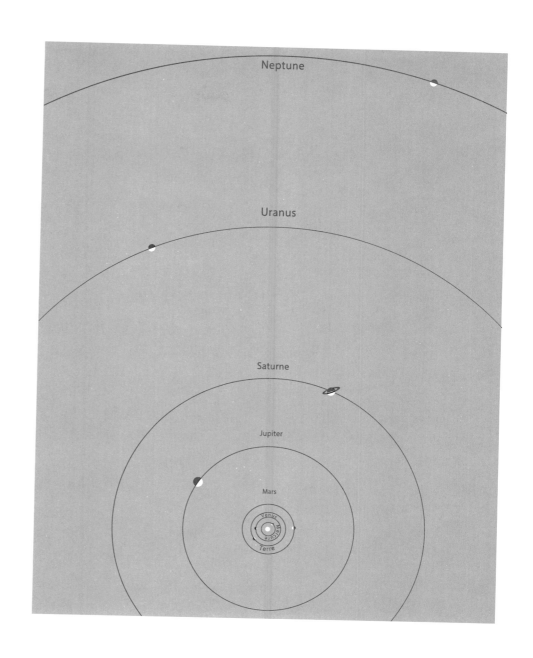

太阳系平面图。冥王星的轨道比海王星的更远，并未出现在图上。

Neptune：海王星

Uranus：天王星

Saturne：土星

Jupiter：木星

Mars：火星

Terre：地球

Venus：金星

Mercure：水星

◆ 即日冕层。

在太阳的发光表面，即光球层上，一些表面暗淡的斑点（与肉眼难以承受的普遍亮度对比的结果）不断生成、变化、消失。有时斑点范围非常广，肉眼也能看到。这些人眼中的太阳圆盘上的黑点，在天文望远镜中显得非常奇特，呈涡流状，范围可达数千千米。我们还会看到大片有着奇怪分叉的更加明亮的区域，我们称之为太阳耀斑。与太阳表面这些扰乱现象有关的是，在比光球层更高一层的色球层上相应显示出了许多规模毫不逊色的意外事件——涌现出神奇的瑰色火焰，喷发出气体或金属蒸汽，这些被统称为日珥。外层就是大气层 <1>，表面光芒四射，瑰丽异常。

以上的简短描述仅仅旨在强调中心天体——太阳的特点及其重要性，这对我们而言已经足够为接下来的篇章做铺垫。通过将这些资料与我们从地球上看到的结果相比较，我们可以理解太阳是如何被其他远近距离如此不同的行星所看到，或者说所感知到。事实上，我们在上文中已经了解到当前太阳系的已知范围发展到了何种程度。

▲ 肉眼看到的天上星星的数量（上）与天文望远镜中的数量（下）的对比。由于星辰的规模必然庞大，为展示其丰富性，下图仅涉及上图树上的星群。

▲ 肉眼看到的银河

　　现在，让我们来试着理解太阳系在可见宇宙中的地位，也就是我们称之为 étoile[1] 的所有汇聚在太空中的天体的地位。让我们澄清一下什么是 étoile。首先要注意的是，在通用语中，这个词被不加区别地用来指代天空中的所有星点；事实上，从简单的视觉上来说，行星呈现出的就是这样按距离成比例缩减的光点，只有通过其运动才能识破它们的本质。另外，我们已经知道，除了通过运动可以将行星辨认出，还有一点，它们的光辉实际来自太阳，因此我们绝不能将行星与真正的 étoile 混淆。étoile 位置固定，且像我们的太阳一样自身可以发光，因此我们可以无区别地说 étoile 就是恒星，恒星就是别的"太阳"。但是不管这些恒星有多强大，任何天文望远仪器都不能像我们窥测太阳那样，将这些天体展现在我们眼前——它们的形象永远都是缩减过的闪烁的星点，而没有可感知的大小。这正是其距离遥不可及的证据。确实，我们与这些恒星相隔如此遥远，以至于大部分的距地距离我们都无法确切估算。诚然，对于太空中一些不太远的恒星的距地距离，现代测量手段以其精确度做到这一点还有些许可能，但对剩下的绝大多数，我们不得不采用各种手段进行我们不敢肯定的一般估量。有关距离，我们最近的"邻居们"的报告足具说服力：目前已知距太阳最近的恒星距我们不少于 35 万亿千米 [2]，还有几颗恒星不算太远，但之后我们要面对的距离则以十倍、百倍、千倍、数千倍计……乍一看我们就遇到了困难：如何用千米为单位列举出这些距离。正因如此，我们更欣赏根据光线抵达视线所需的时间来评估这些距离所代表的无限性。众所周知，光以每秒 300 000 千米 [3] 打败了所有速度纪录，而光线从距我们最近的恒星出发，要经过近 4 年才能抵达我们的视线。既然人们认为恒星的光线会用几百、数千甚至百万年的时间来跨越分隔我们彼此的太空，那么我们就能够估计其他天体与地球之间难以置信的距离，甚至包括得靠强大的现代观测手段才能揭示其存在的最遥远的恒星与地球的距离。在所有天体中，我们要着重指出星云——这个名字足以让我们联想到它的外观。然而，在这整体呈云状的相同外观之下，个体千差万别，而形状也或变幻莫测，或规律整齐。其一部分是真正的气团，另一部分则是因距离遥远才显得密集的星云，看上去就像乳白色的光斑；大部分星云的布局都很特殊，十分引人注目。

　　可以看见的恒星数以几十亿计；所有这些恒星，包括太阳在内，都是同一个巨大集团的组成部分，我们将其命名为银河系。基于数量、距离和整体布局，我们看到的恒星分布决定了星座的图案，形成了美妙的银河。这一景象是由不计其数的恒星沿着某一方向积聚而成的。在银河边际的遥远彼方，存在旋涡星系等其他星系。

◈　法语，即星星，恒星。——译者注。

◈　距离太阳最近的恒星是位于半人马座的半人马座 α 星 C，也叫比邻星，距太阳 4.22 光年，约 39 万亿千米。

◈　现在光速一般精确为每秒 299 792.458 千米。

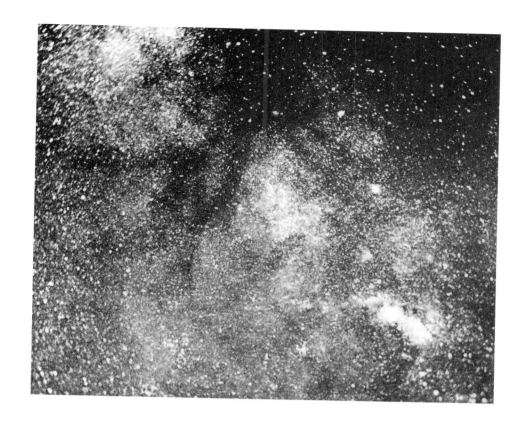

▲ 旋涡星云。M101 星云。摄于威尔逊山天文台（加利福尼亚）。

那么太阳系在哪儿，它在银河系中的地位如何呢？事实上，它的位置并不特殊，也无甚重要。它就像一个平淡无奇的简单天体混入然后遗失在了茫茫星海中。许多比它更大、更亮、更热的其他"太阳"也同样没有什么特殊地位。

至于关于它们的相互位置、特点以及质量等问题，我们可以肯定，诚然，这涉及另一个主题，且相关观察还未有进展。我们的太阳与其他恒星完全一样吗？后者也是某个行星系的中心吗？我们尚不能亲眼证实这一点，因为如果我们认为由于距离，这些恒星只能被看作无法感知其表面大小的光点，那么可以想象的是，我们也绝不可能区分出更小更暗淡的附属行星。因此，只有通过逻辑推理，我们才能设想其他行星系或多或少类似我们的太阳系。

让我们回到最后一个问题上来。尽管与我们相比，太阳无比巨大，但对于周围的宇宙而言，它是微不足道的，由最远的海王星、冥王星轨道环抱着的它的全部范围也无足轻重。我们估计：如果用一张地图来表现太阳系的规模，设太阳直径为 1 厘米，地球轨道则距中心 1 米，海王星轨道距太阳 30 米，冥王星远日点（轨道偏心率非常大）距日 49 米，那么为了在这张地图上标出最近的恒星，我们不得不移到 230 千米之外！

因此，相对于恒星，太阳系中的行星可以被看作挨挨挤挤生活在偏僻小角落里的同一个家庭的成员。然而，从我们栖身观察天象的地球来看，这些行星却是无比遥远，距离我们数百万千米。如被观察到的那样，它们显得各不相同，一些实际上非常庞大的行星在我们眼中却比距离更近的行星还要渺小。长久以来，距离障碍仿佛一道不可逾越的天堑，阻碍人类深入了解其他星球的秘密。如何使用天文科学的人力物资才能跨越这一障碍呢？这就是我们将要进行的研究。

第二章　天文学的研究方法与工具

人类凭借其数学天赋或观察力及其推理能力，再加上某些应用于确定天体运动的测量元素，可以严密地描绘出宇宙天体的排列布局，并且从这一宇宙观合乎逻辑地推演出：与地球的运动一样的天体可能与地球有些许类同。事实上，在长达数百年的时间里，天文学研究方法不得不仅限于上述领域的种种努力，借助刻度尺或刻度圈等工具来保证照准相对精确；人们正是如此来记录角度、提供数据的，太空中一些方位的确定成为了可能。

但对星球及其特点的深入了解已不再属于人类用感官感知的范畴，而后者却是了解星球唯一的可能途径。尽管人类的视力非常敏锐，其灵敏度和适应性也格外出色，但在很多方面仍然无法带来有用的发现，即使是观察离我们最近的行星，比如用肉眼观察地球的邻居。古人可以熟练使用长管瞄准一点进行观察，毫无疑问这会在一定程度上增强人类视觉的敏锐度——长管可以聚焦视线，有了它，眼睛就不会被其他更强的光线或天光所干扰，可以更好地辨别某些天体，但这种工具的用处只是相对的，如果某些细节需要看得更加清楚才能分辨出来，这一方法可以说徒劳无功，它也无法显现那些因天体表面面积太小而看不见的景象。这种工具赋予了人类双眼放大物体的能力，让所看见的东西比正常情况下大 10 倍，但它的作用是受限制的。请注意，古代的天文学家借助这种工具，依然观测到了月球表面的某些特征，看到了不同时期月牙状的金星，还发现了木星的卫星（不同于天上的繁星，木星看起来就像一个小圆盘）。毋庸置疑，这种方法的运用的确大大促进了基础认识的发展，却无法得到只有光学仪器才会带来的发现。

对天外世界的真正研究起始于望远镜的发明。这一发明尽管非常简单，却蕴含了多少希望！对于这些光学仪器的发明时间以及发明者，人们依然众说纷纭，但我们不能忘记天才伽利略用他自制的望远镜所做出的贡献，目前该望远镜被珍藏在佛罗伦萨博物馆内。1610 年 1 月 7 日晚，这只新眼睛望向深远的天空，看到了许多当时肉眼看不见的奇观。

▼ 现代天文仪器都安置在旋转式圆屋顶里，屋顶开口朝向待观测的天空区域。

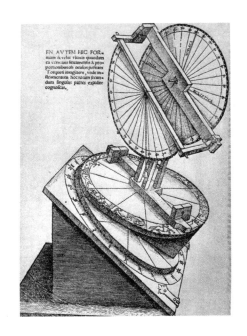

▲ 一种古老的天文仪器，根据 1541 年纽伦堡出版的一本书所绘。

▲ A. 早期望远镜中的土星形象。

B. 现代天文望远镜中的土星形象。

之前我们已经提到过这位威尼斯学者的重要发现，尽管他的发现堪称奇迹，但在很多方面仍有含糊的地方。同样，除开历史兴趣，我们尤其应该从天体研究所涉及的条件出发思考这些发现。尽管使用伽利略的望远镜所得到的图像已比肉眼所见大许多倍，但仅仅按比例放大图像无法满足人类的需要；对于观测的实用性而言，图像还需要有令人满意的清晰度。

伽利略时代的光学仪器技术为他提供的资源十分有限，尽管如此，这一几近简陋的望远镜所带来的发现却轰动一时。它第一次揭露了人类目力不及的东西，但这些在某种程度上非常粗糙的外观图像，就算可以让人估摸出行星轮廓，并最终承认它们的光来自太阳，却无法告诉人们行星的环境是与地球相似还是截然不同。对于今天的我们而言，这些已不再是难题。在这一方面，没有什么比将原始望远镜构图与现代仪器构图进行比较更有意义的了，这样的比较明显烘托出了光学的巨大进步。我们不会详尽讲述这段历史，但会着眼于知识进一步发展的几个重要阶段。我们必须强调研究潜力发展的几个重要性，因为它有助于我们理解：人类对其他星球认识的演变总是伴随着越发清晰的观测。这一点也可以用来解释这一时期人们提出的各种假设、猜想和观点与之前相比发生的深刻变化。这一进程并不总是如此快速且卓有成效，也有停滞不前的时候。某些问题迟迟没有进展，而与此同时，技术的进步却使其他领域大幅向前。有时，研究方法的缺陷甚至会导致矛盾的结果，或者一些才智之士急于得出满意的结论而过早发表理论，但这些理论通常没有坚实的基础，也得不到未来的证实。天文学家以门外汉根本想象不出的精确度和精细度进行着研究，他们所面临的种种困难很难被先验地设想出来，因此他们的所有努力都应更加受到人们尊重。尽管所有这些都是基础问题，我们也必须稍稍费些笔墨，因为它们与本书主题的实质密切相关。

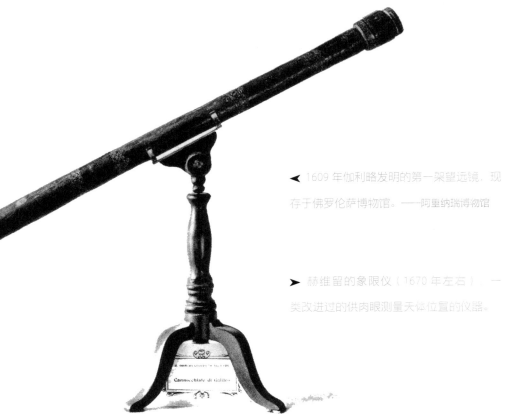

◄ 1609 年伽利略发明的第一架望远镜，现存于佛罗伦萨博物馆。——阿里纳瑞博物馆

► 赫维留的象限仪（1670 年左右）——一类改进过的供肉眼测量天体位置的仪器。

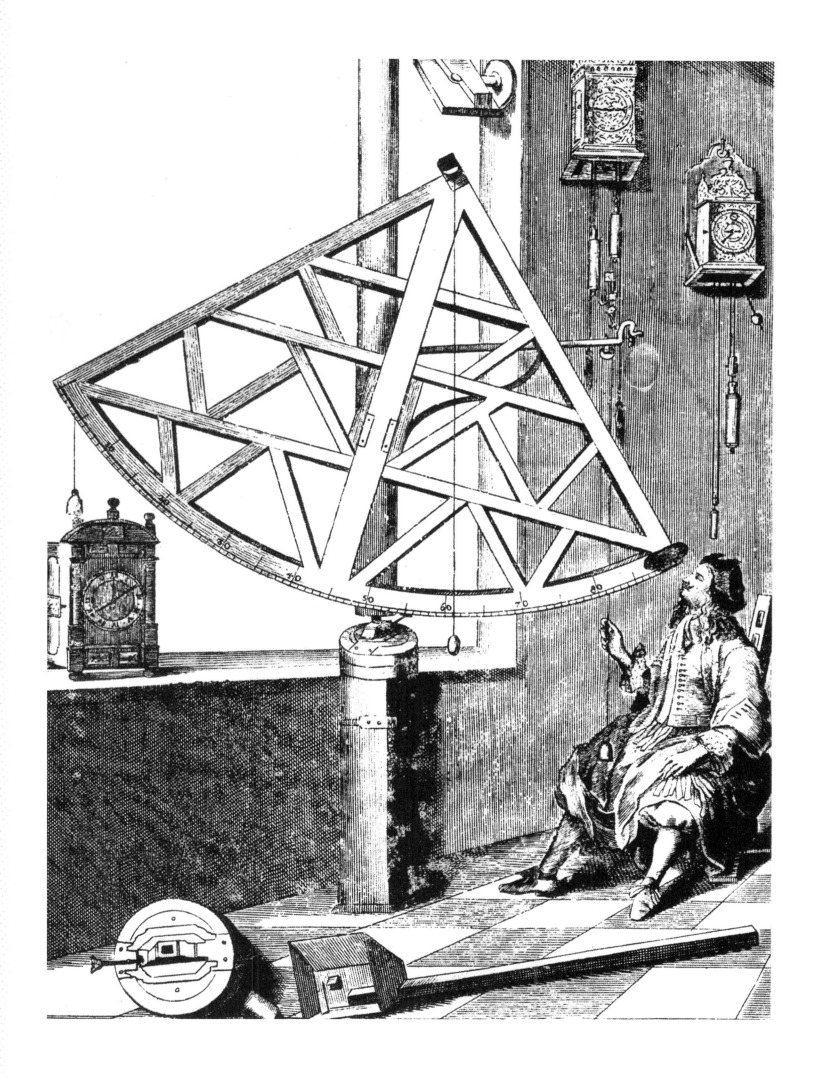

望远镜

▲ 望远镜原理: 物镜 L 在焦点处形成实像 A, 眼睛对准目镜 L', 可看到放大的 A'。

望远镜的原理十分简单。在刚被发明出来的时候, 望远镜近乎一种神迹, 但到了今天, 即便是门外汉也能在各种物理论文中学到关于它的经典解释。为了使行文更加清晰, 我们还是用几句话重温一下它的原理吧。一块被称为物镜的透镜会汇聚来自物体的光线, 通过汇聚, 该物体的实像形成于物镜后的某一点, 这一点被称作焦点。如果此时人们再透过另一块会放大物像的、被称为目镜的透镜观看这一实像, 就会发现它变大了; 放大率与物镜焦距——实像与物镜之间的距离——和目镜焦距之间的比例有关, 换句话说, 物镜焦距越长, 目镜焦距越短, 放大率就越大。

因此, 当人们知道这一原理时, 仿佛就拥有了无尽的希望。如果这一推理走到极端, 便会导致人们产生可以尽情放大天体图像这一畅想, 也就是说可以畅想有如天体就在眼前一样进行观测。

这一畅想尽管十分诱人, 却只是理论上的, 直到现在也没有哪次实践敢声称达到了此效果。观测太空深处的能力受到诸多限制, 尽管如此, 我们绝不能认为

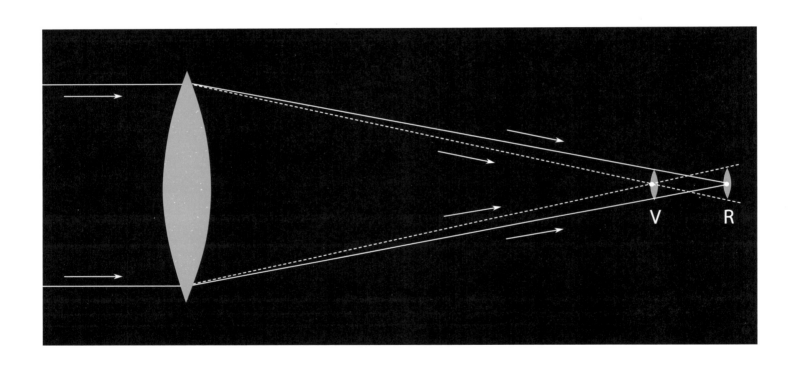

▲ 单块透镜在 V 处汇聚紫光, 在 R 处汇聚红光。如图所示, 与光线轨迹相对应的这些线条解释了边缘镶以红色的、倒立着的紫色图像这一光谱条纹的形成。

这些限制是完全不可逾越的障碍, 它们终将被人类知识的大繁荣所终结, 但我们必须明确指出的是, 解决这些问题涉及许多重大困难。光学定律和超过一定尺寸的仪器构造涉及一些物理、工业范畴内的困难, 其他困难则是地球上的观星者所固有的——地表条件天然形成了观星障碍, 使得人类束手无策。

按照经典原理制造出来的望远镜只能形成不够清晰的图像。即使制作再精良, 这样的仪器也具有根本性的缺陷——这是光的质量所造成的。我们都知道, 光由

多种辐射组成，不同的辐射波长与光谱的颜色相对应[1]。此外，人人都知道牛顿用棱镜分解"白光"的实验，其中光的颜色会呈色列依次铺展开来。多亏了折射，我们才能观察到这一现象。由此，我们很容易理解，折射对于不同辐射而言有着不同的重要性，简而言之，辐射决定了色散现象[2]，而辐射则曾被统称为色彩。不同辐射穿过折射介质会发生不同的偏折：红色偏折最小，光谱另一端的紫色偏折最大。

现在，让我们设想一下，如果把棱镜换成透镜，上文的折射基本定义会发生怎样的变化呢？鉴于透镜的形状，穿过它的光线都被折射到了焦点上。即使折射定义在理论上说得通，在实践中，情况却不尽然，因为正如光线在棱镜末端会被散射出去，构成光线的各种辐射不再集中于同一个焦点之上。例如，观察受折射影响最小的红光以及受其影响最大的紫光分别集中的点，我们会发现，紫光集中点离透镜近，红光集中点离透镜远。一旦确定了这条原理，我们便能轻而易举地得出推论：由单块透镜形成的图像必然显现光谱的边缘颜色，由于促使图像形成的不同光的集中点不同，因而图像的清晰度不够理想；出于同样的原因，目镜形成的图像更加模糊。

况且，早期望远镜镜片的质量和尺寸都无法达到完美，这一点毫无疑问，因此，当时的人们只能模糊地辨认出天体；它们的边缘轮廓仿佛融化成一团彩虹色的光晕，光线越强烈，效果就越明显。这一切都说明，通过最早服务于人眼的光学仪器所获取的对天体的描述和绘图充满了不确定性，这种不确定性不仅体现在宏观特征上，还体现在诸多细节上。如果没有长期进行技术研究，我们就不会特别关注到这种像差。随后，为了修正各种像差，人们想尽办法制造直径巨大的聚焦镜头，这种镜头也许会使亮度明显变暗，但至少可以显著减弱有损图像清晰度的因素。

<hr>

◀▶ 此处辐射是指能量传播的方式，光的量子单位光子（光量子）是辐射的一种，其测量参数之一便是波长，波长越短，频率越高，辐射的光子的能量越高，反之越低；不同波长的光子性质不同，对于可见光，这些不同波长的光子在人眼的观察下便是光谱上的不同颜色。（参考中国科学院高能物理研究所官方网站《光子与辐射》一文。）

◀▶ 不同的光携带的能量不同，波长不同，穿过相同介质时折射率也就不同，从而折射角也不同，因此包含了不同光的一束白光通过棱镜后就能显示出不同的颜色，这个现象也称为色散。可见光范围内，光谱从左至右为红橙黄绿蓝靛紫，从红色光到紫色光，波长逐渐变短。

于是，巨型望远设备诞生了，有些甚至达到了 200 英尺[1]。我们得承认，这种设备操作起来一点都不简单。18 世纪初期，巴黎天文台使用的一块物镜的焦距甚至可达 300 英尺。当助手在天文台的塔楼上或者已搬至天文台花园的 Marly 机械[2]屋架顶上扶着该物镜时，观察者则手持目镜，不断移动，排除种种困难努力寻找目标天体的图像，然后把它调整固定到令人满意的状态。

通过这些简单的细节，我们可以体会到，要付出多少机敏才智、汗水耐心，才能使人类对于天文的认识越来越深入。毫无疑问，如果不是物理

▲ 牛顿天文望远镜的原理。凹面镜 M 将光线反射到小的平面镜 M'，形成焦面像 A，A 再经过目镜 L' 放大成为 A'。

◆ 这里是指望远镜的焦距长度，而非镜面口径。
◆ Marly 机械是法国的工程奇迹，完成于 1684 年，原本是凡尔赛花园为解决喷泉用水所建造的水库。天文学家乔凡尼·多美尼科·卡西尼从 Marly 机械拆出一部分移置到巴黎天文台用以支撑他的超长望远镜。

学领域的某些认知有了长足进步，我们将永远被无数天文现象拒之门外。

上文已经提到，天体图像的放大不是唯一待满足的条件。对于天体图像而言，最重要的是清晰度。完美的清晰度可以为我们提供可识别的、有关细节特征方面的有用信息。在清晰度这一问题上，我们现在便可预料到，下文将要提及的发展即完美清晰度的获得，不仅依赖光学产业的资源与潜力，还会牵涉到另一个相当陌生的因素：地球大气层的影响。任何天体的光线都必须穿过大气层才能抵达我们的视野。

现在，让我们继续关注仪器条件。在这一方面，物镜的设计取得了极大进展：物镜由两块不同材质、不同曲率的透镜结合组成，这样会减轻棱镜色散带来的有害影响，使所有光线近乎完美地集中在同一个焦点上。由此获得的图像同时具有令人满意的清晰度和整体亮度，以便被大幅度放大。从这个意义上来说，现代光学的手段和方法已经得到了应用，我们现在制造出的镜头和镜面可以说是完美的。

在大致思考了与早期望远镜有关的问题后，让我们以同样的探索精神来谈谈天文望远镜。在某种程度上，"天文望远镜"这个名字已经成为日常用语中天文学家用来窥视天空的所有仪器的模糊代称。

天文望远镜

望远镜与天文望远镜之间的本质不同在于为目镜提供放大对象的不同光学元件。在天文望远镜中，光线的聚集不再像望远镜那样通过透镜的折射来实现，而是通过在凹面镜表面反射来完成，由此自发生成了用来区分这两种不同仪器的名称：第一种叫作折射望远镜，第二种叫作反射望远镜。

天文望远镜的发明紧随望远镜之后。意大利的僧侣 Zeucchi 似乎在 1616 年就产生了天文望远镜的构想，但直到 1663 年这一创意才在英国物理学家格雷戈里的笔下成形。通常认为第一架反射式望远镜是牛顿发明的，该仪器与格雷戈里的设想有些不同。随后，各种型号的天文望远镜层出不穷，到了今天也是如此。如文中插图所示，在牛顿的天文望远镜中，获取的图像经主镜凹面镜反射到主镜焦点前呈 45 度倾斜的副镜小平面镜上，再通过副镜反射到侧边的目镜上。在格雷戈里的最初设想中，天文望远镜的观测同望远镜一样，是在设备后面进行的，图像经主镜和主镜焦点外的副凹面镜两次反射后，从主镜中央的小孔射出，到达目镜；卡塞格林的设计方案同格雷戈里的类似，不同的是副镜为凸面镜，且位于主镜焦点之前。这些不同类型的天文望远镜可拥有不同焦距，因而在提供某些特定便利的同时，可以或多或少地压缩设备体积，对于特定的研究而言各具优势。

在早期的天文望远镜中，镜面都是由抛光的青铜制成的，很快，人们便对此进行了改进。还要注意的是，由于透镜镜片的质量问题迟迟得不到解决，再加上不同曲率镜片的生产问题，制造这种仅具有单个反射曲面的元件要比制造透镜容易得多。反射镜的另一个优点在于在其表面反射的各种有色光线不会产生透镜折

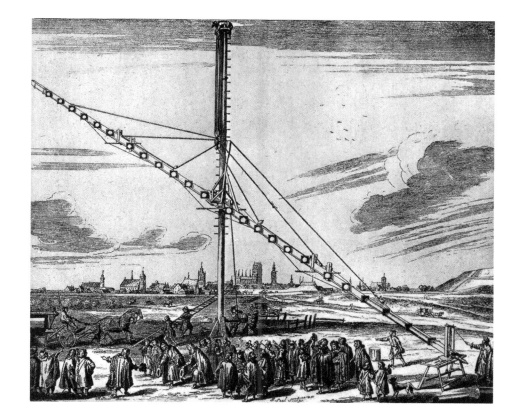

➤ 赫维留的超长望远镜版画。摘自约翰·赫
维留的《天文仪器》，格但斯克，1670 年。

▼ （加利福尼亚）帕萨迪纳附近威尔逊山
天文台的一架大型现代天文望远镜的机器
装备。

▲ 牛顿的反射式望远镜（1672 年），位于伦敦皇家科学院内。

▲ 威廉·拉塞尔的大型青铜反射式望远镜（1860）

◤（芝加哥大学）叶凯士天文台口径 1 米的大型望远镜——野性世界

射造成不平等的偏斜这样的问题。综上，人们有可能制造出比早期望远镜更好的仪器，况且在同等的条件下，天文望远镜的性能更佳——多亏威廉·赫歇尔自制出超长望远镜，他才得以探索太空，有了不朽的发现。一个世纪后，富有的英国业余爱好者们也以他为榜样，其中包括拉塞尔和罗斯爵士。他们制造出了对其时代而言异常巨大的天文仪器，罗斯爵士制造出的天文望远镜口径达 1.83 米，理论上可以放大 6000 倍！

然而，不管体积多大，这些仪器的功效远远不如现代制造出的同等直径的天文望远镜。现代天文望远镜的原理要归功于傅科。傅科给出了一个能提供更完美图像的抛物线曲率，而不是一个简单的球面曲率；他还将反射镜面镀银，使镜面反射能力比原来使用的青铜镜面更强。

现在正在使用的最大的天文望远镜位于美国的威尔逊山天文台（加利福尼

◆ 这架望远镜直到 1948 年才建成，成为当时世
界上口径最大的望远镜，建成后直径 5.08 米。口径
是指望远镜的有效通光直径，口径越大，分辨率越
高，探查暗弱天体的能力就越强。

亚），口径达 2.5 米。顺便补充一点，"世界上最大口径望远镜"这一荣衔很快
将被帕洛马山天文台上直径 5 米的海尔望远镜 <1> （依旧在美国）夺去，这架设
计精妙的长形建筑物正在积极建设中。没有什么比反射望远镜和迄今还在使用的
折射望远镜之间的比较更能突出建筑业与制造业的潜力了——反射望远镜尺寸将
很快达到上述该数字，而还在叶凯士天文台（芝加哥）服役的口径最大的折射望
远镜的物镜直径仅为 1 米。

我们不会逐个考虑每类仪器的技术优势，只是大致了解一下比如那些越来越
完善的研究手段的相关情况——它们正被要求提供有关那些我们想了解却难以接
近的天体的资料。在对天文仪器进行描述后，我们有必要研究一下它有多大的力
量，特别是这一能够有效利用的力量可以在多大程度上最终回答天空奇观所引发
的问题，以及它向人类提出的难题。

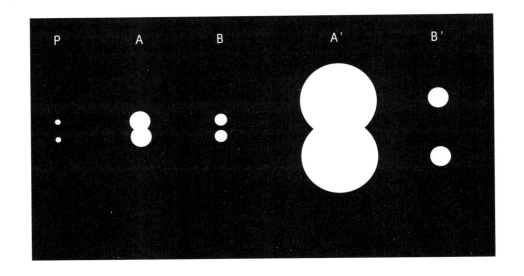

➤ P 处是仪器视野下两个光点的示意图解。从视觉上而言，该图像上的就像一个个小圆盘。在 A 处使用的物镜分离能力弱、质量差，所形成的图像部分重叠在了一起，而在 B 处使用的物镜分离能力强、质量高，呈现出的是两个较小且明显分开的圆盘。增加应用于 A 图像的放大倍数，相应形成了外观相同、比例放大的图像 A′；增加图像 B 的放大倍数，我们会更清楚地看到两个分开的圆盘 B′。

➤ 光线的辐射和散射效应扭曲了摄影图像。在右图中，在相对于月球亮度的过曝后，我们发现，与剩下的月球轮廓相比，月的轮廓成比例扩大了。但过曝对于获得清晰的"灰光"而言是非常必要的。在左图中，宽度递减的金星的光痕坠向地平线，其亮度逐渐减弱。

◀ 指分辨天体细节的能力，由望远镜能分辨的最小角度（分辨角）决定。

光学仪器的力量

如果远处物体的图像被光学仪器放大 100 倍，那么这一物体与我们的距离看起来就像缩短了 100 倍一样。依照这一原理很容易得出一些轰动一时的结论——我们与天体的拉近距离应该与被天文仪器放大的天体表面大小相对应。然而，天文望远镜形成的图像并不会与直接观察到的天体完全一样，由仪器放大的图像会存在瑕疵，其主要原因在于光的衍射。对于光学元件，不管其本身多么完美，我们都必须考虑它所谓的分辨能力 [1]，即光学元件使图像分离成相邻两点的能力。我们不会像上物理课似的对这一原理进行大量解释，就简单做一下说明：一个光点呈现为一个小点，物镜或镜头越大越完美，该光点就显得越小。简而言之，假设图像是由许多清晰的小点聚集而成的，那么其中的一些点群就形成了图像的细节。如果我们使用分离能力不强的仪器来观测这一图像，就只能看到模糊的全貌，与每个点相对应的区域互相或多或少有所重叠。在这种相互模糊的情况下，细节消失不见了。反之，如果我们使用分离能力强的仪器，情况就截然不同了。让我们用一个简单的实验来解释：实验对象是两个紧紧相邻的光点。如果使用的物镜

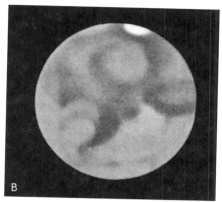

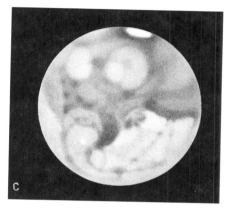

▲ 不同望远镜下火星同一面貌的不同图像。A 图来自小天文仪器，放大倍数正常。B 图来自放大 A 图，我们看到图像变得更大，但没有增加额外的细节。C 图来自分离能力更强的仪器，放大倍数不变，所获得的图像更加完美。

口径太小，无论焦面像被放大多少倍，这两个点依旧混在一起，而人在与所用放大倍数相对应的距离处用肉眼观察的话，则会看到两个明显分开的点。另外，如果这两点在给定的仪器下无法分离，那么则会在口径更大的仪器下分开。除此之外，辐射效应也放大了发光区域的轮廓。在摄影领域中，这一现象在感光层上横向扩散，进一步放大，每个人都能在某些区域格外明亮的底片上发现这一现象，这些明亮的区域仿佛侵占或是磨灭了附近较暗区域的细节。我们也可以在延长曝光时间的星空图像上清楚地观察到这一现象。为获取较暗星点的图像，我们需要延长星空图像的曝光时间，而这些星点中比较亮的一些就会被仪器记录下来。星点的图像就像一轮轮大直径的圆盘，但其体积并不会很大。

所有这些对于望远镜的观察而言都至关重要，不管是视觉观察还是摄影观察。而无论这一阐述多么简单，这些原理在此处都足以满足我们对望远镜研究的综述。我们在前文谈到的它的某些局限性，就包括了绝对严谨地描绘通过理论上的放大（或接近）应被发现之物的可能性；由于距离遥远，某颗天体开始显现结构细节的最小尺寸与所使用的天文望远镜或望远镜的分离能力值精确对应。

在接下来的研究中，所涉及的仪器上的光学部件必然趋向完美。如果我们还记得上文关于早期望远镜的内容，就很容易理解到这一点：早期仪器由于种种缺陷（在使用者对许多事物仍一无所知时，这是无法避免的），它们的性能始终十分有限。

天文仪器的正常放大倍数对应的数值略大于用毫米表示的物镜或镜头的直径数值，但如果涉及特别明亮的天体，这一数字则会轻易增加到 2 倍甚至 3 倍大（特殊情况下）。因为对于一个给定尺寸的仪器而言，放大倍数越高，所观测到的图像亮度就越暗，这一点会大大降低对细节的分辨力，细节与细节之间的对比自然也不大明显。从理论上讲，根据上面的数据，我们认为，特大仪器可以提供将其他星球与我们之间的距离拉近 2000 倍或 3000 倍的视野，但很快我们将认识到，这一观测能力经常不能得到充分利用。我们现在不得不面对的障碍是人类中的天才都无法解决的：地球的大气层。天体的光线在抵达我们的视野之前必须穿过地球大气层。它就像一扇几乎纯净的玻璃窗，我们在玻璃后面观察天空，却没有打开窗户的能力。

地球大气层的阻碍

大气层是天文学家的敌人，云彩是影响因子之一。我们都知道，层叠的乌云如同天花板，使阳光无法穿透，但即便是被比作玻璃窗的纯净白云也不完全是透明的——它吸收了很大比例的光线；此外，由于大气层就像棱镜一样，会对光线产生各种折射效应，当所观测的天体接近地平线时，吸收和折射的效果会更加明显，因为在这一条件下，观测天体所要穿过的大气层会越来越厚。我们经常用观看日落来为这些现象提供基本的证据。当这轮耀眼的圆盘升到天空中的某个高度

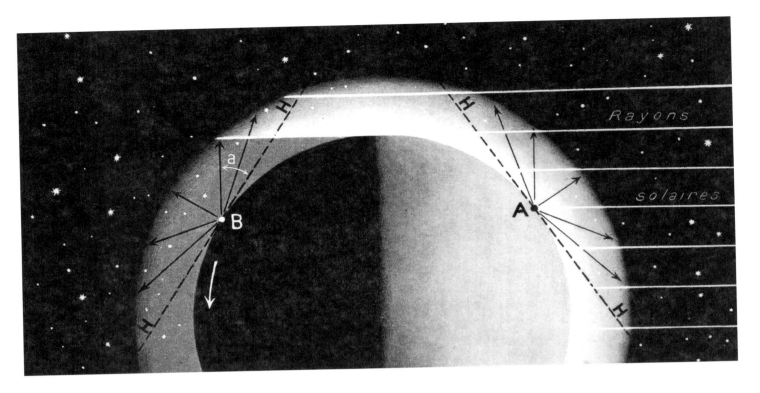

▲ Rayons solaires：太阳光线

示意图：大气层隔开了太空与地面。

对于 A 点的观察者而言，漫射太阳光线的大气层在平面 H 上方形成了一道灿烂的"面纱"，掩盖住了星辰的光芒。

对于 B 点的观察者而言，在黑暗中，太阳光仍斜斜照亮了大气层的某一部分，形成了对应于角 a 的黄昏的弧圈。星星在天空中的其他区域出现，并且在任何方向都能被看到。此时，如果 B 沿着箭头方向奔跑到某点，他将发现此处的地平线脱离了大气的照明范围。

▲ 地平线上的太阳摄影。变形的太阳非常明显地显示了大气层的不均匀性。

时，就开始坠向地平线，在这一过程中，其亮度会缓慢降低，同时圆盘明显变扁，甚至形状经常变得很奇怪。太阳的变形表明，即便折射是普遍存在的，其效果也是不一样的。事实上，大气层非常不均匀，它是一种带有尘埃杂质的介质，其中分布着密度不一的温度层，在气流影响下尘埃杂质的运动或混合产生了无数不均匀的、细微的折射效应，这些折射效应对光线的行进造成了不同的影响，因此在穿透这样一种介质时，天体不会保持形象一成不变，而是自发地摇晃、沸腾、起伏，仿佛在穿越短暂而迅疾的波浪。这就是星辰闪烁的原因，同时这也是最影响天文望远精度的因素。这些因素阻碍了天文仪器的充分应用，否则一个大型仪器的正常放大率就足以满足人类的研究和应用，更不用提它的最大效能了。自然，被观察的天体越是接近地平线，就越容易受到大气扰动。

在某些方面，大气层对其他观测手段的干扰更大。这些观测手段配合光学仪器的力量，完善了人眼能力，有效协助了人类对天外世界的研究，它们便是摄影术和光谱分析。这些技术自 19 世纪中期便被人类应用并不断得到改进，现在，人们在这方面已经取得了非凡的进展。

摄影术

达盖尔的摄影术可谓家喻户晓，在此讲述其原理似乎显得多此一举，因此我们将仅关注与我们感兴趣的问题有关的摄影术的各种使用方法。如果只从总体上考虑摄影术之于天空研究的用途，我们必须首先承认摄影术有一项神奇的能力，它为人类提供了极其宝贵的服务。事实上，摄像机的感光乳剂可以积聚光能，而人眼却不具备这一天赋，因此那些光芒暗淡而无法为人类视网膜所感知的天体就有可能通过相应的长时间曝光而被记录下来。光是这样我们就很容易感受到天文摄影的重要性——它能够比直接用视觉更加深入地探测宇宙深空，展现那些遥远的可能不曾为人所知的天体。

要进行这样的探索，我们优先使用能提供尽可能多亮度的物镜或镜头，亮度是由物镜或镜头的尺寸与聚焦比决定的，但严格来说，这只是用于风景拍摄设备的成比例放大。这些机器可观测到的天空的表面积有大有小，它们瞄准天空只为记录千千万万

▲ 月球与金星（左上角），木星视直径的比较

颗繁星，由于天体的数量是数不清的，即使我们付出极大的耐心去观察，也是心有余而力不足。

通过这些方法，我们在星球、恒星以及星云的分布研究方面取得了不可估量的进展，我们的研究能够触及的宇宙空间形成了我们眼中的宇宙，但不管这些精妙的探索具有多少价值，它们都不是我们此处所要着墨的对象，更具体地说，在本书中我们仅仅关注太阳系内与我们相邻的星球的知识。

摄影术也为我们提供了关于隔壁星球的确凿资料；但我们必须认识到，在有新的突破之前，这些资料通常显示不出发现的惊人之处。我们会尝试让大家理解其中的原因。

对于或明或暗的单纯星点和光晕模糊的星云，它们的摄制方法是不同的，或者说，表面积微小而细节复杂的清晰图像的获取方式各有不同。就第一种情况而言，星点的图像来自延续几小时的曝光所积聚的光能，但为了凸显行星表面的特殊细节，我们必须引入性能强大的光学器件——借助天文望远镜的力量，以便在感光板上首先获得目标天体具有研究价值的各种尺寸的图像。现在，让我们来探讨这些方法的原理吧。

最简单的操作方法便是将普通相机的感光板直接置于物镜或镜头的焦点处，图像在感光板上成形，其最大亮度和最大锐度与仪器的功率成正比，但即使物镜焦距很长，所获取的图像的线性尺寸依然相对较小；诚然，对于观测视直径很长的太阳或者月球来说，这一尺寸足够满足我们的需要，但如果是非常小的行星，所得图像的尺寸则往往缩减得过分，因此在摄

▲ 云彩晃动的样子体现了大气层的搅动。

➤ 月球半球——威尔逊山天文台摄（加利福尼亚）

制行星图像时，我们不得不添加合适的目镜，将图像再一次放大。需要指出的是，大画幅相机从此取代了人眼的位置。

一般而言，特别是当图像的亮度因放大而减弱时，拍摄需要很长时间的曝光，且曝光时间还会根据情况有所延长，只有拍摄光辉灿烂的太阳例外。天文仪器在动力机械的驱动下匀速运动，精确补偿了由于地球旋转而造成的天空的持续位移——目标天体相对于人眼或感光板的位置保持固定不变，不单是为了给视觉观察提供便利与精确性，对于所有摄影操作均同理。如果大气不再从中作梗，我们就可以毫无障碍地摄制完美的图像了。如果目标天体光线暗淡或表面面积急需放大，我们就必须花费更长的时间来曝光那些难以处理的摄影图像，如此一来，大气的影响就更加显著了，因为空气里无数细微的波动荡漾会造成各种各样的障碍，这些障碍在曝光的持续时间里被累计摄入，最终导致了一定锐度的缺乏。我们还要考虑到感光乳剂的结构，感光乳剂的颗粒对于摄制图像的细节清晰度而言至关重要，因此我们可以看到，当我们致力于细节元素的再现时要翻越多少障碍，而细节再现在行星表面研究中又是何等重要。我们还未到达不能跨越的绝对极限，却发现已置身于隐身敌人设下的陷阱地带，因此我们不断改进仪器，善加利用，在情况有利的时候稳步向前。要像连续跃进的战士一样，天文学家们应当抓住有利时机不断前进，不断收集和积累资料。

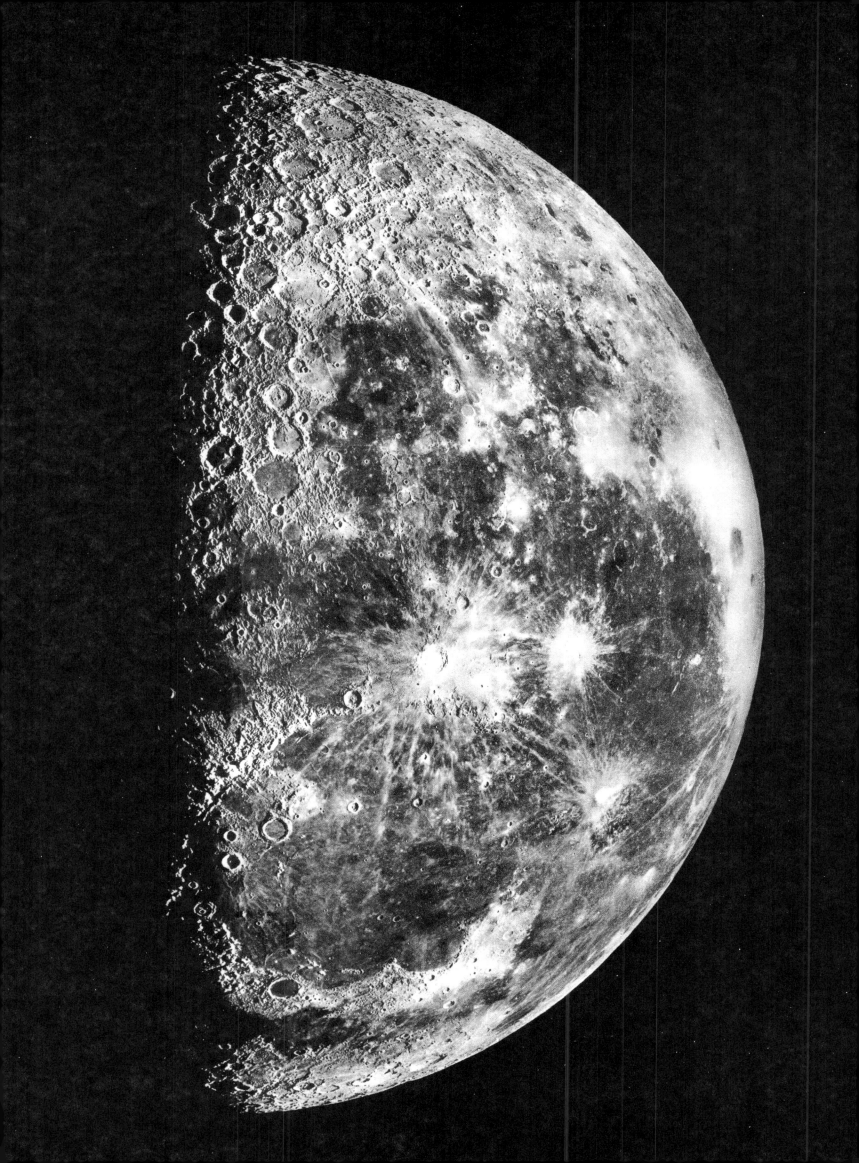

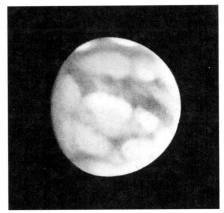

▲ 火星的两种形貌展现了不同望远镜观察模式下精确度与清晰度之间的差异。上图为肉眼观察下的天文图像。下图为望远镜摄制的图像。

尽管有以上列出的种种原因，照片上面积大幅缩水的行星细节仍多少保留了一些明确的特征。总之，如果要仔细观察行星表面那些可识别的特征，我们必须承认，直到现在，视觉观察仍然具有优越性。天文观察者可以耐心地等待并不断选择有利的观察时机（通常只有几秒钟的时间）——此时，目标图像在波动荡漾的空气里瞬时变得清晰稳定。

尽管如此，摄影术提供的服务依然非常重要。确实如此。有时这些表象非常微妙以致肉眼难以分辨，摄影术至少带来了一种公正的检验，这种检验摆脱了依赖某双眼睛的能力而做出任何理解或阐释。

如果是拍摄月球的图像，行星摄影领域中的这几种限制的影响就减弱了。一方面，由于月球的视直径很大，我们很容易直接用仪器将其摄制下来，且图像包含的所有细节规模都令人满意；另一方面，月球的亮度几乎可以立即成像。总之，即使这些细节不算非常清晰，也是可以分辨出来的。尽管肉眼在这一点上仍然保留一些优势，即可以确定图像上的某些微小的特征，但在忠实且无可争议地记录凹凸不平的月球表面方面，摄影术却是更胜一筹，因为摄像机花一秒钟就摄制出的图像要一个制图老手花上好几个小时。此外，制图员也不敢夸口在再现这样错综复杂的图像时没有错漏任何细节。因此，摄影术明显显露出了它的优越性，有了它，人们就有了更多闲暇时间去研究所摄制的图像资料。当我们进行整体研究时，细看那些可涵盖广袤空间的摄影图像是不可或缺的，因为摄影图像有着我们非常重视的可靠性和公正性，届时将为我们进一步揭晓月球表面的详细细节。

我们刚刚提到的所有观察模式都涉及各个可研究天体的外形特征的确定。一般来说，这些观察模式所获得的都是地形或制图资料，但这些数据并不是唯一需要考虑的，我们还需围绕各个行星的大气所造成的物理条件来加以补充。大气层是维持生命不可或缺的因素，因此确定行星大气层的存在与否、质量大小及其重要性，从而判断它所产生的影响，是非常重要的。

因为感光板可以使人眼看不见的辐射感光，而辐射能够使图像上各种我们无法识别的特征得到突出显示，所以它在许多方面都胜过人类的双眼。某些观点认为，感光问题与光谱分析问题类似，而为了便于理解，我们首先着重使用光谱分析。这两种光线用途协同提供了有关行星大气变化固有现象的信息，这些信息正是我们最关心的。事实上，一些视觉观察已然可以告诉我们一些事实，比如由于阳光漫射或折射而显出的行星大气的形状以及大气中某些搅动的形成——这些搅动经常或多或少遮住了地表的形貌，但在这一方面，那些令我们感激不尽的、最令人信服的数据则是由现代物理学方法所提供的。

在这些方法中最有成效的便是光谱分析，我们不可能在此讲述它的发展历程，但至少有必要说明它的工作原理，让光谱分析的应用更容易理解。在这里，我们将只关注与本书相关的光谱分析所提供的服务。

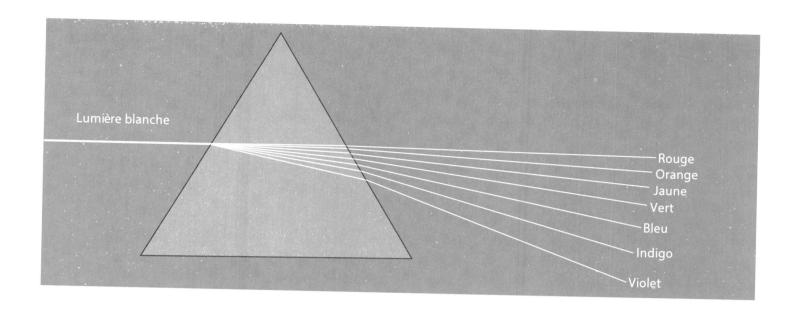

Lumière blanche

Rouge
Orange
Jaune
Vert
Bleu
Indigo
Violet

▲ Lumière blanche: 白光

Rouge: 红

Orange: 橙

Jaune: 黄

Vert: 绿

Bleu: 蓝

Indigo: 靛青

Violet: 紫

白光穿过棱镜后的分解与分散。

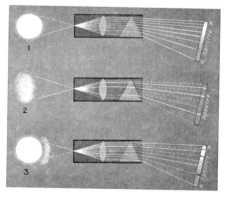

▲ 不同类型光谱的示意图：1. 由柔和的白
炽光提供的连续光谱；2. 由白炽气体提供
的不连续光谱；3. 由放置在白炽光源前的
气体或蒸汽提供的吸收光谱。

Spectre: 光谱

R (Rouge): 红

V (Violet): 紫

光谱分析

上文已经提及，我们眼中的白光事实上是由多种辐射集合形成的，这些辐射分别产生了不同的色彩感觉。我们已知棱镜可以分解这一色彩混合体，因为每一种透过棱镜的辐射均以不同方式被折射出去；穿过棱镜的单束光在出口处分散形成一片彩虹，或者说光谱，光谱上色彩的顺序恒定不变：红、橙、黄、绿、蓝、靛、紫。说实话，这些经典色彩之间并非泾渭分明，而是通过色彩与色彩间的过渡奇妙地融为了一体。如果我们承认光是由频率惊人的振动引起的，就可以简单地将光谱波段比作拥有无数琴弦的钢琴音板，人类视网膜所感受到的每一种波长均与音板上的琴弦相对应：振动频率最慢的一系列波长就像低音，产生了红色，随后振动加快，逐渐产生橙色、黄色……一直到人类可感知的由最快的振动所产生的紫色系列；在透过棱镜进行折射时，紫色偏折最大，红色偏折最小。此外，我们刚刚提到的波段仅包括人类视力所能感知到的振动，实际上，光谱波段非常广阔，我们无法确定它的边界。各种物理手段已使探索并记录光谱中被命名为红外线和紫外线的隐形部分成为可能。我们将继续关注这些辐射的特殊属性。

我们现在已经知道了原理，就来看看如何用光的分解来研究天体的化学成分和特性吧。

光谱分析是在由以下几个基本元素组成的分光镜下进行的：待分析的光集中于准直透镜焦点上的狭缝内，准直透镜可以将单束光分散为平行光线；平行光线被准直透镜的棱镜分散出去，随后被第二块透镜收集起来，在透镜焦点处形成了由一系列狭缝状的图形组成的图像，每个狭缝图形都对应于一种辐射。重复前面的对照后，我们可以想象出一条由连续不间断的谐波和弦组成的频带。这就是纯粹的连续光谱。

连续光谱是由任何白炽的固体或液体物质所发出的光或是被反射出去的这种光所形成的。如果白炽物质是气态的，那么它发出的光会形成不连续光谱，不连

▲ 普通光线下拍摄的拉芒什海滩照片

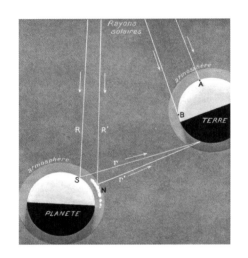

▲ Rayons solaires: 太阳光; Terre: 地球;
Atmosphère: 大气层; Planète: 行星
通过光谱分析研究行星大气的种种条件。
对于地球上的 A 与 B 而言，阳光穿过的大
气层的厚度不同。当观测行星时，光线 R 被
该行星反射出去，两次穿越其大气层，进行
了最大程度的吸收，而光线 R' 却被 N 处的
高层云反射出去。

续光谱由亮线组成，这些亮线占据了对应波段范围的位置，仅仅呈现对应于该位
置的部分光谱色彩。仍用钢琴比喻的话，这些亮线仅代表特定的几根琴弦，只有
当所有琴弦的振动都产生时，才形成音板，也就是连续光谱。如果该气态物质被
放在更明亮的光源前，它显示出的不再是特有的亮线，而是暗线，这些暗线清楚
地出现在连续光谱间的相应位置上。太阳光谱的外观上就会出现这种现象——固
体或液态白炽物质所发出的光形成的明亮的彩虹区域形成了太阳的表面，而当光
穿过太阳表面上方的气态层或蒸汽层时，就会形成我们观察到的暗线。

　　我们用慕尼黑光学家夫琅和费的名字来为这些宽度不一的谱线命名，即夫琅
和费谱线，夫琅和费是第一个通过实验将这些暗线凸显出来的人。在此之后，两
位德国物理学家基尔霍夫和本生发现了连续和不连续光谱的产生条件，他们还认
识到，根据谱线的性质与位置，可分析生成它的物质的本质特征，这一发现使他
们享有比前者更大的声誉。不同物质拥有各自特定的光谱，如此一来，我们最终
就有可能通过实验分析发现那些原本触及不到的物质的存在[1]。

　　以上便是光谱分析的一般原理。此处的叙述虽然简单，却能让我们更好地理

<hr>

◈　每一条谱线对应相应的化学元素，因此知道谱线也就能知道是哪种化学元素。1814 年，夫琅和费发明了分
光仪后陆续测绘了 574 条太阳谱线，而基尔霍夫和本生则在此基础上确定了每条谱线所对应的化学元素。

解宇宙化学是如何给天文学带来了惊人的进展。尽管如此，我们还是必须指出，这种研究方法提供的信息固然有可能使对其他星球外表的直接观察结果得到补充，但在取得新的突破之前依然受到诸多限制。视觉观察领域与摄影观察领域也是如此，在彻底解决行星问题方面——其中行星的构成及其物理环境更是这项工作的目标——总有一些困难横亘在眼前。

分光镜可以确定化学物质的存在，而化学物质根据其状态或吸收或反射我们所分析的光线，因此某些惊人的发现即使存在于太阳边上或在差不多遥远的彼方，也可以被我们俘获，比如恒星、彗星、星云，但如果天体是反射面，我们就无计可施了，因为这些天体就像镜子一样，仅仅是将照亮它的光线反射出去，所以当我们用分光镜研究月球地面时，所得到的

只是月球反射给我们的太阳的光谱，至于月球土壤的组成，我们一无所获。从另一方面来说，我们却能了解到围绕着这些反射面的天体大气层的构成情况。我们已经以地球大气层为例谈到了大气层对于天体研究所造成的不可避免的障碍，但在目前的情况下，光线穿越大气层却构成了一种颇具价值的元素，因为大气层里的气体或蒸汽可通过其特征谱线或吸收频带被检测出来。确实如此，当我们观察能发射自己特有光谱的太阳光线时，大气层的光谱也会被添加进去，因为阳光或多或少要穿越大气层才能抵达我们身边。如果我们将这些事实用于对行星的观察，在文中插图的帮助下，就很容易明白研究行星大气层的可能性了。同时，我们也可以理解这些研究的准确程度有多么微妙，因为我们必须精确分离所观察到的光谱的各个构成元素。例如，如果一颗行星的大气光谱与地球的大气光谱大致相同，那么鉴别工作会非常困难，因为这些谱线都重叠在了一起。无论在何种情况下，这种细微的观察都需要采用巧妙的比较措施，但对我们而言，一一介绍要花费太多时间和笔墨，我们只需要回顾天文学家们所使用的各种旨在更全面了解宇宙天体的研究方法及其工作原理。因此，当特别谈到这些方法中的某一种时，我们仅详细说明它探索了哪些方面，以及在这些方面取得了何等成就。

除了通过光谱分析获得数据，我们还通过可确定的、排除其他辐射的光辐射获取数据，特别是由一些可以过滤和选择辐射的特殊屏幕所提供的摄影资料。上文已经提到，辐射波段超出了人类目力所及，但我们可以使用各种方法记录仅由

红外辐射或紫外辐射形成的图像。为此，我们仍然需要纯物理领域的大发展和大繁荣。各种辐射被自然元素反射、吸收或漫射的程度不一，因此与在正常条件下拍摄出的照片相比，红外照片所呈现出的状态完全不一样，甚至几乎与相对应的正常的视觉印象截然相反。紫外照相会显示出肉眼无法觉察的对比度。在行星研究方面，这类方法可以有效告知我们该行星表面或大气层的某些物理特征。

我们还应指出光的偏振现象，即具有特殊性质的光会沿着一定的方向反射出去，这使我们在限定条件下也能得到一些有关所观察的被照亮面的性质或结构的数据。

研究的可能性与局限性

毫无疑问，由于上述种种困难，我们得到的结果仍然存在不确定性，甚至互相矛盾。为了追求科学真理，我们不能忽视它们，因为重要的是要展示当代天文学家们所掌握的可能性。这些天文学家经常被问及一些过于明确的问题，其中最常被提出的便是外星居民之谜。然而，尽管望远镜一问世便被门外汉寄予了很大希望，它却仍无法指出最接近我们的月球上存在生命；至于其他星球，越是距离遥远，就越不可能被观察到。

天文仪器有限的适用能力以及影响视野清晰度的重重障碍，都使我们无法解决上述问题。每颗星球都在我们遥远的彼方，有的我们可以看到其真实形状缩小

➤ Rayons solaires：太阳光
星球地表上方凸出部位的照明与可见度条件图示：云朵、山脉。
在 A′ 处看到的 A 处的云团紧紧挨在一起，但这些云团其实是分开的。在未被照亮的地表上看也显得格外明亮。B 处山脉的轮廓在 B′ 处看来就像黑暗中的一个亮点。

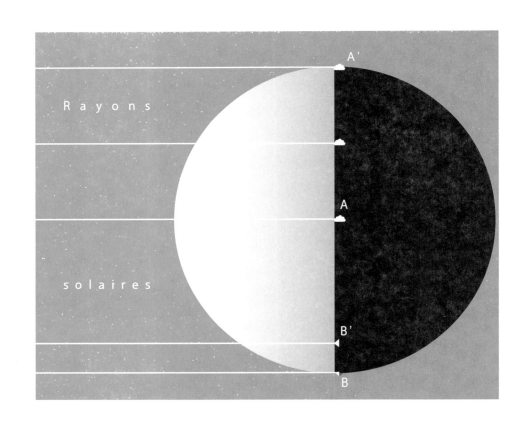

后的细节，有的则分辨不出。从远处看，我们也无法将某地的蔬菜、草木彼此区分开，只看到一片形状、大小确定的绿色。在这一方面，没有什么比在热气球或飞机上高空拍摄的照片更能说明问题了：这一观察条件与一般的望远镜观察非常相似。

现在，我们来总结一下所有已获取的知识。

天文仪器的精度以及严密的测量角度使得相关天体距离的计算成为可能（通过经典几何方法来确定到一个无法接近的点的距离）。另外，一个物体以怎样的视角出现在我们眼前与其距离有关。同样，已知一个天体与地球之间的距离，我们可以从它所呈现出的大小推导出该天体的实际直径。根据万有引力定律，分析天体引力所产生的运动，再加上以上掌握的数据，我们就可以推导出天体的质量。如此，已知天体的体积与质量，我们就能得知组成该天体物质的密度及其表面的重力；换句话说，我们可以估计地球上的1千克在该天体上的重量，抑或人类在该天体上会有怎样的身体感受。我们还可以通过计算来确定在该天体上看到的天空与星辰是怎样的模样。

至于行星土壤的性质乃至更多特征，我们尚缺乏足够的资料，但毫无疑问，被观测到的月球表面地形数据的准确度惊人。月球上的山脉与圆谷清晰地显露出

来，我们得以绘制出联想性的地形图，得到精确的海拔测量值；用透视法在地图上重构包括相互位置、尺寸在内的元素，可以如实地展现肉眼也能随处看到的月球上的美丽景观，但按这一观点来看，如果事关其他更加遥远的星球，我们就没有如此得天独厚的条件了。最大的望远镜放大倍数可以显示出月球上宽约 100 米的物体，因此我们可以通过足够的修正来识别月球地形的一般特征。用同样的方式观察火星，我们则看不到任何宽度小于 50 千米的物体——没有达到这一大小范围的表面特征便不会为我们察觉到。因此，当我们通过与周围环境的对比发现了某些细节或外形的存在时，无法直接判断它们是单一结构还是统一结构，抑或是由各种体积太小而无法辨别的元素组合形成的。举个例子，一座孤立的山可能不会被我们发现，而巍峨的群山尽管其复杂的外貌无法辨别，但若其最醒目的整体高度差位于行星地表的光照范围内，便可以显露在我们眼前。事实上，这种情况就好比我们看到的夕阳残照下的山峰或云团，此时地面已经被笼进拉长的阴影中了，根据行星呈现在我们眼中的外观形象，从远处看，这样被照亮的高度差与阴影中的剩余部分相比，就像一块凸起。因此，我们有可能确定其特征，必要时也可以测量形成这一外观的物体体积。天体图像与我们在地球上所知的一切事物——与自然力量和元素相关的现象或事实——之间的类比，将被应用于解释所观察到的所有天体的外貌。

总之，我们要有这样的认识：虽然还有许多事物我们尚未了解，但目前对其他星球的总体研究已经很好地回答了某些相关问题。事实上，根据所有可搜集的数据，我们可以如实地或有可能去描述其他星球表面的总体特征，包括它们呈现在人类眼中的巨大轮廓与外观。而这些将要给出的描述又是建立在怎样的合理基础之上的，就是我们将要详细讨论的主题。

◄ 云层的上半部分仍被太阳所照亮，但从观察者拍摄照片的位置来看，太阳已经落山了。

第三章　月球

　　月球只是太阳系中一颗无足轻重的星球，它的唯一特殊之处——距离地球最近——使得它的轮廓在人类眼中清晰可见，成为天空中最重要的景致之一；月光驱散了夜晚的黑暗，月相的变化叫人沉醉，人类自远古以来就利用月相的演替规律来确定时间，我们可以在许多流行的说法或谚语中发现这一点，人们还赋予月亮诗意的名字——温柔的菲贝。总之，月球是最广为人知的天体。出于上述诸多原因，月球将是我们旅程的第一站。此外，作为地球的卫星，月球可以算作地球的近郊。这一郊区有多不同呢？我们将带领大家一览为快！

➤ Lune：月球

Terre：地球

地月距离与两个天体的大小对比

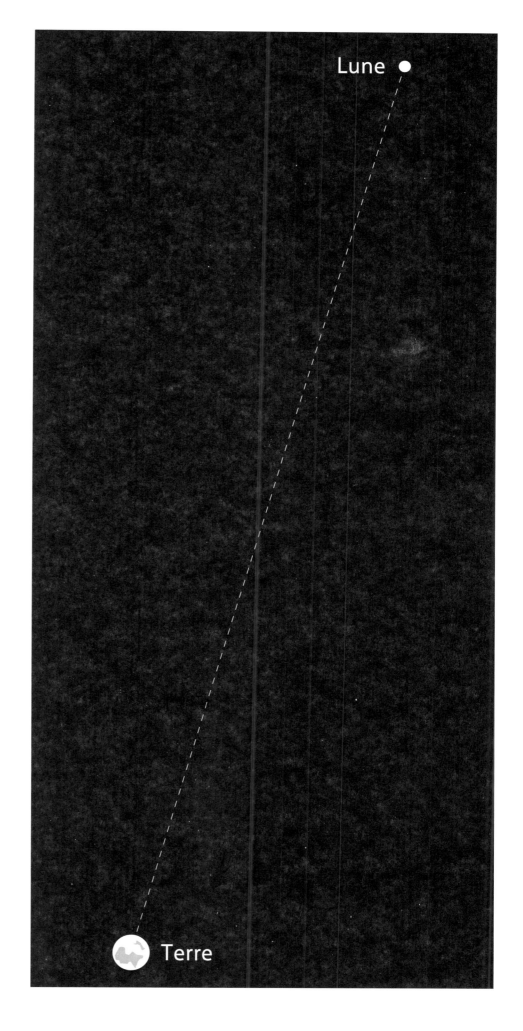

Lune

Terre

地月距离

鉴于太阳系几大行星动辄距地球数百万甚至数亿千米，人们有理由相信月球真的在地球的近郊地区，因为地月距离只有 384 395 千米 。实际上，这个数字只是一个平均值，因为我们的卫星在一条偏心率相当大的轨道上运动，距离地球时近时远。无须多做考虑，我们只要记住，至少要穿越 356 000 千米的太空才能抵达月球。

从天文学的角度而言，这样的距离很容易被估算出来，但与地球上的常见测量值相比，这一数字就显得非常可观了，因而在考虑利用某种机械手段离开地球奔赴月球的可能性时，需要在虚空之中穿越之艰巨便可想而知！然而，我们要指出的是，无数人为了追求真理，在有生之年不断奔走，如果将其走过的路程首尾相连，这条路要比奔月的距离长得多。例如，一个老邮差若在他辛苦的职业生涯中踏遍了英国的所有铁路网，其路程总长度将超过 300 万千米，也就是说，几乎是在地月之间来回 5 次！王牌飞行员的飞行里程总计也是如此。最后，通过下面的数据，我们将更加直观地了解这一距离。假设在地球和月球之间架起一座桥，行人以每小时 5 千米的速度在桥上匀速行走，从不停下休息，那么他要花 8 年 280 天才能到达桥的另一端。平均行驶速度为 100 千米 / 每小时的特快列车或汽车穿过同样的距离要用 160 天，高速飞机要飞 40 天……因此，如果有一天人类找到一种方法能够真正摆脱地球引力，满足星际航行（生存）的必要条件，那么彼时的运动速度要比刚刚列举的所有速度快得多，人类只需几个小时就能登上月球……

下面，我们要关注的是月球的绕地运动。

根据 NASA 的数据，地月距离一般取 384 400 千米。

▼ 月球表面的景观特征

月球的运动及其相位

◇ 根据 2009 年由科学出版社出版的《天文学新概论（第 4 版）》，一个恒星月为 27.32 天，即 27 天 7 小时 40 分钟 48 秒。

◇ 根据 2009 年由科学出版社出版的《天文学新概论（第 4 版）》，会合周的平均周期为 29.53 天，即 29 天 12 小时 44 分钟 38.4 秒。

◇ 根据 2009 年由科学出版社出版的《天文学新概论（第 4 版）》，这一时间现精确为 18.6 年。

◇ 现月球轨道面与地球轨道面平均倾角精确为 5 度 9 角分。

▶ Rayons du Soleil：太阳光；N.L：新月；
P.L：满月；P.Q：上弦月；D.Q：下弦月
月球相位的连续解释

这些表象是我们在地球上的可变角度下所观察到的被太阳照亮的部分月球球体（这部分球体受照比的度数越来越大）。外围的圆形中心的月球的主要位置使之呈现出不同的月貌，也就是我们所看到的月相。

月球围绕地球的公转周期亦称为恒星月，为 27 天 7 小时 43 分钟 11 秒[1]。正是由于这一运动，月球被照亮的一面以不同的方向出现在我们眼前，我们由此欣赏到了不同月相的交替。然而，同一月相的回归需要比公转周期更长的时间，因为在月球围绕地球运动的同时，地球也在围绕太阳进行公转。例如，满月时月球恰好与太阳隔地球相对，如果此时将月轨上月球的位置有形化，月球将在 27 天 7 小时内重新回到这一点；但这时这一点将不再像以前一样与太阳相对，与初始照明方向相比，地月系统已经转了一定的角度，因此月球将不得不在其轨道上再前进一点，才会再次处于我们要求的相对位置上。正是因为月球的额外前进，同一月相的回归即会合周的平均周期为 29 天 42 小时 44 分钟[2]；这一周期的持续时间会随着不均匀的月球运动而有所变化，而月球运动之所以不均匀，主要是由于月球轨道的偏心率及其主轴方向的移动，月球轨道主轴完整环绕一圈的时间为 18 年又 11 天[3]。会合周又被称作朔望月或太阴月，它决定了月球上每一点的日夜交替的持续时间。事实上，尽管月球的照明条件具有明显的规律性，但要想将其讲解清楚还是相当困难的。我们刚刚提到了月球轨道主轴方向的变化，月球轨道面与地球轨道面的平均倾角为 5 度 18 角分[4]，因此我们可以想象运动中的月球轨道就像一个正在自转的陀螺的赤道，与此同时，其自转轴形成了一个垂直的圆锥。为了全面分析月球轨道的运动机制，我们需要开展丰富的研究；但在此处我们只需考虑月球运动所造成的后果，这后果影响到了月球之于太阳、地球的位置。在日地月相对位置所形成的天象中，对我们而言最为明显的便是日食或月食。

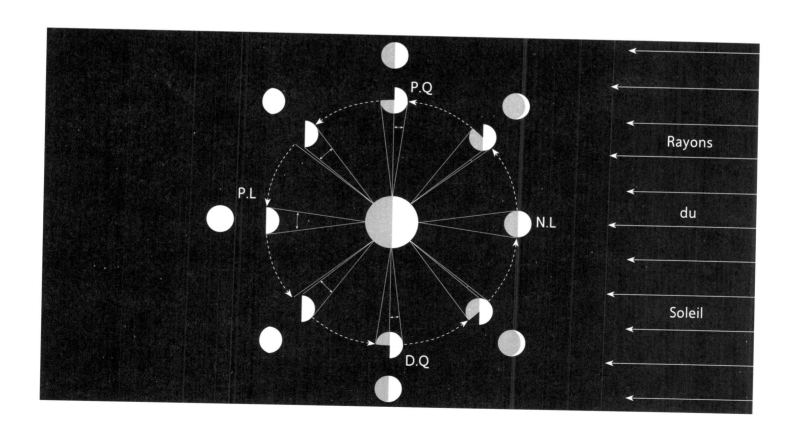

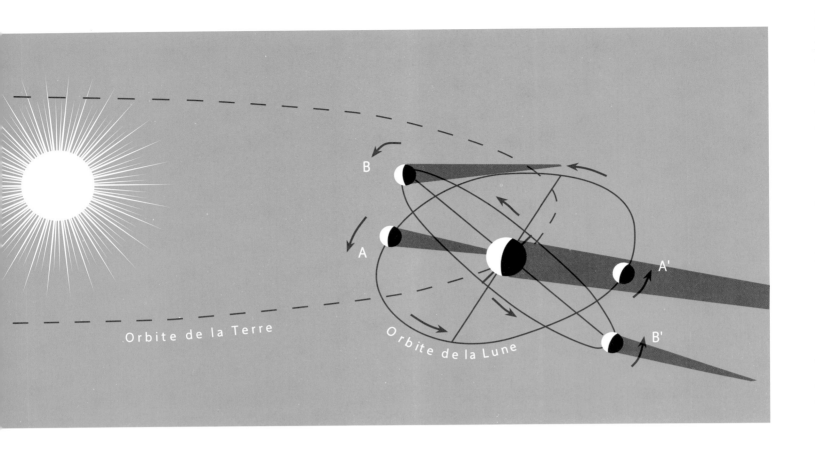

相对于地球轨道平面，月球轨道的倾角方向可变。当两个平面的交点对应于日地连线时，经过 A 点的月球将遮住太阳，发生日食，而经过 A' 点的月球则会被地球阴影遮住，发生月食。当交点不再与日地连线相对应时，B 点的新月不会遮住太阳，而 B' 点的满月也不会被遮住。

　　本书中的一幅插图已经简要解释了食的发生原理——要么是月亮横在日地之间，遮住了我们视野中的太阳圆面，要么是月亮藏进了地球球体投下并延伸的阴影里，接收不到太阳的照明，所涉及的这三个天体必然处在一条直线上。这种情况只有在月球通过其倾斜轨道平面与日地连线之间的交点时才会出现。换作其他任何朝向的月球轨道平面，当月球穿过两个交叉平面的交点时，不再正对着太阳，抑或与之相反躲进地球的阴影里；当行经地球与太阳之间时，经过升交点或降交点区域的月球在透视图上要么在太阳的上方或下方，要么在地球影锥的上方或下方。

　　月球被照亮的半球经过轨道不同位置，形成了变化的月相。鉴于以上照明条件的复杂性，我们对月相的解释只能是泛泛而谈。从示意图中可以看出，新月出现时，月球行至地球与太阳之间，并以未被照亮的一面朝向地球；此时，如果月球恰好处在理想的位置上，就会发生日食。这些周期性的必要条件很少会被满足，每个月的新月之时都是太阳与月球相合的时刻，也就是说月球位于天球的一个大圆上，且与黄道平面垂直。满月时恰恰相反，月球并不是正对着太阳（因为这样的话，月球就会被地球的阴影遮住，发生月食），而是位于一个从太阳对面经过的大圆上。

　　如果我们想要明确指出月球不同地点照明情况所造成的后果，就得面对大量需要长期研究宇宙志来看的示意图，因此我们从简解释月球的相位（此处附有这一经典解释的图示）。就仅仅记住原理吧，这一原理会让我们更好更深入地理解月球表面的景观、现象、物理环境以及各种可见的月貌。在下面的篇章中，我们会逐一介绍以上提到的各项事实。

▲ 不同视角下呈现出的在天平动作用下的
月球球体细节

月球的自转

月球在围绕地球转动的同时也在进行自转，这点乍一看似乎与月球的特性不符，因为人们素来以为月球就像一幅永恒凝视我们的人像画。它那家喻户晓的轮廓，随着月相的不断增大而逐渐显露出来，直到满月时才完全展现在我们眼前。而为了让月亮的脸始终对着我们，月球在太空中的位移以及由此产生的视觉效果，必须通过月球的自转运动来得到弥补。月球自转的方向与幅度使得月球的同一点始终面对着地球，仿佛地球是车轮的枢轴，而涉及到的这一点则是连接车轴的一根辐条的末端。

上述情况是通过以下事实来实现的，即月球在围绕地球公转的同时也在自转。因此，月球始终以同一面朝向地球，至少如果月球轨道是圆形便会如此；然而，我们已经知道月球轨道明显是椭圆形的，且随着距引力中心的距离变化，月球轨道上每一点的移动速度都不一样。由此可见，几乎匀速的自转运动并不总能绝对补偿月球公转所造成的影响，因此自转速度时而慢于公转速度，时而快于公转速度，导致月球上正对着地球的同一点有时在前，有时落后。这种延伸到整个月球球体的明显摆动叫作天平动，它使我们沿着白道平面<1>的方向，在朝向地球的月球半球边界的任何一侧都能发现宽约 8 经度的月面。此外，由于月球的自转轴

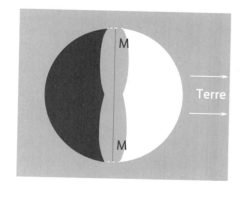

▲ Terre：地球
月球表面的可见性：在直线 M 即朝向地球的月球半球的平均边界的两侧，灰色区域根据天平动时而显现时而隐没，黑色区域是我们一直无法看到的阴暗面。

◆　　指月球绕地球公转的轨道平面。

相对于白道平面有少许倾斜，垂直于经度偏移的纬度偏移交替决定了月球南北两极上方近 7 纬度区域的可见性，因此我们在地球上能观测到 59% 的月球表面，而非仅仅是月球总面积的一半。另外，这些情况对于衡量月球物理环境的研究与观测而言也是非常重要的。

月球的体积及质量

如果我们能够同时观察并排的地球与月球，就会发现月球显得非常小，这是因为月球的直径只有 3473 千米，而地球的直径却长达 12 756 千米 [1]，因此月球的体积比地球小 50 倍。如果现在将地球置于巨大天平的一端，另一端需堆放 81 个与月球类似的球体才能保持平衡。为什么质量差与体积差不相等呢？这是因为月球是由密度低于地球物质密度的材料所构成的。换句话说，如果水的密度为单位 1，那么地球的平均密度为 5.52，而月球的密度则降到了 3.33。这就解释了为什么地月质量比大于体积比。

得知以上数据后，我们就能计算出月球表面的重力强度。假设我们能在现场通过实验进行测量，所得出的结果也不会有出入。

众所周知，由于地球引力的存在，所有被松开的物体都会落到地面上；出于同样的原因，我们可以对给定的重物以及一切我们需要处理的物体进行称重。在

➤ 地月之间重力强度的比较：一个人在月球上一秒钟内掉落的距离。

◆ 现代采用激光测距精确地月距离为 384 400 千米，再由月球的视直径和地月距离计算出月球平均直径为 3474.8 千米。而根据 20 世纪 70 年代人造卫星的大地精确测量，地球平均半径 6371.03 千米，计算出地球直径 12 742.06 千米。

计算重力强度时，我们认为地球的引力总量集中在地球核心，地表物体下落时趋向该核心；而重力与质量成正比，与距离的平方成反比。我们可以轻而易举地想到重力强度在不同的星球上是如何变化的，因为各个行星的比例与构成都大不相同。比如：如果地球在保持质量不变的情况下具有更长的直径，那么我们在地表的重量会轻得多，而如果地球的质量不变，直径缩小，我们的重量就会增加。

一旦得知这些原理，我们很容易确定，根据月球球体的大小及其质量，月球的重力强度是地球的 1/6。在月球上，如果我们把一个在地球上重 1 千克的物体挂到秤[1]上，该秤的指针仅指示到 170 克，而挂上秤的大胖子则会惊喜地发现他甚至还不到 20 千克！倘若我们能够生活在这一轻盈的世界里，同时肌肉力量不变，那么送货工将 6 麻袋煤送到您家就像只扛 1 袋似的轻松方便；还有人将会沉迷于惊人的杂技，即像跳蚤跳过障碍物一样跳得很远，如果在地球上，这个人肯定所向无敌。此外，在月球上，这些动作不具危险性，因为人们下落得很慢——在地球上，人体在下降的第 1 秒内会下落 4.90 米，而在月球上仅仅能下落 0.81 米。自然，对于高空坠物而言，我们还需考虑下落的加速度。一个从埃菲尔铁塔顶跳塔的人会在 7 秒 8 后摔得粉身碎骨；而在我们的卫星上，在相同的时间里，这位轻生者才摔下 50 米，但由于加速度的存在，最终他在下落 19 秒 2 后触到月球地面。

如果哪天我们能够直接看到这些事实，可能会感到非常奇特，但除此之外，这一情况对于月球物理学而言意义非凡；在对某些观察结果进行解释时，我们必须考虑到上述事实。

◆ 这里指的秤运用的是压力传感原理，如弹簧秤。如果是利用杠杆原理的秤，则读数不变，因为质量在地球和月球上是相同的。

月球全貌

为了解释看到的太阳照射下的月球表面的各种起伏，强调某些枯燥无味的宇宙学知识还是非常必要的。阳光有时斜斜照进某一区域，有时正对着照耀，似乎将该地区的特征雕刻得古里古怪，使其显得比实际的更庞大，又或是似乎把该区域凹凸不平的地面拉平了，让我们不再能看到外表上的深刻变化，而只能看到对比明显的不同色调，导致该地区的景观好像被蒙上了一层马赛克，但在任何情况下，天文望远镜都能最大程度捕捉到这些令我们啧啧惊叹的变化，这些变化对于月球物理学研究而言颇具教益。

若是有人希望对我们能看到的月球表面上的所有起伏进行详细全面的描述，本书的篇幅是远远不够的。通过简单观察此处提供的照片，我们也可以看出这些照片展现的仅是整个月球圆盘的一种面貌，或是广角镜头下

▲ 满月摄影

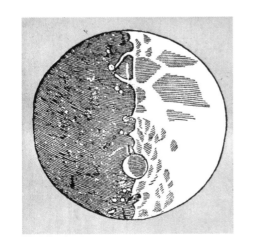

▲ 最早的月球图像之一，伽利略绘（1610 年）。

界定范围内的部分月貌。在类似的情况下，我们只能局限于笼统的描述，辅以某些特定点的精确细节，来了解构成月球表面特征的基本轮廓。

从简单的视觉角度而言，月球被照亮的区域，不管是一部分还是整个月球圆盘，其亮度有强有弱。月球表面上的灰斑尤其引发我们的注意，其布局就像放大的人脸轮廓。然而，一旦我们使用光学仪器来观察月球（即使是最简陋的仪器），这一相对清晰的人脸像就不复存在了；一个简单的双筒望远镜就能发现的图像，在小型望远镜或天文望远镜的镜头下会更加清晰，它们显露出了诸多结构与色调非常复杂的细节。我们很快认识到，月貌明亮地区的地形通常都有些崎岖和抢眼，而我们看到的色调不一但均属于灰色范畴的区域，表面乍一看却是非常整齐。宇宙定律主宰了月球的表面部署，在它的影响下，月球形成的岩层整体相互关联。尽管由于上述原因这些地面起伏紧紧联系在一起，我们还是要向大家分别讲述这些不同类型的地形。

月坑

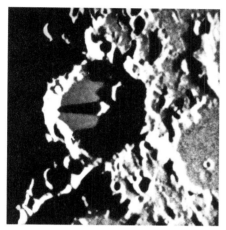

▲ 月坑的类型。下图的月坑有中央峰，上图的月坑有缺口或不完整

当我们或在天文仪器的镜头前直接观察月球，或对着摄影术忠实复制的月球照片细细审视时，总会发现有些区域格外明亮，这是因为月球表面布满了圆形岩层，而且观察视角不同，这些圆形岩层显露出的形状也不同。当它们出现在月球圆盘的正中央时，在远方观察的我们无法感觉到圆形岩层的地势起伏，亦不能分辨出该岩层的形状；而随着这些环形区域逐渐靠向球面边缘，我们便能慢慢看到它们斜着的样子：它们变得越来越呈椭圆形状了。

这些岩层的外形首先让我们联想到了火山口。为什么会想到这样的比喻呢？我们稍后会进行解释。同时，在我们的描述中，最恰当的称呼是月坑[1]，它不仅贴合岩层的外形，还让我们对这一起伏地形的成因浮想联翩。

月球表面上分布着大量窟窿似的月坑，仿佛遭遇了巨大的炮击伤害。比任何描述都生动的摄影图像使我们可以在闲暇时观察到如此奇怪的月球山岳。在照片上我们可以看到，圆谷和众多点状的孤立高地以及山脉通常是月球表面最明亮的区域，简言之，构成这些地形的物质似乎都有一个特性，那就是与这些地形下面的最均匀的灰色调区域形成鲜明对比。这些普遍分布在大块灰色地区里的起伏、月坑以及孤峰宛若海洋上浮现的岛屿或群岛。这只是一种形象化的类比，月球的这一地形与类比所涉及的地球上的自然环境并不相同，我们使用这一比喻，仅仅是为了帮助大家想象这些凹凸不平的地势是如何从均匀的岩席里冒出来的。当人们试图弄清月球地形构造的形成原因与法则时，还需考虑到上述地貌。

虽然月坑外形具有典型特征，但每一个都有各自的特点。首先，它们的规模不同。一部分月坑幅员辽阔，其余的则一个比一个小。克拉维斯坑是我们在月球可见半球上所能看到的最大的月坑，它的直径长达 220 千米[2]；还有几个月坑的规模几乎不逊于克拉维斯坑，直径大于 100 千米的月坑是最常见的。而当我们仔细观察那些小月坑时，则会发现这些小月坑群的数量随着直径越来越小而增多。这些月坑的数量惊人，且规模非常小，有的甚至几乎超出了望远镜的可见度极限，最小的那部分月坑的直径仅在千米左右。总之，月坑的数量加起来超过了30 000 个。

除了规模不同，月坑的环形结构也不同。一部分月坑无须进行深入的观察便能发现，特别是那些规模很大的月坑，但它们中有的轮廓还不如大部分规模有限的月坑清晰。其他月坑的环形没有闭合，它们看起来要么只有圆周的一部分，要么由于局部下沉或震荡运动，环形山顶的整个侧面几乎被完全吞没。这种未闭合的月坑有很多，大多聚集在大片我们即将谈到的灰色区域的边缘。

◀▶ 月坑由陨石撞击或月球上火山喷发而成，大部分月坑是撞击形成的。

◀▶ 现如今，月球上第一大撞击陨石坑为月球南极处的贝利坑。

最后，我们还要考虑到，在这些月坑中，一部分坑底均匀平整，另一部分的中央则存在高地或山峰。除了几个特别引人注目的，几乎所有月坑都有一个本质特征，有机会的话我们会略讲一二。比起月坑的规模，它们的本质特征更能清楚地将其与地球上的火山口区别开来。事实上，月坑内部下凹，明显低于外部的环形山，环形山内侧陡峭，外侧相对平缓，我们可以联想到炮弹坑——部分土壤翻卷出来，在弹坑周围形成环形凸缘，当然月坑的规模要大得多。这样一种比喻仅仅是为了让大家清楚月坑的总体布局（一些非常小的月坑可能呈现出不同的原始特征），事实上，月坑的深度从比例上来说远不如其直径大。有了此处的剖面示意图，我们就无须进一步解释了。现在，我们要真正认识到这一差异的悬殊程度，这一点非常重要。简单的观察表明，这一差异实际上非常夸张，之后要讲述的月球山脉也同属此类。我们有必要回忆前一章关于星球照明定义的内容：阳光会越过照耀不到的星球表面边界，落在更远处的点上，当然这是因为这些点的海拔远远高出地表边界，山脉和云朵便属于这种情况。如果我们能够退到太空足够远的

➤ 月坑剖面示意图

▼ 月坑上的日出

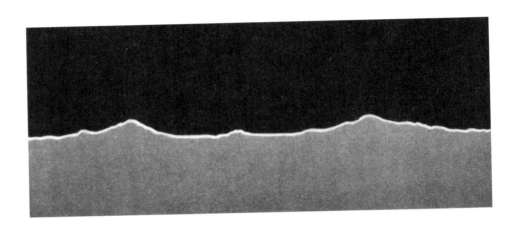

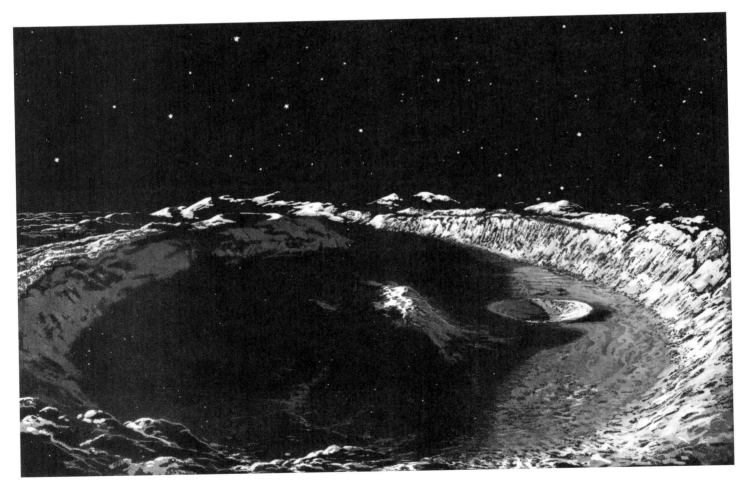

地方，便可以估量所有这些情况，从而充分理解上述现象。月球恰好遇到了同样的情况，仿佛在月球表面高空翱翔的我们绝对观察得到：由于地平面高低不平，我们看到的月球被照亮部分的界限，即月相的明暗界线的轮廓显得参差不齐；而更远处的部分山脊和环形高峰就像零落在黑暗中熠熠生辉的弧形碎片或光点。如果光照相当倾斜，就能使最平缓的地势起伏也变得明显起来，再加上没有什么有损清晰度的因素（如果棘手的大气层不存在），所有这些外观将更容易被发现。当路面被夜间汽车前灯的强大辐射照亮时，我们总能观察到如下现象：在白天显得非常平整的路面此时暴露出了本身的粗糙不平、起伏凹陷，道路

上窟窿的轮廓显得出人意料的巨大。同理，月球明暗界线处的月坑，即使是凹陷最不明显的，也像宽广的水井一般，里面填满了深不可测的阴影；多亏了月坑在身后投射的长长的黑影，那些普通的丘峦也得以显露身影。总之，地面光照界限的轮廓总是变幻无常的。对于无法辨清细节的肉眼而言，所有这些条件都会改变明暗界线的外形——明暗界线不是规律的几何线条，而是略蜿蜒的曲线。一个视力良好的人即使没有仪器的帮助，也能通过仔细观察发现这样的月貌；正是因为在地球的近郊地区，我们可以看到月球光照的发生，得以充分认识到这些影响的重要性。让我们记住这一事实，因为它有助于我们建立必要的对照，以便对其他行星的外貌进行解释。

目前看来，如此显露出来的神奇地表形态是最有效的辅助手段，因为它首先可以用来识别出相同的地形特征，其次能够用来确定地形高度。再重复一遍，我们可以通过非常简单的仪器来测量该地表形态。伽利略的望远镜尽管性能不足、缺陷实多，却让他毫无争议地确认了月球表面崎岖不平这一真实性质；同时，根据照明界限的不同，他计算出月球山脉的海拔高度可能在8000~9000米之间。事实上，除了月球南极附近的一些山峰达到了这一高度，其他山脉的平均海拔则较

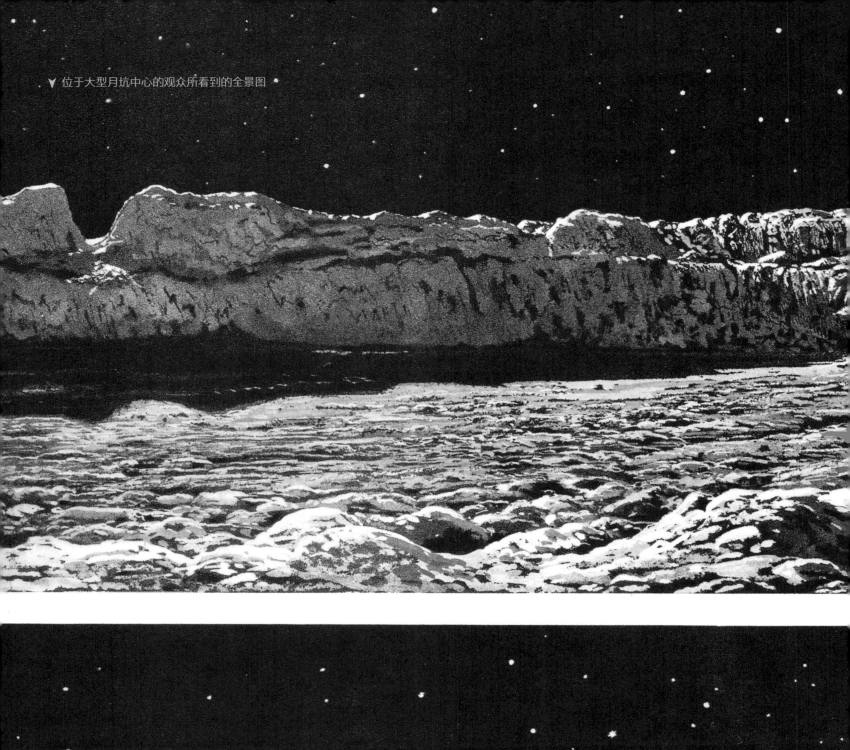

▼ 位于大型月坑中心的观众所看到的全景图

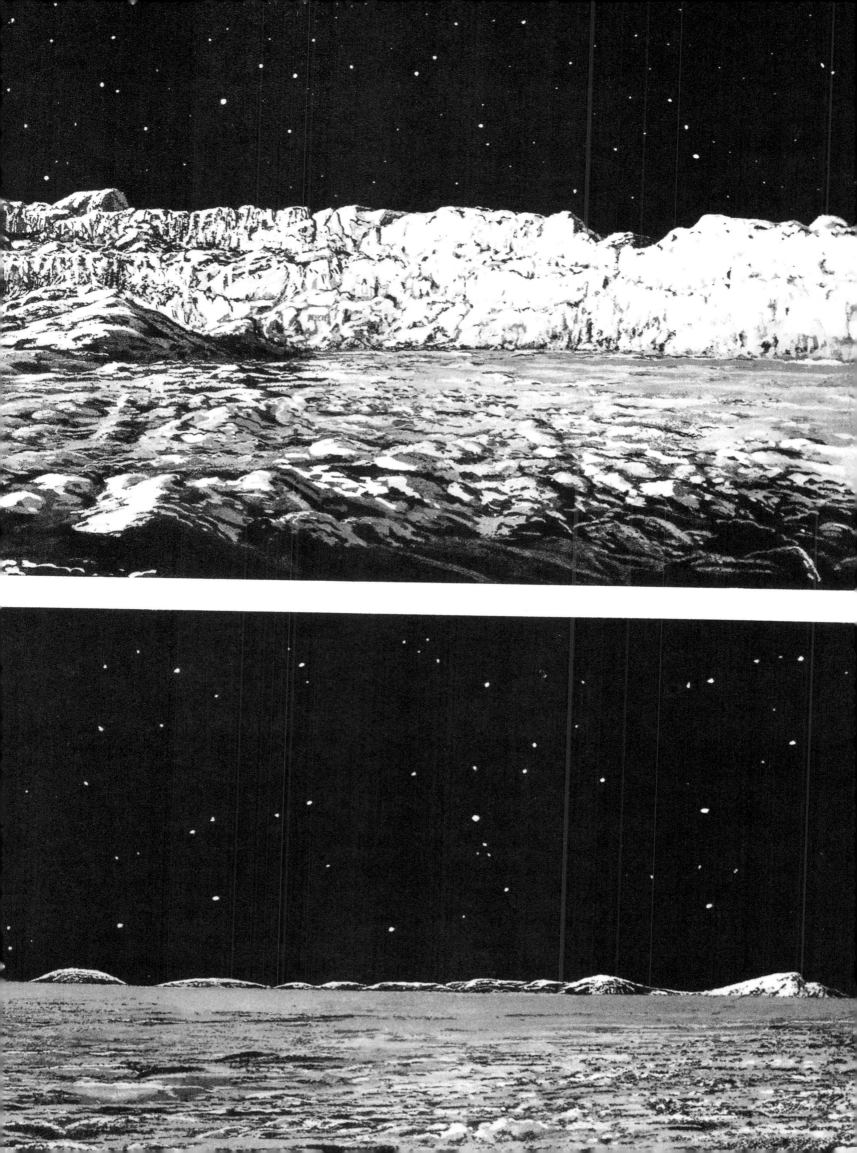

▲ 相连或嵌合在一起的月坑图像。随着月球球体边界向我们靠近，我们观察到的月坑的外形越来越走样。

▲ "哥白尼"环形山及其明亮的辐射纹，以及大量环绕着它的小型漏斗状地形。如果巴黎在月球上，按本图比例，它看起来就像一个直径 2 毫米左右的斑点。——威尔逊山天文台摄（加利福尼亚）

为普通。说到这儿，让我们来了解一下月坑的海拔吧。

根据之前的描述，我们要考虑到月坑内外侧围绕的环形山的高度。举一个明显的例子：那些差距最为悬殊的月坑的坑底与峰顶的高度相差将近 6000 米，而环形山占据的面积最多还不到月坑总面积的一半；至于那些地势相对缓平的地形，它们的不相称性就大大减弱了；还有一种几乎没有隆起山环的月坑，其内部深陷，像漏斗一样凿穿地面——只有那些极其小的月坑才会出现这种情况。

当然，我们在这里看到的只是月坑的普遍特征，实际上，我们也不可能详细讲述每一个特殊案例。被我们发现的月坑千奇百怪、各不相同：有些环形山一头到另一头的平均海拔有高有低，中间还有裂缝或断层；其他大量月坑相互连接或甚至嵌合在了一起，好像一些月坑吞没了另一些月坑的部分领域。

总而言之，在大半个月球球面上，我们看到了一个因混乱而显得乱七八糟的星球图像，但这种混乱可能只是表面上的，因为当我们仔细研究月球地形的某些特征时，就会发现它们并不是随意形成的，而是遵循了某些法则。根据法则，月球表面形成了所有这些待我们进一步研究的高低不平的地貌。

山脉

地表所有重要隆起均可被称为山脉。根据天文望远镜中看到的景象，我们可以将月坑视为具有规律特点的环形排列的山脉。地球上的火山也具备这一性质，它们总是巍峨耸立，俯瞰着周遭地区。除了月坑周围的高地，月球上还矗立着与地球山脉多少有些相似的真正的山岳。它们或傲然独立，或簇集成群，或首尾相连，形成一条雄伟的山脉——山脉的数量很少，且很容易被找到。另外，我们还发现了各种各样具有某些整体特征的明显的山脉组合，例如有些山脉依傍在被称为"月海"的大平原边缘，有些则沿着特定走向分布。

如果说从外形上讲，月坑比月球山脉更加受到关注，那么从海拔高度的角度而言，后者却构成了最雄壮的地势起伏。在月球南极附近的莱布尼茨山脉与德费尔环形山上，有些山峰的海拔达到了8000多米，甚至超过了这一数字。从地图上看，坐落在月面中央的美丽的亚平宁山脉<1> 是多么不可思议，海拔5500米的惠更斯峰因矗立在亚平宁山脉的边缘而显得更加巍峨。

这些可以与地球最高峰比肩的海拔高度证明了：与其体积相比，月球的地形起伏更大。然而请注意，月球上的海拔高度并非从相当于地球海平面的统一平面开始计算的，而是从该地形周围的地平面起算；因此如果我

▲ 上图：月球南极区域只有高山山顶被太阳照亮，峡谷则永远沉浸在黑暗之中。

下图：月球亚平宁山脉上的日落

们按上述方法计算地球上一座屹立在深达10 000米的海底凹陷（假设海水不存在）附近的山峰的海拔，所得到的数字就会更接近月球地形的相关比例。尽管如此，人们有理由相信月球地形仍然具有优势。

星罗棋布的月坑和山脉仿佛从那些广阔均匀的灰色区域里喷涌而出。现在，让我们来关注这些区域吧。

◆ 以意大利的亚平宁山脉命名，是月球上最大的山脉。

被称为 "海洋" 的灰色区域

　　人们用肉眼也能轻易观察到这些被称为 "海洋" 的灰色区域，正是它们形成了月球上著名的图像。这些灰色区域在肉眼中如此，在性能不够强大的光学仪器下也同样宛如世界地图上的海洋区域，因此早期的天文观察者认为它们是月球上的海洋也就无足为奇了。然而就文中的月球全貌图来看，尽管放大效果不佳，我们仍可以看出画面上的排布非常复杂，但是在缺乏足够精确检验的情况下，一个看似很有逻辑的先入之见往往会被大家一致认可。毋庸置疑，第一批质量粗陋至极的天文仪器绝对无法让人绘出足够精确的月貌以彻底解决这一问题……简而言之，过去的人们认为月球表面的很大一部分是 "海洋"；早期月球地图上的大片灰色区域代表的便是海洋。补充一点，虽然这一错误已被纠正，但出于制图需要， "月海" 这一与实际不符的名称还是被保留了下来，为了方便描述，我们将继续使用这一具有法律效力的名称。请注意， "月海" 这个名字仅具有象征意义，而 "月坑" 却是由历代有名的天文学家或学者定下的称谓；此外，月球上的主要山脉是按地球山脉来命名的，例如阿尔卑斯山脉、亚平宁山脉，等等 [1] 。

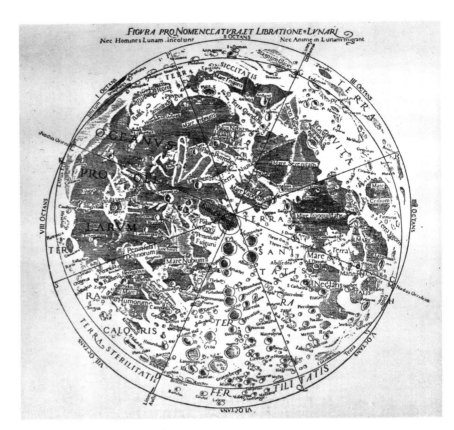

▲　里乔利所绘的月球地图，1651 年

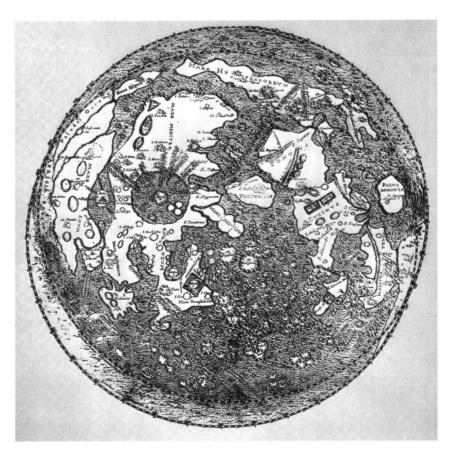

▲　赫维留所绘的月球地图，1647 年

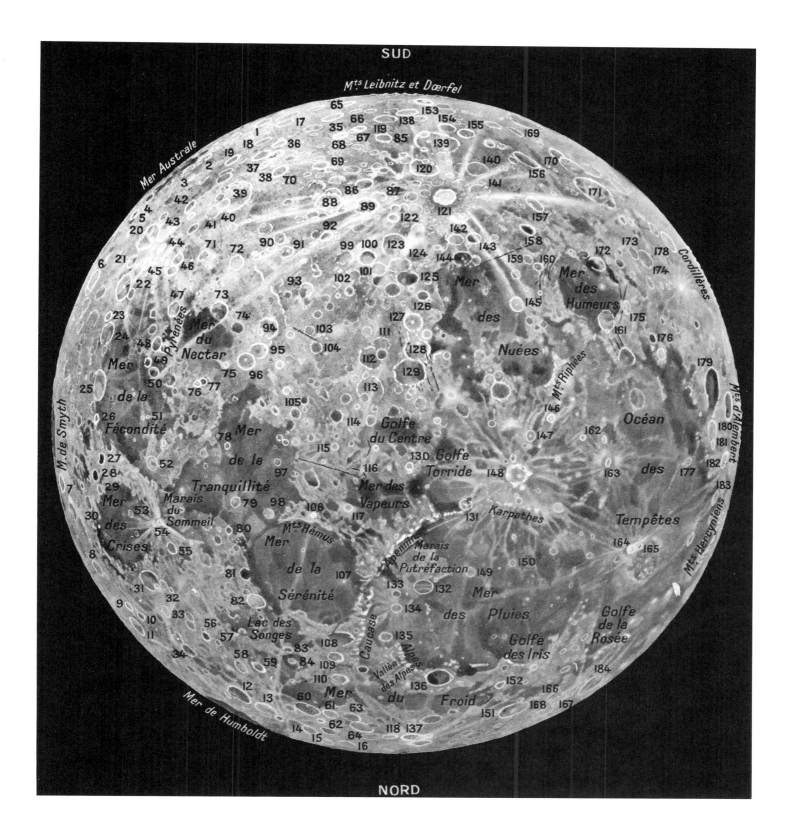

SUD

Mts Leibnitz et Dœrfel

Mer Australe

Mer du Nectar

Mer de la Fécondité

M. de Smyth

Mer des Crises

Marais du Sommeil

Mer de la Tranquillité

Mts Hémus

Mer de la Sérénité

Lac des Songes

Pyrénées

Golfe du Centre

Golfe Torride

Mer des Vapeurs

Apennins

Marais de la Putréfaction

Caucase

Vallée des Alpes

Alpes

Mer du Froid

Mer des Nuées

Mer des Humeurs

Mts Riphées

Karpathes

Mer des Pluies

Golfe des Iris

Océan des Tempêtes

Golfe de la Rosée

Cordillères

Mts d'Alembent

Mts Hercyniens

Mer de Humboldt

NORD

▲ 月球总图——卢西恩·鲁达乌斯

◀ 月球的早期绘画之一。观察者已然将无数的月坑以及大片坡称为 "海洋" 的明亮区描绘了上去。摘自约翰·基尔的《历象新书》，牛津，1718。

▲ 没有凸起的区域里"月海"表面的单调外貌

▼ "静海"表面的低洼与褶皱

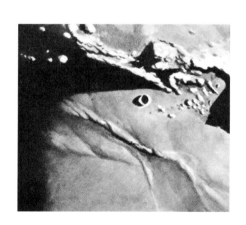

　　一般而言，月海看起来就像辽阔的平原，几乎没有起伏，只有一些硬生生从该平面崛地而起的月坑和山脉打破它的单调。我们可以清晰地看到月海的某些区域中类似海岸线的边界，其他区域则迷失在月球的山系里，这种灰色物质沿着山脉的走向形成一条条分叉支流，占据山与山的中间地带。最后，许多大型月坑平坦的圆形区域看上去竟然成了这种灰色岩席的一部分，并且被或高或低的山脊所包围。这些区域正是我们必须要强调的。然而，除了这些有限的地形要素，我们也不能以为月海因某一神奇现象从液体变为固体的海面，成为一种平整的席层。当我们谈及单调时，其他区域却恰恰相反，显得参差不齐。事实上，这些"大平原"的水平落差非常大。月海里有许多宽广的洼地，因坡度太缓而难以确定它们的边界；光斜照时更容易发现这些洼地，这与我们之前举过的道路路面被汽车前灯照亮的例子是一个道理。除了以上地形，月海还呈现出无数的皱脊，不禁让我们联想到撒哈拉沙漠的沙丘与起伏的沙面。如果说上述地面落差都不够明显，月海里还有其他清晰可见的地貌细节，它们便是被称为凹槽的巨大断口或裂缝。裂缝的可见性涉及多种条件。我们必须考虑到裂缝在月球上的位置，这一点与裂缝呈现在人眼中的视角规则息息相关。人类可以从正面看到裂缝的凹口，但最多只能看到它们的内壁。与此同时，不管裂缝在月球的哪里，我们在观察时都应注意垂直或倾斜光照的朝向——光照的方向或使裂缝里填满阴影，或使阳光完全穿透裂缝，或甚至仅使裂缝的一边被照亮。我们没有必要详细列举因这一复杂条件而产生的

▲ "湿海"上向心且平行的大裂缝；湿海
表面看起来有很多波纹。——洛维、皮瑟 摄

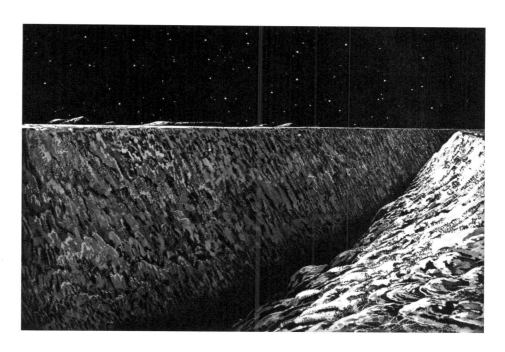

▲ 月球表面的大型裂缝边缘

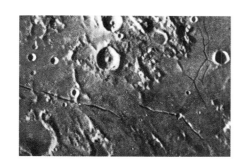

▲ "特里斯纳凯尔"月坑附近月面上的大
裂缝——勒莫尔旺 摄

所有情况，况且光照方向是变化不定的。从这些裂缝以及月球地表的其他许多特征中，人们发现了一些事实，一般而言，这些事实足以解释月貌的改变、变化或暂时消失，相信大家有时一定注意到了月貌发生的变化。

我们可以把这些裂缝称为月球的地壳。有些裂缝很小，有些很有可能存在但我们看不到，还有一些缝口大开，其宽度可达 2~3 千米！大多数裂缝的长度都很惊人，有些甚至延伸到几百千米长。根据上文提到的可见性条件，月球裂缝会呈现出各种各样的外形，有些裂缝的内壁几乎直直插入地壳深处，大部分的裂缝则是将地面划出一个个开口或大或小的 V 形切面。另外，我们很难判断这些奇特壕沟的确切深度，但无论如何，裂缝的深度都应得到重视。

裂缝不仅存在于月海的表面。人们可以观察到，一些裂缝在延伸时切进了月球山脉，切切实实与该地形组合在了一起。

这些裂缝与月球上其他类似裂缝的突变落差构成了一种在地球上其为罕见的断层地形，至少在比例上地球上的断层远不如月球上的多。裂缝奇观可能会让登上月球的人联想到规模巨大的峡谷，当然它的地质和结构与峡谷截然不同。

至于裂缝的性质，人们认为，这样惊人的地面开裂是由一些现象或运动造成的，这些现象或运动在月球地形的构造过程中发挥了至关重要的作用。

在月海表面还存在着其他特殊地貌。首先便是根据色调区分开来的格子或斑点；其次是白色条痕状的辐射纹，大部分的辐射纹以某些月坑为辐射点向四面八方延伸。辐射纹大小不一，在向外辐射时会径直穿过它所遇到的各种地形。在下文中，我们将更加详细地介绍月球地表的构成。

月球上的空气与水

月球表面的所有特点都是一成不变地被显露出来的，也就是说任何事物都无法扭曲或干扰它们的景象。人们可能会观察到月球地表形态的外貌变化，或者月面色调浓度的改变，这是照耀月球地面的太阳光线的入射变化造成的，并不能证明月面地形发生了改变。此外，我们要注意到，光线的入射角度具有不可忽视的重要性，因为在某些情况下，光影把戏会让人以为月球地形有了变化。如果穿过地球大气层进行望远镜观测时这一固有紊乱不存在，那么月球表面的样貌总是会完完全全被我们观察到，这是因为没有什么横亘在月球与我们的双眼之间。我们可以得出结论：我们的卫星没有被大气层所包围，因为大气层的厚度或质量很容易被一些明显的效应暴露出来。

有人会问：是否存在一种非常纯净以至于不会干扰望远镜观察图像细节的大气层呢？我们只有在观察月球圆盘的中心时才会获得细节清晰的图像，此时视线方向垂直于月球表面，通常情况下穿过的大气层的厚度是最薄的，但至少我们可能会在月球边缘发现折射效应，因为事实上，通过角度的叠加，此处的大气层却是最厚的，来自月球外的光线在掠过它投入人类视线的过程中会从大气层的一头穿到另一头。这正是其他天体的光线的经历——月球在围绕地球运转时会经过太阳、行星或其他恒星，用术语解释便是此时发生了日食或月掩星，那么我们本应该觉察到什么呢？

还记得第二章中我们讲到地球大气层吸收、折射地平线附近的天体光线的现象吗？在当前的情况下，类似的吸收、折射现象在一定程度上也会参与进来。然而，如果人们观察太阳圆盘与月亮圆盘的相交边缘时，就会发现这一边缘一点都

▲ 太阳圆盘与地平线交汇处的大气折射效应

▲ 大气层横在天体光线的行进路径当中所造成的影响。人们需要透过越来越厚的大气层看到正在坠向地平线的太阳。随着厚度增加，大气层的吸收和折射效应越来越显著。

◀ 若望陡峭的大裂缝的缝底风光

没有被削弱，也没有受到任何折射效应导致变形的影响；太阳圆盘与月亮圆盘的相交边缘是一条非常清晰的几何曲线。而需要指出的是，在某些日食期间，有人自信辨认出了一些小小的形状变化或微弱的偏差，并认为这是月球周围存在轻薄的大气层所造成的——我们想知道的是，这些不同寻常的外观是否并不仅仅是光学或仪器领域的原因造成的。在下面的事实中，我们将会找到一种解释。月球的边缘并不整齐，而是像锯齿一样，这是因为月球表面高高低低、粗糙不平，看起来就像我们从远处看到的地平线上山脉起伏的剪影一样。由于地球大气波动，月球图像的质量一般，还会晃动，因此月牙状太阳上的小角无论是否像锯齿一样，看上去都像被截断或弄钝了，导致形状发生了变化。

我们从第一种试图凸显月球大气的方法中得出的结论便是，这一方法没有提供任何肯定且无可争议的证据。诚然，人们可以提出保留意见，但保留意见得建立在这一事实在其他所有

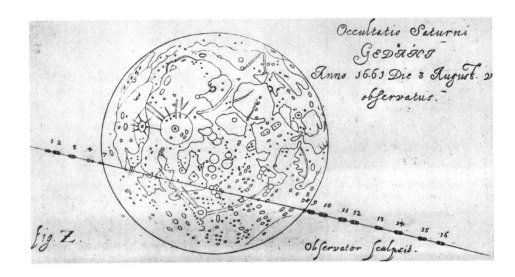

▲ 月掩行星的运行：根据 1663 年 8 月 3 日观测到的月掩土星所绘。摘自赫维留（1679）的《天文仪器》。——拉鲁斯出版社

▲ 掩星过后土星在月球圆盘附近浮现（1900 年 9 月 3 日）。与月球相接处的阴影带错觉。

▲ 在日食期间，月球圆盘与太阳圆盘相交，交汇边缘清晰，没有异常。

情况下都有效的基础之上，只有在研究过根据其他情况得出的结论之后，我们才会考虑这一保留意见。

月掩行星可以提供与日食一样的事实。当该天文现象发生时，我们可以看到许多小天体的圆盘，它们的亮度与体积会让我们更好地观测到影响其图像精细度的微弱折射与吸收效应。事实上，我们观察到的下列事实首先被阐释为存在大气层的证据：被观察的行星圆盘消失或浮现在月球的边缘，有时我们可以看到该行星与月球之间好像隔着一条像雾一样的阴暗带，但我们用一个非常简单的实验便可确认这只是一种错觉。我们的眼睛受到了欺骗，在部分重叠但亮度不等的两个面的对比之中，我们可以发现这一错觉的产生。事实上，我们只能在月球被照亮的边缘发现这一现象，而此时被掩掉的行星的亮度不如月球。

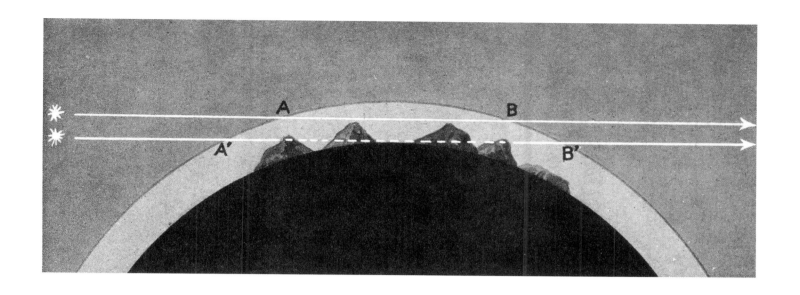

在以上任何情况下，我们都无法观察到可以有效证明月球大气存在的外观变化，因此我们得到了第一种观点：如果月球大气真的存在，它必定极其稀薄。那么，让我们来研究一下是否存在另一种能够带来更有效信息的观察吧。

事实上，这种不可能性可以通过测定掩始和掩终的瞬时时刻来实现。在这一方面，月掩恒星极为宝贵。众所周知，恒星看起来就是一些光点，因而当月掩恒星发生时，该恒星瞬时消失又重现在月球的边缘。观察月掩恒星比观察两个圆盘的接触画面更加精确，这是因为观察者的判断、天文仪器的质量、衍射以及辐射这些附加因素使得记录月掩行星的始终时刻极为困难。此外，由于恒星的数量不可胜数，月掩恒星频繁发生，因此天文观察者们可以收集到大量的相关资料，获得一个剔除了意外错误的平均值。

那么，现在我们从恒星那里获取了怎样的相关资料呢？能够折射光线的大气层会使光线发生偏折，从而改变光点消失、重现时的几何形态；根据月球的直径及其运动速度预测

出的时刻也得到了调整。然而，长期的观察讨论表明，最终还是出现了差异，且这些差异恰好处在理论的预测范围内，但这些差异极其微弱，导致我们承认月球大气层的存在，且月球的大气层非常稀薄，其密度至多相当于地球大气层密度的 1/900。我们还可以猜想，因为月球重力很小，大气层应该分布在相当高的高空。

现在，鉴于这些不同的观察结果所得到的结论，有一种意见被广为接受。对于人们观察到的日食期间月牙状太阳上的角，我们已经拿山脉的剪影做了比喻。事实上，月球轮廓大部分是由从视觉上看呈前后排列的连续凸起构成的，凸起中间是较为低矮的区域：被遮住而使人眼看不到的谷底或中间平原。这样的轮廓让人类很难准确测定月球的视直径，因为月球球体的一端可能是凸起，另一端则可能陷入洼地之中，因此公认的直径数据并不仅仅来自一种测算方法，而是取自大量天文观察的平均值，这有效修正了分歧，使之更加接近真正的尺寸。尽管如此，严密的掩星计算所使用的术语还是存在些许不确定性。此外，掩星可能发生在月球的凸起或低谷后面，而凸起和低谷则有可能改变人类对月球的几何轮廓的预测。我们可以想象在解决这一问题时所遇到的重重困难。总之，由长期观察讨论得出的这一数字与其说是可被最终认可的准确数据，不如说只是一种讯息，因此我们认为月球大气层的密度值仅仅代表了其普遍的低重要性。

现在需要补充的是，我们所观察到的事实涉及高地的海拔因素，而高地的大气层必然不如低地区域的厚。而既然我们经常无法看到大气密度最大的低地区域，我们就无法获得有价值的补充信息。无论如何，月球大气层的微不足道是毋庸置疑的，因为借助极为敏感的光谱分析手段也没有发现月球大气层的任何迹象。

就大气层的作用而言，相比于地球大气层，月球大气层可以说实际上并不存在，因此人们有理由认为月球大气层的作用为零。事实上，月球大气因为稀薄而

无法起到保护地面的作用，也不能形成或暂留任何障碍。月球大气层无比宁静，以后我们将不得不注意到它的宁静所带来的后果。

月球不仅没有空气，也缺少水。我们不但没能发现月球上江河湖海的类似物，也没有找到任何间接表明有水存在的迹象，尽管月球上的某些地貌可以被阐释为与水有关。对于上述结果，有人提出异议：因为望远镜的观察能力有限，我们无法知道是否有一些事实或特性因尺寸太小而无法被观测到，而且即使月球现在真的没有水，那会不会曾经有过呢？

对于第一种异议，我们很难明确驳斥，但第二个问题引起了争论。没有人反对月球上曾存在水这一事实，而一切都证明水可能从地表消失了。我们甚至可以做出这样的假设：地球上也存在类似的现象。确实，地质学和地球物理学带来的证据表明，目前地球上的水资源远不如以前丰富。事实上，地球上的水虽未完全消失，但普遍龟裂的地壳为液体物质提供了数不清的通道，这些液体物质与日俱增地渗入、渗透至地球内部，逐渐在地表减少，最终消失。此外，水凭借其侵蚀能力，就像一个天生的工匠一样，通过力学、化学作用的双管齐下，侵蚀了裂缝内壁，凿出了一道道越来越顺畅的纹路。

随着水元素在地球表面的逐渐干涸，让我们重新回到对月球水文问题的研究上来。月球土壤的性质大大方便并加快了水的深层渗透。我们已经发现，月球地壳破碎，岩石疏松，易被渗透。在这种情况下，人们可以合理判断出液体物质仅在月球表面停留

▲ 地球上某些受水的力学和化学作用影响形成的山地的特殊地貌在月球上并不存在。

▲ 疏松地面上的径流速度很快，形成了分支型河谷，这是地球地形的特点之一。——勒内·戴维南

了相当短的一段时间。此外，仔细观察月球地形也可能证明这一假设，因为在观测的可能范围内，即在月球地形的巨大轮廓里，没有什么表明该地形是由水雕刻塑造而成的。而在地球的各个角落，我们都能明显看到水不知疲倦的强烈作用：它雕刻岩石，削薄山顶或将其推倒，把山沟或峡谷挖凿得越来越深，而被摧毁的物质的堆积和漂移则导致了特殊地形的形成，该地形的轮廓遵守了特定的规律。在月球上，我们却没有发现任何类似的地貌。月球上的山地就像凸起高地的混乱

▲ 高空俯瞰水流对地球表面造成的影响。"探索2号"平流层气球在上升期间于海拔23 780米处垂直拍摄到巨大河流及其无数支流。——法新社

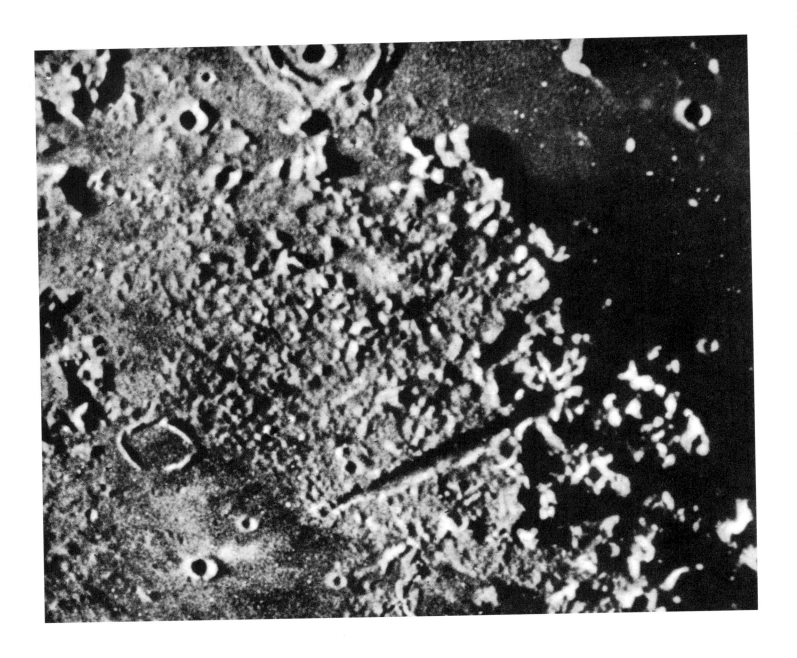

组合，将其分隔开来的洼地与流水雕刻而成的峡谷没有任何相似之处，我们也没有找到任何可被视为流域分水岭的线型或多分支型山脊，因此月球地表形态很有可能未曾被大量或长期的径流所改变和调整。更何况我们应当承认，月球上的任何一种起伏，无论是月坑还是山脉，都完好无损地维持住了每一个细微末节，也就是说任何侵蚀或腐蚀作用都未曾将其改造。值得注意的是，要达到同等效果，月球上的水需要花费比在地球上更长的时间进行机械做功，因为月球微弱的重力使水的流速减慢，极大程度上削弱了它的功效。

如此，我们可以用以下方式概括月球表面的水和空气问题：

目前，研究至多揭示了空气几乎察觉不到的存在，并几乎可以肯定水的缺席，却不能否认它们在过去的可观数量。

那么，它们已经消失了吗？又是怎样消失的呢？

我们已经知道，水会渗入地壳直至彻底消失；至于空气，根据物理化学定律，气体分子要么逃逸到了太空，要么固定在了月球的土壤里，可能正在变得越来越稀薄。

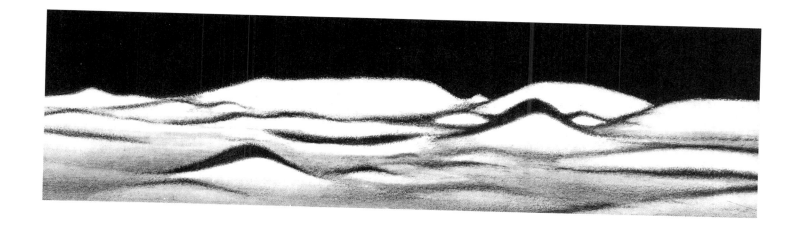

月球地形规模测量

上文的总体描述解释了望远镜视野中或摄像机记录下的月貌。这是一种全貌图，仿佛我们正处于月球的高空俯视它。现在，我们需要通过其他细节将月貌图补充完整，就像置身在这样一个地貌高低起伏的星球上的观察者所描绘的那样。事实上，呈现在我们眼中的风景异常奇特雄伟。

▲ 直接观察到的月球圆盘边缘（月球南极区域）的山脉轮廓

为了让大家衡量这些轮廓明显的凹凸或形状的规模，我们引用一些广度和高度方面的数字。作为了解地形实际外形必不可少的元素，月球地形的广度和海拔应当被测量出来。在大部分凹凸地形被观察到的情况下，它们和它们的影子浑然一体，我们看不出其中的区别，这些地形如同地图上的诸多细节一样看起来是平面的，只有在光斜照时通过凹凸地形投在身后的阴影将其辨认出来。

▼ 月球山脉海拔测量。从地球 T 处的角度可以看到平面上该山脉的阴影，并能确定该阴影的长度。在知道地平线与阳光形成的夹角 A 的度数以及阴影的长度后，我们就能推导出所形成的三角形的高 B，即该山脉的海拔。

测量方法的原理非常简单。我们测量该阴影的表面长度，这一角度尺寸对应于地月之间的距离，这一用千米表示的长度很容易被计算出来；这是一个基本的几何问题，我们在此处附有图示。如此，根据地上投影的长度，我们就可以像用测量链丈量一样，非常肯定地推断出其广度。于是，我们得到了问题的第一个要素。我们将再次建立一个几何图形，把刚刚测定的阴影长度作为三角形的底边，实际上这一长度是沿着水平面伸展开的。在进行计算的时候，如果我们知道太阳距离月球地平线的高度，就可以知道阳光与水平线也就是阴影平面所形成的角度。目标山体的垂直高度矗立在阴影的根部，与该阴影形成直角。如此一来，我们就画出了一个直角三角形，并且已知其中两个角的度数（直角以及阳光与阴影形成的夹角度数）以及两角夹的边长（阴影的长度）。一个最简单不过的几何定理论证便可推导出其余两边的长度，也就是我们所关注的直角边的高度。

　　为了简化解释，我们已经忽略了在使用该方法时所涉及的多种条件，例如月球的球形结构将直线变成了曲线，使透视效果变得扭曲。数学天文学家的任务便是将这些因素考虑在内，以便建立真正的月球地形比例。需要进一步阐明的是，这一方法虽然弥足珍贵，实际上只适用于月球圆盘的中央区域，因为在月球圆盘边缘被观察到的地形是非常倾斜的，因而它们互相掩盖住了彼此的阴影，只展示出可以直接测量的那些剪影。最后，应当指出的是，由此获得的高度并未处在同一个参考水平面上，月球上的高度仅是参照周围地面测算出来的；而地球上的高度则恰恰相反，是依据海平面测算出来的。

　　我们之所以关注测量方法的原理，是为了凸显我们在测定月球地形的性质及大小时的准确度。如此得到的有关资料完美地对明显可被辨认出来的地形布局告诉我们的信息做了补充。

　　于是，掌握了这些数据，我们就能严谨地在透视图中纠正从天文台观测到的平面图上的各个元素，从而重新确立每个元素在月球上的位置。

月球景观重构

　　现在，我们已经获得了无数有关月球表面的描述，但这些描述大多受限于望远镜所观测到的月貌，即一个堆叠着无数月坑和山脉的星球。在光斜照时，内部未被照亮的月坑看上去就像一个个黑暗的深渊，而山脉投下的巨大阴影远远延伸到了平原上，仿佛钟楼的侧影。那些图片经常展示的月球景观看上去仿佛是月面经历了大量炮击，被震动、掘出了无数火山口形状的洞穴，还林立着众多陡峭的山峰，好像一座座挨挨挤挤的塔糖峰。我们轻而易举地发现这些图片并不总是符合月球的实际情况。通常来说，如果一位旅行家真的登上了月球，他也无法看到上述的全景图，因为月球山脉的轮廓就像地球上的一样连绵起伏；至于月坑，大部分都非常巨大，以至于我们在视野范围内无法观察到它们的真正模样。

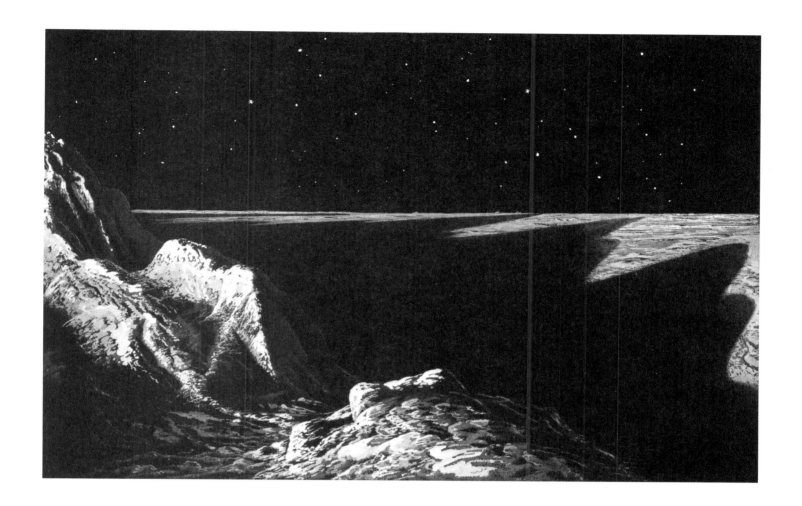

▲ 当太阳接近地平线时，月球上的人会看到阴影不断延伸，直到覆盖所有景色。

为了重构图像，我们必须严格遵循天文观察以及尺寸测算所得出的结果。现在，让我们来关注这些结果所代表的景观的特点。在这一点上，我们必须建立一个大的轮廓框架，按真实或尽可能近似的比例确定其几何外形，即我们应当寻求的是地面起伏展现在我们眼前的轮廓、它们的体积以及相互位置。尽管我们的天文观测手段非常完善，却依然只能辨别月球地形的笼统外形，因此即使我们足够全面地绘制出了月球地形的大轮廓，也无法得知它的特性、结构以及细节。无论是山侧、平原，还是斜坡、月坑，亦或是裂缝内壁，我们都应对其结构进行阐释，以便按其几何与地形比例重构该物体。而阐释并不是幻想的同义词。通过从地球地质现象（尤其是

与地下热火扩张有关的地质现象）资料中得到的启发，我们有可能重构出具有可信特征的月球景观。

月球山脉不会比地球上的更加陡峭，这一观点很容易得到认可。月球山脉的巨大阴影不过是因为光照极为倾斜而产生的夸张变形；要想理解这一点，只要去看日落时分人的影子就够了——它们被长长地拖曳在沙滩或路上。同样，月球上的山峰也不像它的影子显示的那样尖锐。图中柏拉图月坑附近的雨海[1] 照片便是一个经典例子。在照片中我们可以看到几座山，它们的影子形状可能会让我们以为这些山极为细长，仿佛史前遗下的石柱。让我们把注意力集中在皮科山上：根据计算，皮科山山体长超过 20 千米，高 2 千米[2]。皮科山山影显示出的这座山的轮廓非常整齐，根据这一事实以及上面的数据，我们能够重构皮科山的几何透视图。这一重构图尽管不像照片或绘画那样天然具有真实性，却也会尽可能做

◆▶ 月球上仅次于风暴洋的第二大月海。

◆▶ 皮科山位于雨海盆地北部，柏拉图月坑南部，现测定皮科山山体长 25 千米，高 2.4 千米。

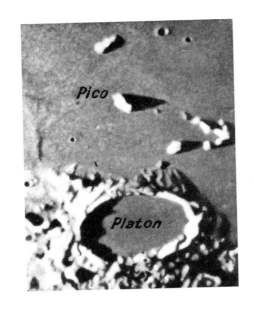

到忠实。皮科山的例子不是偶然，我们得承认，月球上的大部分起伏都与皮科山的情况相似。这一现象在月球圆盘轮廓的不同点上都可以被直接观察到。沿着与月球弧形相切的方向，我们可以看到这些起伏不再是平面的，而是像在地平线上看到的那样，一个个在彼此的背后若隐若现。另外，当一些山脉或高地处在完全没有遮挡的位置时，我们总能看到它们同一个不太细长、相当整齐的轮廓。这样的景象在日食期间很容易被观察到，此时月球边缘的起伏无比清晰地显现在月球圆盘上。

这并不意味着险峻的斜坡就无法被观察到；恰恰相反，我们可以看到无数个例子，尤其是在雨海边缘拔地而起的亚平宁山脉上。各种月球形成假说都对这一地形布局进行了解释，如月壳的隆起、断裂或摇摆现象。

我们之前描述过的各种形状、不同规模的巨大裂缝为月面震动提供了证明。另外，根据裂缝的排布，我们使用透视法重构了裂缝的景观图，它们规模巨大，岩相特殊，在地球上也

找不到对等物。根据绘制出的图像，我们可以预见到，一个在月球上游历的探险家将会遇到许许多多这样令人眩晕且无法通过的障碍。

我们应当特别关注月坑，因为它们构成了月球表面的典型岩层。虽然月坑显然是月心力量的扩张造成的，我们还是不能将其比作地球上的火山。即使人类登上月球实地考察，也绝不会产生这样的联想，因为除了那些直径只有1千米左右的非常小的火山口形洞穴，考察人员无法看到其他大型月坑的全貌。确实如此，尽管我们爱用绘画普及月坑的形状，但大部分的月坑因为体积巨大，在不同的观察角度下呈现的形状千差万别；我们必须通过推理才能确切认识到目标月坑的真实特征。此外，月坑的庞大比例决定了它无论在结构上还是在成因上都与地球火山截然不同。

因此，当我们来到月坑主体附近时，只能看到极为有限的部分，或许还会以为看到的是山脉的弯曲部分。如果我们处在月坑内部高于外部环形山的位置，就能看到它更加精确的整体外观了。在大多数情况下，当我们置身于月坑中心时，只能看到四野广阔的平原，地平线上到处是环形山的高峰，仿佛一根间断的链条；如果在更加庞大的月坑中，这样的景象就不复存在了，我们仿佛被放逐在无边无际的旷野里。此外，还应指出的是，由于月球比地球小得多，月球球体的曲率对视野的限制更大，同样的距离，月球上的物体比地球上的物体更快被更近的地平线吞没。

因此，我们几乎可以进一步说，月坑也许将是登上月球的我们所要面对的最难识别的地形。

▲ 在光照贴近地面时，月球地面的起伏投下了夸张的阴影。

月球的天空及景观环境

　　月球特殊的光照条件给我们留下了深刻的印象，而且正是由于光照条件，月球上的景观才与地球上的风景截然不同。因为月球没有敏感的大气层，太阳的光线得不到散射，故而总是粗暴地闯进月球，照亮上面的景观；因此尽管太阳挂在当中，月球上的天空却是黑色的，像午夜一样闪烁着繁星——这对天文学家而言却是极为理想的条件，他们不必与有时不可逾越的大气层进行斗争就可以观测到所有天文现象，而且这些天文现象都格外明亮。在每个日出之前和日落之后，月球上的人还能看到日珥与日冕，而我们地球人只有在日全食那短暂而珍贵的几分钟里才能观察到。这些令人印象深刻的太阳活动在出现和消失时造就了多少难以想象的壮丽奇观。同样，当我们在欣赏月食时，月球上的人将会看到由于地球遮住太阳而造成的日全食。巨大的地球遮住了太阳，外圈环绕着被照亮的大气层，这圈耀眼的光环是地球日落时分天空的火光，也是月食期间橙色月亮的成因。

　　由于没有大气层，月球上的景观不像地球上那样，既可以完全沐浴在光明之中，又会逐渐暗淡，变为模糊的远景；月球上的远景同近景一样被粗暴、生硬地照亮，轮廓清晰。通过下方图像的比较（这些图像代表了从月球环境转移到地球的同一风景的不同样貌），我们可以清楚地认识到月球的环境条件是如此不同。

　　其他条件也在发挥影响，但看起来直到现在人们也没有在描绘月球地面的尝试中将它们考虑在内。例如，有人辩称，由于缺乏大气层，光线得不到散射，月面未被照亮的部分一直处在绝对的阴影中，因而艺术家只能用布满墨斑的白纸

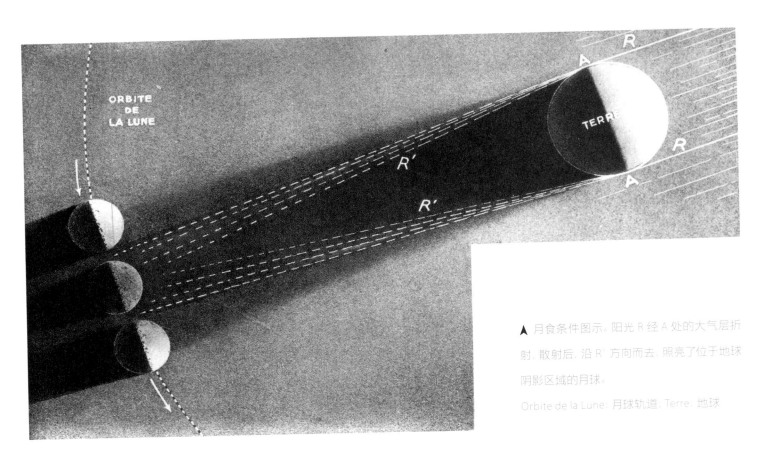

▲ 月食条件图示。阳光 R 经 A 处的大气层折射、散射后，沿 R' 方向而去，照亮了位于地球阴影区域的月球。

Orbite de la Lune：月球轨道；Terre：地球

来阐释这样一种景象。这种说法并不正确。阴影中的部分，也就是未被太阳照亮的部分，接受了对其而言极为明亮的区域的反光（因为没有大气层的干扰而更为强烈）。

因此，如果要绘制细节清晰的月球图像，我们应大胆地将反光映亮的阴影中的细节画进去；只有那些光线反射不到的角落或洞穴还绝对是黑暗的。除此之外还有一个原因：对月球而言，地球仿佛巨大的月亮，在月空挥洒光明，光照量根据地球相位的变化而变化。

在月球上看到的地球

◀ 上图为地球上的一处风景，下图为同一风景在月球上呈现出的样貌。

在上图中，漫射光线的大气将相继层次的景色模糊化，使人产生一种远方的感觉。

在下图中，因为月球没有大气层，天空一片漆黑，不同层次的物体都被清晰地勾勒出来；阴影处的细节也被极为明亮的区域所反射的光照亮。

▼ 从地球上看到的月球（左）与从月球上看到的地球（右）

在所有天体中，月球最适合用来观察地球。从月球上看，我们的星球展现出如此壮观的体积和外表，其特征值得我们长期关注。回想观察月球的条件，我们便能轻而易举想象到在月球上观察地球的情形。让我们来重温月球围绕地球所做的公转运动以及随之而来的月相。月球被太阳照亮的那面沿着不同方向呈现在我们眼前，由此造成了不同的月相。假如现在我们搬到月球上，就能观察到地球的光照效果：根据月球在运动中所占据的不同位置，人们可以从不同视角观察地球被照亮的那面。新月时，月球处在太阳和地球之间，并以未被照亮的一面朝向地球，因此这时地球上的人看不到月亮；而与此同时，在月球上看到的地球却是一轮耀眼的圆盘。当月球运转到某一位置，将被照亮的那面正对地球时（满月），地月扮演的角色就完全颠倒过来了。对我们的卫星而言，地球也经历了从新月到满月的各种相位变化。

虽然地相与我们熟知的月相相同，但我们还要注意的是，地相是在一定的视觉条件下呈现的，它是一种我们未知的宏伟奇观。

首先，我们应当理解地球圆盘对于月空的重要性。在地球上，与如同光点般的其他天体相比，月球是如此大而明亮，有时甚至驱散了夜晚的黑暗。那么在月球上看到的地球又是怎样的呢？地球的实际直径是月球的 4 倍，它在月空中也以同样的比例出现，因此满地的表面面积是满月的 14 倍大，光芒也尤为炽盛。地

▲ 月球的"灰光"或"地照"

光对月球而言相当于第二种日光，我们也可以由此判断出它的重要性。新月过后的傍晚，月牙开始显现，我们依然能看到月面的剩余部分，它们被满地反射的太阳光照亮了，这就是被称为"灰光"的天文现象。

地球反照的光因为没有大气层的过滤而显得更加明亮，圆盘或月牙状的地球在月空中耀眼得无与伦比。我们的星球还展现出这样一种特性，即地球几乎挂在月球天空的同一位置上，因为地球是月球的运动中心，月球在围绕地球运动的时候总是以同一面朝向地球。然而，准确来说，地球在月球天空中的位置并不是绝对固定的。由于天平动的作用，地球的位置会产生些许移动，这种移动表现为在平均位置周围的摆动，但月球的运动却使太阳和其他星体进行规律的移动。在月球上的一天（相当于地球上的一个月），太阳和其他天体缓慢升起，经

过地球，然后沉入地平线。

除了在夜晚照明，我们的行星还构成一座巨大的天上时钟。地球的相位标志着昼夜长短，而自转则使地球上的地理格局规律地从钟面掠过。这座雄伟的天文时钟高悬于朝向地球的月球半球的中心，随着月球上的人向半球边缘靠近，他们将会发现这座时钟越来越低矮；在月球正半球边缘，地球仿佛挨在地平线上的一个巨大球面，只有身处月球正半球的人才能欣赏到这一壮丽景象；事实上，由于上述运动的无规律性，月球正半球的边缘比月球的一半更大。无论如何，正如我们永远看不到月球的反面，地球的反面也同样背对着月球。

现在，让我们来谈谈地球圆盘表露出来的细节吧。在月球上看到的地球不像地理课上的图像那样精确。在大多数情况下，地球上的陆地和海洋被多变的白色区域分隔开来，变得模糊，甚至被完全遮住——这是地球大气层的云障造成的。

按照我们对地球表面全景图的印象，从远处看，海洋区域呈灰蓝或灰绿色，陆地区域更加清楚明亮，且细节多变，这是由构成或覆盖地面的物质的复杂性造成的。在皮卡德教授、科桑及其追随者们乘热气球飞入平流层后，我们对地球的全貌有了更加准确的了解。垂直往下看去，水面（即使不太深）几乎是黑色的，显露出惊人的气势，但随着角度的倾斜，这种强度很快便减弱了。原因有二：一是大气层厚度增加，二是倾斜的水面向眼睛反射了越来越多的大气层的亮光。

因此，从月球上看，在地球圆盘未被云彩遮蔽的区域中心，几近黑色的海洋被灰绿色调的陆地分隔开来；在圆盘边缘，上述对比鲜明的景象逐渐褪色，仿佛

▲ 被"地光"照亮的月球上的景色

▲ 月球上的夜色，地球（此时高悬于天空）向月面挥洒光亮。

▶ 从月球上看，地球几乎在天空中一动不动，只是变化着相位。相位的变化对应着该地获得的光照方向。

被淹没在光雾之中。我们还注意到白色的极地冰盖，随着季节变化，它们的外延也有所改变。

在了解过从太空深处看到的地球全貌之后，现在我们可以思考望远镜中的地球是什么模样的。从识别某一细节的几何外形的可能性角度来谈辨认特定面积地形起伏的条件，地形特征、山体结构等只有在足够大的角度下显现，才会被有效认出，所以我们才会看到冰川、长河，欣赏冰雪消融产生的季节性变化以及植被覆盖区域的色彩更替。然而，如巴黎、伦敦、纽约一样的城市与余下的地面截然不同，它们仿佛斑点一般，很容易被认出，到了晚上，城市中的万家灯火一齐点亮，使这些斑点变得熠熠生辉；同样，为飞机服务的射向天空的探照灯好像断断续续的光点。地球大气层的厚度与杂质是发现这一切的天然克星，因此人们有理由认为上述发现只有在地球圆盘中心才能实现，因为此处的大气层最为稀薄，观察者的视线将会不受阻碍地到达地面。

▲ 假设站在月坑内部的人所看到的月空中的地相。近景是中央峰。

月球地面的色彩

作家、诗人们称颂月亮是一轮银白色的圆盘，但实际上他们错了。月球并不是我们惯常以为的纯白色，而是如它的别称"金发菲贝"所体现的，是浅黄色的。

通过与适当光源之间的比较，我们很容易判断出月球的色彩差异，但这是一种总体性的评估。实际上，月球表面的色彩不会比它的亮度更均匀。最基础的观察表明，月球表面存在差异，且照片上这一差异的明暗变化更加夸张。这些照片突出了明亮的白色区域，使其与阴暗的月海形成鲜明对比，其中月海的某些区域是几近黑色的。月海的弱光化性甚至使某些天文学家认为月海存在一种特殊的吸收效应，这种效应是该区域上覆盖的植被造成的，因而他们认为月海是暗绿色的；但就像我们观察到的那般，这一颜色并不普遍。然而对于这一颇具吸引力的猜想，我们将不会多做讨论，而是专注观察月球表面的各种色彩，它们的特性在很多方面都值得我们关注。

天文观察者似乎都在致力于观察月球的地形。通过直接观察以及摄影累积的资料对于地形结构研究最具价值。如果月球不像人类通常教授的那样是完全死寂的，那么这些资料也有助于研究月球的地形变化。以上研究最好在光照最有利的时间内进行，以便突出月球地面的凹凸不平，也就是说最好在太阳斜斜照亮观察

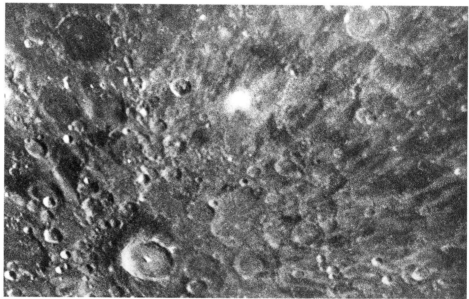

➤ 光照条件不同导致月表外貌发生改变。上图为太阳光斜照时的景象。下图是同一地点垂直光照时的景象。（根据洛维、皮瑟拍摄的照片所绘。）

区域的时候进行。月坑或山脉因其巨大投影呈现出令人震惊的地表形态，让我们百看不厌。满月前后的月貌则迥然不同：月球正面的地形因没有阴影而变得不再鲜明；我们只能看到月球上的不同色调，还会感觉双目疲劳；月球如同一个耀眼的圆盘，其平坦外观展示出的地表形态远远不如其他时期有吸引力。然而，在这些条件下，我们的天文观测仍有广阔的研究空间。

满月时的月球不仅在亮度上有变化，在月面无数点的色彩上也是如此，特别是辽阔的月海或坑底平坦的月坑内部。这些极其微妙的色彩大部分都是灰色的变种，我们可以发现黄灰色、黄绿色、灰蓝色、灰绿色或是深灰色；其他区域则呈或深或浅的灰色（甚至几近黑色），而有些地区与此不同，是纯黄色的。最后，还有某些区域呈更特殊、更难以描述的深暗色，最合适的形容似乎是烟雾色。至于月球圆盘上由起伏地形（山脉、环形山、辐射纹）构成的明亮区域，大部分的色彩都介于在黄色与纯白色之间；它们是月球色彩的主要色调。

▲（1）蓝紫滤镜下的月球照片；（2）黄色滤镜下的月球照片。两者之间对比明显。

我们必须仔细观察，才能将这些色彩一一分辨。此外，我们还需要有利的可见度条件，也就是没有什么能够损坏或摧毁月球的色彩。此话的意思是，月球必须在天空中足够高，这样不仅能够摆脱地平线上的雾霭带来的糟糕影响，还能尽量避免大气层的吸收效应——这一吸收效应不均匀地施加在光谱的不同射线之上；在对月球色彩的观察中，大气层所扮演的角色是最重要的，即使表面看来天空很是纯净。

我们对这些不同色彩的测定，比起单纯好奇，更多的是出于兴趣。从这一角度而言，系统的研究是必要的。所有观察重复进行后能够推断出有关各种各样颜色的永久结论。如此一来，这些颜色就被认定为月球地面本身固有的颜色，且代表了不同结构的独特特征。

一些熟悉望远镜观测的人可能会提出异议：对这些色彩的判断符合实际吗？对比效果没有产生作用吗？我们首先考虑到了仪器问题。事实上，我们应当使用放大率不高的望远镜，其放大倍数不超过 100 倍。另一个值得注意的方面是，一般而言，除了某些细节，我们观察的图像尺寸都相对较小，以至于色彩和色度以某种方式浓缩在了一起，因此，投射在毛玻璃上的缩小景象是色彩无比丰富的缩影。

因此，对色彩判断的怀疑似乎站不住脚。剩下的是对比效果，或更确切地说是互补色的理论效果。此外，互补色理论对于那些视觉印象深刻的明显色彩尤为敏感。然而，这些条件在月球上远远不能实现。人们可以说在黄色区域附近的灰色可能看起来有点蓝，但是如果这样被认定为蓝色的区域延伸到绿色区域后产生的视觉印象依然是蓝色的，那么这一色彩则是真实的，因为蓝色和绿色不是互补色。这种情况在月球地面上比比皆是，因此它们的色彩似乎表露得很清晰。

摄影术为上述发现提供了佐证。一方面，在彩色滤镜下拍摄的照片上，不同区域的亮度根据彩色视觉识别会改变它们的相对色度。不过，这些改变很轻微，因为月面不同区域的光质是不同的，大部分的蓝色区域比黄色区域要暗得多。另一方面，某些不太明显的色彩很有可能是由不同色调混合而成的。这里我们以地球上的岩石为例：从远处看，岩石似乎只有一种颜色，但实际上这是由许多种色彩组合而成的。

尽管如此，还有一些反驳者辩称，观察者所采用的方式不一。在承认这些限制的同时，正式的结论仍是必要的：即使这些判断出的色彩与实际颜色并不一致，它们也证明了月面色彩存在差异。色彩的多样性恰恰印证了月球表面性质的多样性。观察到的这些特征还有可能带来用来研究月球起伏地形的形成与结构的新元素。

月面的表观结构

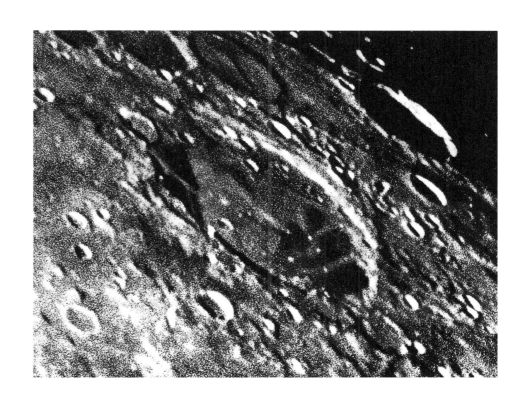

显然，月海整体呈现出一种支离破碎的结构。所有月海以一种马赛克似的方式排列，颜色不同，有大有小，却具有一种普遍的特点，那便是呈多少有些不规则的多边外形，有的轮廓还是曲线的；在大多数情况下，月海之间的分界线是白色或明亮的。

大部分月海的表面轮廓都难以定义，它们似乎延伸进了凸起地形之间的缝隙；我们在平底月坑内部也发现了同样的物质，月坑的圆形底部——有的非常广阔，如席卡尔德月坑、格里马尔迪环形山、托勒密环形山、阿基米德环形山、柏拉图环形山等——确实呈现出与月海性质相同的分类。如果我们将高立于月海平原上的月坑或孤峰也算为月海的一分子，就会感觉所有凸起地形都是从一个结构不均的原始表面冒出或"挤出"来的。

在月海这一普遍结构上我们注意到了一些明显的差异。云海[1]和风暴洋的南部之间没有任何分界。它们构成了一个由小块和起伏——山峰、山脉以及若隐若现的月坑——组成的广阔的复杂整体。其他月海上的小块面积更大，且地面上的起伏也不多。在零碎的小块与地面起伏之间似乎存在着一种明显的联系。

月球的这一起伏地形表现为数不胜数的月坑。大部分的月坑乍一看是圆形的，尤其是大型月坑，实际上它们呈现出的是多边形，外侧山脊与附近区域的裂缝或凸起地形的走向平行。月坑之间经常相切或相互侵占，看起来就像洞穴一样，通常而言，坑底总是低于周围地面。最后，许多月坑呈星座状向四面八方辐射，有的占地面积相当广阔，比如，以第谷坑[2]为中心的广袤月坑占据了月球圆盘相当大的一部分。

▲ "佩塔维斯环形山"中央高原周围的地形与大裂缝

➤ 平底月坑内部结构的不规则性——洛维、皮瑟摄

◀ 月球上七大月海之一，七大月海为风暴洋、冷海、雨海、丰富海、静海、云海、澄海。

◀ 也称第谷环形山，位于月球正面南部，是月球表面最著名的环形山之一，在地球上肉眼即可看到。

◄ 左图：与凸起地形走向相连的不完整或彼此相接的月坑——洛维、皮瑟摄

◄ 右图：多边形或形状不规则的月坑——洛维、皮瑟摄

▼ 大部分的灰色区域或月海均没有明确的边界。一些起伏地势在其表面突兀而起。——洛维、皮瑟摄

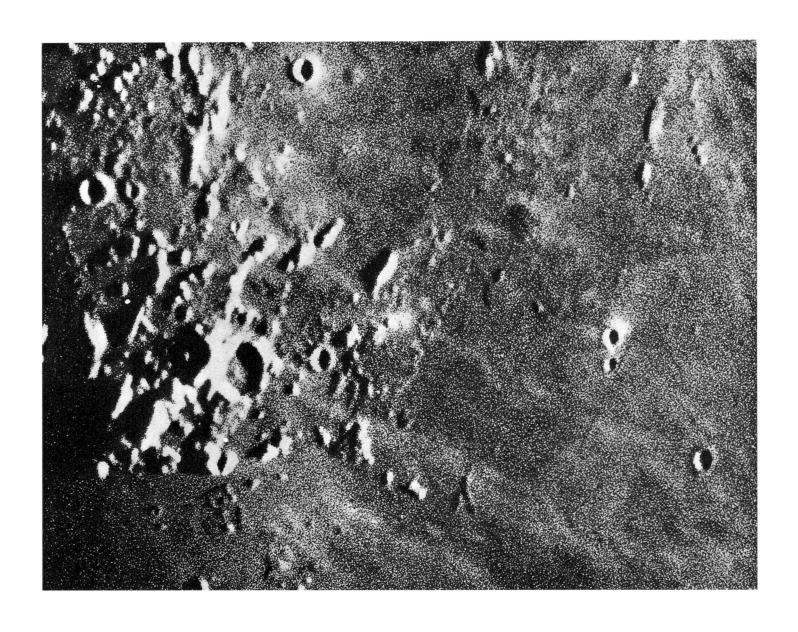

▲ 月球上的风景：地平线上有一处隆起。根据洛维、皮瑟的理论，隆起产生了许多在月表被观察到的月坑。

▲ 由上升隆起造成的月坑成因假说图示：A处隆起的山峰解体，接着 B 处隆起崩塌，产生了 C 处的凹陷。

月球地形形成假说

即便是最没有先入之见的人，在看到月坑全部明显外观时，都会联想到火山现象。这是第一种假说：人们通常使用的"火山口、环形山"这一名称便来源于此。然而，该名称只是缘于外貌上的相似，实则经不起逻辑考察。火山与月坑在规模与特征方面存在着太多不同。假如通过火山现象我们注意到以某种方式活动着的内部力量的扩张，就可以坚持月球地形的形成与火山有关这一假说。最合理的解释便是基于月心力量扩张这一普遍原因。由洛维和皮瑟明确提出的主流观点认为，月坑是地面隆起后的下沉，其他凸起地形则是由相互作用的小块的断裂和上升造成的。我们要记住断裂、开裂以及地形走向这些特征。它们与我们将要提出的结论有关系：所有源于同一观察事实的假说必然包含许多共性。

然而，我们注意到，还有其他完全不同领域的现象参与进来，例如最初由大大小小的陨石造成的密集撞击。我们似乎在亚利桑那沙漠找到了对这一观点的佐证：根据各种迹象，亚利桑那沙漠的巴杰林陨石坑只能归因于巨大陨石的坠落。我们很难把这种罕见情况作为统一的解释。此外，这些天外飞石导致了不可思议的混乱，它们随机着陆，没有规律可言，这一点与月球不同岩层之间似乎存在着的明显关系不相一致。确切地说，法国天文学家德尔莫特先生的理论正是建立在这些事实的基础之上的。德尔莫特先生基于通过裂缝溢出地面的内部岩浆，设想

出一种与隆起截然不同的机制。他还
对裂缝的成因进行了合理的剖析。德
尔莫特先生设想的扩张机制对我们来
说也同样必要，它解释了我们在观察
过程中先后注意到的那些特征。

　　人们经常把月海表面比作从月壳
凹陷区域溢出的膏状岩层；这一点似
乎被部分月海边缘月坑密布的外观证
实了。

　　根据上述定义的一些特征，月海
似乎很有可能被视为由不同元素构成
的原始月壳的遗迹代表——呈现出块
状和格状的外貌。

　　这些在边缘处形成较小阻力线的
块状结构可被视为或深或浅、或长或
短的裂缝的起源。根据一些已然过时
的观点，内部岩浆可以填补某些裂缝，
形成白色的条痕；或者岩浆流经线路
边上的蒸汽会引起一种化学变化，一
种在人类眼中外表不变的变化。因此，
我们提出一种现象来证明：使月面广
袤区域布满星形裂纹的明亮辐射纹。
哥白尼环形山四周的事实对于解释这
一观点非常具有意义：可见的分支条
痕通常将不同块的轮廓限定在其颜色
范围内。酒海上也有类似的现象，它
被第谷环形山的其中一条长辐射纹的
末端穿了过去，第谷环形山的另一条
辐射纹在云海上有两条平行分支，它
们环绕着云海内外的不同地面。所有
这些事实都有利于与表面断层的某些
特征建立密切的联系，并倾向于否定
某些天文学家提出的笼统解释。洛维
和皮瑟将这些亮条痕阐释为由远方喷
发中心周围的气流吹来并撒在地表和
凸起上的粉末状沉积物，但这一理论
存有一个严重缺陷：如果月球大气在
某一历史时期确实相当强大，能够实

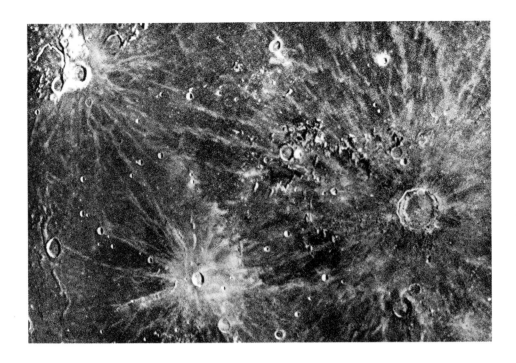

▲ 白色辐射为不同色调的月面划定了界线，从一个月坑没有中断地延伸到另一个月坑。——洛维、皮瑟摄

现上述风力运输，那么它也会轻易造成许多麻烦，干扰沉积物落在地面上，抑或
在之后改变条痕的形状。然而，我们可以确定的是，在各种微型月坑附近发现的
一些或多或少呈辐射状的小晕圈可能与远处强烈爆炸的喷溅物有关，月球的低重
力环境加速了这一结果的产生。

　　如果人们仔细观察从一个中心辐射出来的大裂缝，就会发现它们与零碎的地
面开裂有一定联系。确实如此，在这颗星球上，有一部分区域拥挤着大大小小的
神奇月坑，而无论在哪一方面，第谷坑的星形裂纹都是最重要的。当前介绍的假
说认为，月球地形是由内部物质溢出裂缝造成的，因此布满月坑的该区域体现出
更加支离破碎的地形特征。此外，如果我们仔细观察这些巨大的白色条痕，就会
发现它们呈现出来的样子绝对不是一整条痕迹，而是与地形特征有联系的、走向
几乎相同的连续条痕。

　　之前已经说过，凸起在月海的崛起方式解释了原始地表的隆起，而在月海边
缘或附近，我们也注意到了类似的地貌。

　　在观察哥白尼环形山以及相邻的风暴洋时，我们还发现了其他证据。在这
片广袤的地表有着数不清的凸起、小山脉和月坑，月坑通常不大完整或不太明显，
仿佛整体没有完全舒展开来。月球的这块区域在某种程度上似乎还处在胚胎状态，
它的特点对于我们正在思考的机制而言非常重要。接下来我们要阐明该机制的
原理。

　　假设坚硬的月壳内部是在月心力量的推动下随时可从裂缝溢出的流动岩浆。
根据裂缝的性质，渗开的岩浆将呈团状堆积在地表，或在地表延伸开来。现
在，如果一连串的裂缝围成完整一周，溢出来的岩浆形成一圈封闭的凸缘，这

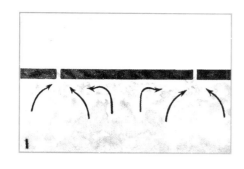

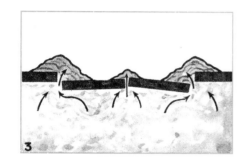

在我们眼中就是月坑外围的环形山。坑底低于周围地面这一特点很容易解释：膏状物质只有在内部推力的作用下才能喷发，因此相对真空促进了由重力导致的单块月面的下沉，或者说单有重力这施加给地底流体的唯一压力，也足以使岩浆漫出环形的裂缝。也许这些因素最终互为依靠，同时发挥了作用。有人会问，如果内部推力占了上风呢？内部推力将月坑底盘高高托起，超过更坚固的外圈，因此月坑底盘本应是凸出的。这样的情况确实存在，例如波希多尼环形山、特埃特图斯陨石坑、瓦尔格廷环形山，后者就像矗立在施卡德环形山东南部的一张巨大餐桌。

在这种情况下，尽管我们在面对问题时总是保持谨慎，也要指出尤其利于当前理论的几个特点。

某些月坑呈现出的轮廓差不多是三角形的，这是由格状结构造成的。当人们把这些月坑与影响其轮廓的灰色区域（云海、雨海）做对比时，会发现二者之间的近似度非常惊人。总体而言，正如下文实验所示，在岩浆形成月坑环壁的时候，其轮廓角变钝或消失了。如果说许多月坑的轮廓是清晰的多边形，那么还有一些月坑因其几何外形的多边性可能近似于圆形，我们完全可以理解这一点。另外，无数裂开的缝隙或开裂痕迹则呈现出非常明显的曲度。

在各种月坑环形山上可以观察到的阶地形状缘于交替的喷发（伴随连续的上升和下沉运动）。在月球上这类运动的发生显而易见；上升和下沉运动痕迹出现的时间很有可能晚于巨大地貌的形成时间，人们可以从那些与高低起伏的普遍地

▲ 图为根据内部岩浆渗出假说的形成一个月坑的连续阶段剖面图。

► 风暴洋表面的月坑胚胎——洛维、皮瑟摄

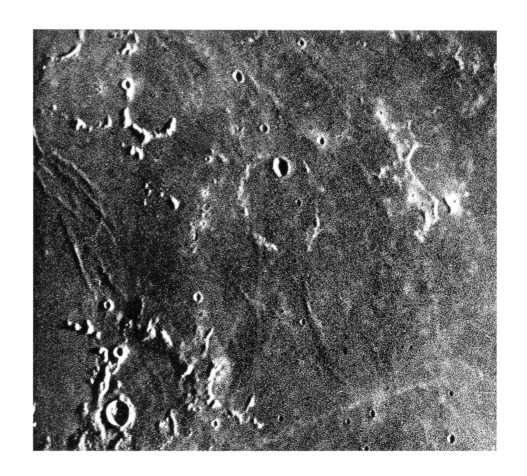

貌相切或平行的巨大裂缝中看出一丝端倪。类似的现象在形成期的月坑内部也有发生。它们解释了月坑底部中央山峰和其他到处凸出的细节的由来——中央山峰及其他凸出地貌总会出现一些或明或暗的走向。这些相嵌或相接的月坑通常被归因于相互叠合的岩层,它们由原始裂缝在排列和宽度上的运动同时酝酿而成。让桑环形山是这种复杂地貌的一个显著例子,其中还依稀可见这种地貌的某些元素。弗拉卡斯托罗环形山、勒特罗纳环形山等这样有缺口或不完整的月坑也很容易解释:它们是由原始裂缝的不均匀所造成的。

因此,通过交叉以及各种多边形区域,裂缝形成的整体网格能够产生各种环形山,这些环形山或多或少清楚地保留住地面的原始轮廓。现在,我们要把注意力转向那些数不胜数的小月坑。大部分月面学家倾向于承认这些微小的岩层代表真正的火山结构,将它们与月坑的概念所代表的区分开来。确实,人们将它们视为真正的火山口,这些在山顶、环形山山脊或交叉口的火山口与某些裂缝或简单的亮条痕排成一行,而将这些亮条痕与已湮灭的开裂进行比较是非常合乎情理的。这可能又是一个支持我们理论的因素,在能考虑到的范围内,我们将通过下文的实验过程来凸显这一事实。

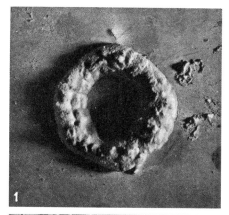

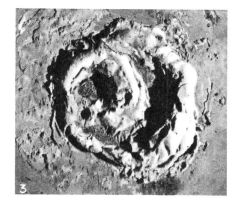

▲ 在一个涉及上述条件的实验中人工制造出的月坑类型

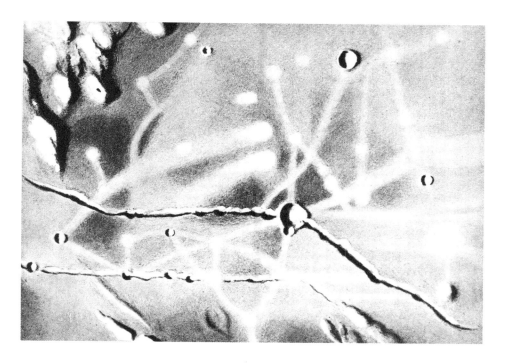

▲ 亮条痕与相交的裂缝构成的网格。在它们的交叉点或延伸路径上，我们发现了小小的火山口和"白点"。

▼ 月球岩层：多边轮廓与凸起的条痕外貌相连。——洛维，皮瑟摄

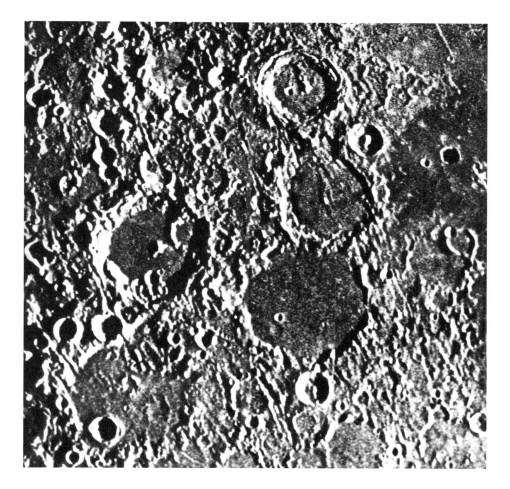

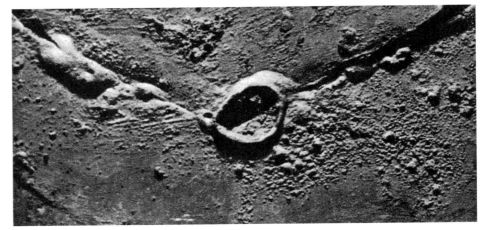
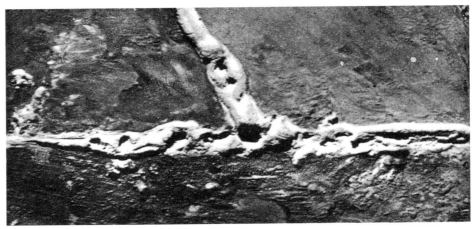

　　某些实验遭到了许多批评，因为它们自称完美重构了月球的地貌，但是所讨论的元素太不成比例，同时所使用的物质也并不完全相同；但如果人们仅要求这些实验证明或论证其理论，且所援引的力量在预期范围内运转良好，那么这类企图是可行的，因此我们将会看到，月球地形的主要类型可以根据设想的机制进行归纳总结。事实上，上文已经提供了一个关于月球地形成因的合理解释。

　　在这些实验中，厚厚锌层上的不规则的齿形边缘代表划定多边小块界线的开裂，这些小块的形状类似月球上不同的块状地面。这块"地壳"被放置在黏土做成的、有一定流动性的岩浆上，而这些都被放在可高温加热的金属板上。于是，设想机制得以实现：黏土中蒸汽的膨胀提供了内部推力，轻微的垂直压力代表中心块面的重力，弥补金属小板的轻巧。在这些条件下，岩浆如预期一样喷发。这些特征与月球岩层的特点基本一致。

　　最后，喷发现象将处在隆起中的膏状岩浆伴着蒸汽喷射出来，最终留下一个小小的火山口，而实验过程中的这些意外恰好与月球上的发生条件相同。

　　我们之所以长期坚持这一假说，是因为这一假说不仅与以前的其他假说有着千丝万缕的联系，而且似乎适用于月面上的所有凸起现象，而这些凸起是我们观察月球表面时必不可少的部分。从各个方面而言，实验的验证是可取的，因为它建立在根据观察所得的当前的知识基础之上。然而，观察只能为我们提供外表方面的资料，对于研究无论是构成月面元素的结构本身的准确细节，还是月壤的矿物质组成，它都无能为力。

　　无论如何，我们的概述见证了自然力量的强大行动力，这些自然力量将整个月球表面雕刻成我们如今看到的模样。这是长期以来月球的最终状态吗？一切都不会再有变化吗？在月球的表面或内部是否依然有一些东西正在活跃着，并努力引起月面改变，吸引未来天文学家的注意力？总而言之，月球局部地区的一些孤立或周期性的现象能使自己区别于周边地貌。

　　各种观察都使人们相信其生命物质的存在，这是我们即将关注的一个重要问题。

月球是死寂的世界吗

通过上文给出的对月球表面及其细节特点或外貌的描述，我们已经强调，所有这些地貌之间的区别非常明显，且从未被扰乱或改变过。我们研究的论点与变幻莫测的大气层没有任何关联，因为如果这种大气层的影响存在，意味着它的波动会部分或完全阻碍我们对各个点的观测，同时降低我们对月貌细节观测的精确度。事实上，在这种情况下，我们永远不能观察到任何明显的、可确定的细节。

另外，关于月貌变化的发现为数众多。我们不能像为了专门研究这一领域而进行考证观察那样，将它们一一列出，但至少会总结那些吸引我们注意的事实的主要特点，这些特点被人们归纳为：一些是在某些内部活动的影响下的月球地面本身，另一些则表现为外部因素造成的表面结果。

首先，人们可能已经注意到某些月坑轮廓和面积的变化。照例引用最著名的案例：丰富海上两个相邻的陨石坑，它们均被冠名为"梅西耶"[1]。18 世纪末，德国天文学家施罗特报告了梅西耶陨石坑的瞬变外貌，比尔和梅德勒在绘制月球地图时，于 1829 年仔细核验了该断言；他们没有错过任何观察该地点的机会，因而汇集了 300 份观测报告。根据这些报告，他们认为这两个是孪生月坑："直径、形状、高度与深度、内部色彩甚至环形山上某些山峰的位置，一切是如此的一致，这两个月坑的形成必然是某种独特的巧合，抑或受到了某些依然未知的自然定律的干预……它们的样子总能被我们精准地描述出来，它们的外形是如此明显，以至于即使是最轻微的尺寸或形状的改变都应被我们察觉。施罗特的发现促使我们对该区域仔细地进行研究。"之后在 1842 年，天文学家格罗特胡森注意到这对孪生月坑已经不再相似。正如其他观察者所指出的那样，它们之间的差异明显到性能相当弱的望远镜也能识别。今天，公正且不容置疑的摄影术为这一差异性带来了证据。由于很难假设比尔和梅德勒可能受到了幻觉的愚弄，根据他们坚韧不拔地在任何情况下一再进行的如此细致的观察，一个公认的逻辑结论便产生了：那里真的发生了变化。

我们注意到，在这种观察中，所涉及到的各种条件使问题复杂化了。

任何物体的外观都会因为照明方向改变而改变。人们在某一时刻看到了该照明下的物体，有时一个阴影部分的某一点被照亮，随后隐没，而另一点则显露出身影。鉴于月球运动相对于太阳和地球的复杂性，某一地貌细节在每次观察时呈现出惊人的相似性这一情况是非常罕见的。根据该细节的地表形态，它在某一特定日期呈现出的外形特点不会出现在其他情况下，我们只有在一切环境因素均回到初始状态时才能重新欣赏到这一景象；确切地说，人类在不同时期，即光照和视角条件不同的情况下拍摄的梅西耶陨石坑的照片会显示出这一岩层整体外观的轻微变化。

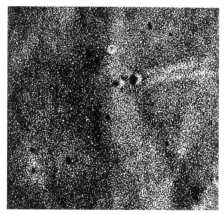

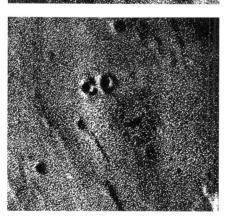

▲ 在不同光照条件下拍摄的孪生月坑"梅西耶"——洛维·皮瑟摄

◆ 现在这两个陨石坑分别叫梅西耶和梅西耶 A，它们被认为是一个撞击物以极小的撞击角度在月球表面因为移动而留下的两个连续的陨石坑。

除了外形上的差异，因光照更充分而产生的明暗变化也会导致地形外表发生变化。让我们以一个明确的月坑为例。当太阳斜斜照过来时，该月坑的环形山及盛满阴影的坑穴被勾勒得清清楚楚；当月球呈现其他相位——该月坑被正面照亮时，因为没有阴影衬托，该地表形态隐匿不见，整个地貌只能通过环形山、坑底以及周围地面构成物质的或明或暗的色调被辨认出来。此时，一些令人困惑的外观出现了：月坑不再呈现为一个轮廓有限的环状物，而是不再整齐，或者说出现了许多缺口；因为如果一个被光线强烈照亮的粗糙地表的色调不均，却与底部或外侧地面的色调相同，那么它看起来可能是平坦的，并且形成一种缺口。在这些条件下，相对阴暗的斑点显露出身影，仿佛一些岩层侵占了该地形消失的地方，其他情况下这些斑点是看不见的。同样，如果环形山与外侧的白色区域融为一体或横跨整块岩层，它的阴暗部位的宽度看起来会有所变化。

由于环境的多样性，我们很容易找到无数的细节。前文给出的笼统解释足以让我们理解决定外表和可见性变化的种种条件，其原因无外乎地形和反射能力各有不同的地面所上演的光影把戏。通过观察文中两张具有联想意义的照片，我们便会察觉到这一点。这两幅图展示了实验室的实验结果：结构复杂的地表由于光照倾斜度的简单变化而呈现出不同的地貌。

所有这一切都教育我们，在断言月面不同地点是否发生了周期性的内在或实质改变时，一定要保持谨慎。我们要指出被观察到的地貌变

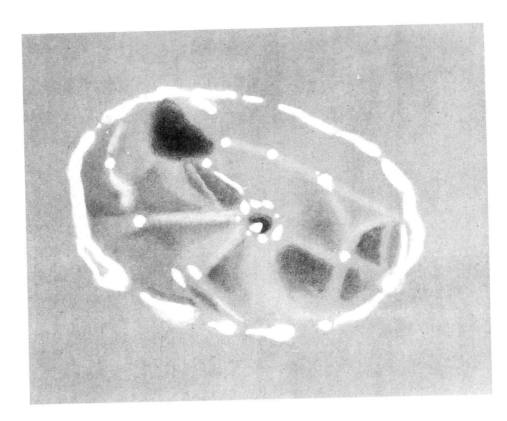

▲ 此处绘制的是月球阿特拉斯山脉内部在充分光照下的部分最阴暗的斑点。

▲ 由不同色调元素构成的略有起伏的同一月球表面在不同光照下的外貌变化。左图是斜照，右图是垂直照射。

化中一个细节的存在——通常是一个小型的火山口。人类之前在此地从未发现过这类地形；抑或以前观察到的这样的细节消失不见了。人们还指出了某些小型岩层可见度的不规律性，以及似乎盖住了地面的各种斑点轮廓或亮度的变化。为此，我们援引了创造新地形或毁灭旧地形的火山活动来做解释。

交替不可见的情况被归因于蒸汽或粉末物质形成的雾暂时遮住了其喷射口。至于亮斑或暗斑，它们的变化让人想到沉积在地面的积雪或冰霜——由于化冻，地面变得潮湿，不再反射光线，而是将其吸收，因此呈现出深色色调。

总而言之，这涉及多样或多变的地貌，由于我们尚不能在相当近的距离观察月球，直接看到地貌变化的发生，所以它的原因还有待研究。至于月面白斑的出现，它可能是由类似强烈反射光线的冰霜或尘雾的沉淀物引起的，也可能是简单

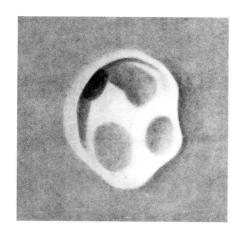

▲ 普林尼环形山在不同光照下的外貌变化——根据法国天文学家达尔内先生的发现所绘

的反差效果所致——在合适的光照下，月面白斑部位与周围区域之间的对照非常明显，石板屋顶是一个很好的例证：它在一定入射下看起来比天空还亮，是其结构决定的反光或简单明亮的色调造成的。

出于不可或缺的审慎，我们尤其难以做出判断。一位观察者无论技艺多么娴熟，也可能沦为错觉或视力缺陷的受害者，尤其是在他观察微小或不太明显的细节之时。一个凸起或是火山口状坑洞会由于其形状以及沿一定方向或陡峭或平缓的斜坡而在光线的某一入射下变得可见，但在其他入射下则不然；当一物体在这两种情况下均保留可见性时，相邻地形的存在却使人倾向于猜测它已然发生了变化，甚至消失了。这些情况因为望远镜图像的不稳定性而进一步恶化，当望远镜图像有些瑕疵时，观察者依然可以看到详细的细节，却不再能做出区分，除非具有完美的视力。

最后，不要忘记的是，我们研究的大部分案例都涉及旨在固定地貌各自位置与比例的月貌复制图、草图或地图之间的比较。不过，鉴于月貌混乱无章，即便是绘制有限空间的众多细节，人类能够自信不出任何错漏吗？尤其当受限于天气形势和观察时长的时候。于是，摄影术爆发出了无可争议的优越性。

我们在月球表面可能发生变化这一问题上徘徊了很长时间，这是因为该问题非常重要。假如人们发现了喷发或大气紊乱等确凿的物理活动表现，那么月球将不再像我们通常教授的那样，是一个有惰性的、永远死寂的世界，但我们还没有获得这样的证据。直到现在，摄影术也没有记录到任何公认的、真实的地形变化（所记录的图像不存在出错的可能）。而摄像机的感光板通常以一种比视力更夸张的方式凸显由多变的色度或对比产生的外貌变化。

况且，刚刚阐述的对事实的讨论诞生出保持观望的必要性。我们没有权利质疑所观察到的表面变化，也不能全然接受可能造成地表变化的某种物理现象的真实性，因此我们会避免将那些偶然现象所产生的景观放到文中的月貌描述中去。

这是否意味着这个问题永远得不到解决呢？并非如此。这些研究激发出了许多兴致勃勃的观察者的极大热情。以现有的研究方式和手段还不能一锤定音；光学仪器业改进后获得的照片将使我们得以更加深入地探索这一奇妙的星球。总有一天，人们会获得足够多的精确资料，对它们的分析处理将产生无可争辩的对照，而这些对照则有可能使人类最终认识那些在月球表面观测到的现象的本质。

月球世界

月球是否可以居住是人们向天文学家提出的普遍问题。我们已经在文中表明，即便是目前性能最强大的天文仪器也无法提供正面的、积极的证据，因此回应这一合理的好奇就不得不基于逻辑推理，依靠观察所带来的某些数据、推论以及对照。于是，我们需要对之前学到的知识进行总结。

干旱荒凉是月球表面的普遍岩相。没有任何迹象表明月球上存在水的流动或积聚，即使是那些呈冻冰状的区域；如果这一对我们而言不可或缺的元素存在于此，月球就不可能没有大气层，或者说月球的大气层就不可能同某些观察所揭露的那样稀薄。

因此，我们很难使用类似"有机生命"这样的词，也很难将各种根据所接收的光照而变化的黑斑阐释为植被覆盖区域；事实上，在照片上显得更暗的烟绿色的斑点曾被解释为植被地区（我们在地球上也有同样的体验：镜头下的原野和树林比肉眼看到的更暗）。根据对观察条件的严格审查，这些令人迷惑的外表是由地面的不同结构与成分造成的，这些地面对光线的反射能力有强有弱，或者本身就具有闪光的性质，于是在多变的对照下被人类发现了。

尽管如此，人们还是认为月球上可能存在植物有机体（如果我们描述不出认知之外的事物，就用这个类似的名字来称呼它们），它们能够适应与地球上的截然不同的生存条件。这些植物有机体要能适应交替出现的可怕温度。日月距离近似等于日地距离，因此在月球上看，太阳呈现出的大小以及提供的辐射量几乎与地球上的情况相同，但由于缺乏大气层，这一辐射的热度一点都得不到减弱。据估计，在太阳充分照射时，月球地面温度将高达 100 摄氏度以上；当夜色入侵时，地表会丧失这一温度，隐藏在凸起地形阴影里的这些区域保持结冰状态。确实，由于缺乏具有保护功能的大气层，月球地表接收和积累的热量会马上消散，因此除非具有保持一定温度的性质，夜间或阴影里的地面温度将保持在绝对零度左右，也就是 -237 摄氏度 [1]！

月球地表的每个点在 15 个地球日期间交替承受这些巨大的极端，根据月球的运动，15 个地球日是月球上从日出到日落，或从日落到日出的时间间隔。从日出到日落或从日落到日出的过渡有些迟缓，太阳要用上差不多 1 个小时才能浮出或坠入地平线，但在太阳逐渐上升或逐渐下落时，除了地面光照的逐步增强或减弱，在一天的开始或结束的前后时间里不会发生任何黄昏现象。除了巨大神奇的太阳，月球上的白天与地球上的没有半分相似之处。

总之，根据目前我们学到的所有知识，决定月球世界的环境条件与动植物蓬勃生长的地球上的情况截然不同。如果人类克服星际航行的种种困难移居月球，他们将不得不与缺水、缺空气做斗争，不得不面对难以承受的太阳辐射和寒冷，这些条件可能会使这些人变成阴影里的木乃伊！

因此，如果仍然假设月球上存在"生物"或"植物"，我们想象不出它们的模样。我们不仅想象不出它们的构造，也想象不出它们可能拥有的生理功能……

现一般认为月球表面温度可高达 127 摄氏度，低至 -173 摄氏度。（NASA）

▲ 在地平线之外，人们依然能看到一角地球。当夜幕降临时，月球完全陷入只有恒星的强烈亮光才能驱散的黑暗之中

第四章　水星

离开最近的月球后，我们要航行千百万千米才能到达接下来要探索的世界。

我们之所以首先研究地球的卫星，是因为它距离地球最近，可以在某些特殊的可见度条件下对其进行研究，而太阳系中的其他天体，不管是远是近，是大是小，都不具备相似的便利条件，只有在光学仪器下，这些明亮的光点才会显示出大小和形貌。既然地球不再具备优势地位，那么是时候放弃"从地球出发逐步描述所邂逅的行星"这一方法了；从太阳系的中心天体——太阳出发，由近到远逐一造访每一颗行星，这种方式更符合

逻辑。各大行星与太阳之间的距离远近不同，由此导致了各种各样的结果。既然太阳在很大程度上应为之负责，沿着以它为起点这一顺序，我们将更容易比较行星的运动及其地表的主要特殊条件。

因此，水星将是第一个满足我们好奇心的星球。确实，在我们所知的所有行星之中，水星距离太阳最近。对于天文学家而言，这种邻近不过是研究的又一个障碍。由于这一极近距离作梗，很久以来水星都不为人所知，被发现后也是鲜为人知，特别是它的能见度时间很短，间隔时间却相当长，更增添了水星的神秘感；直至今日，尽管水星距离太阳极近，我们对它的认知依旧相当有限。

水星的轨道及其运动

轨道偏心率极大的水星的近日点距离为 4600 万千米，远日点距离为 7000 万千米，平均距离为 57 850 000 千米[1]。

如图所示，站在遥远的地球上，我们可以将水星的整个公转轨道尽收眼底。

▼ 地球上的我们看到的半明半暗的水星绕太阳转动，并呈现出不同的相位。

◆　现测定水星的平均距日距离为 57 910 000 千米。

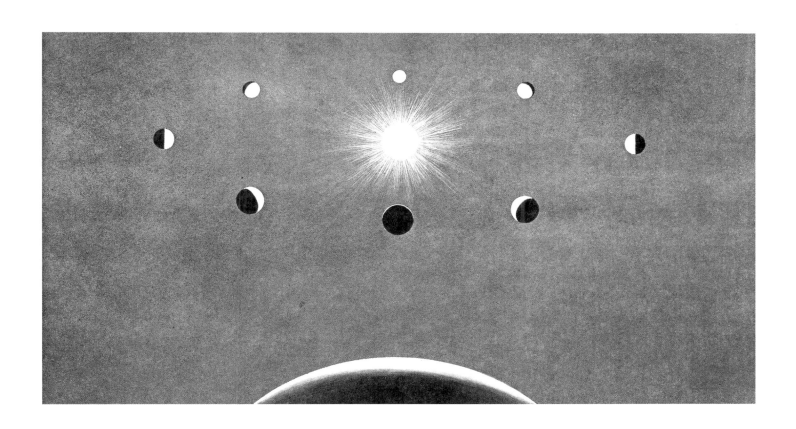

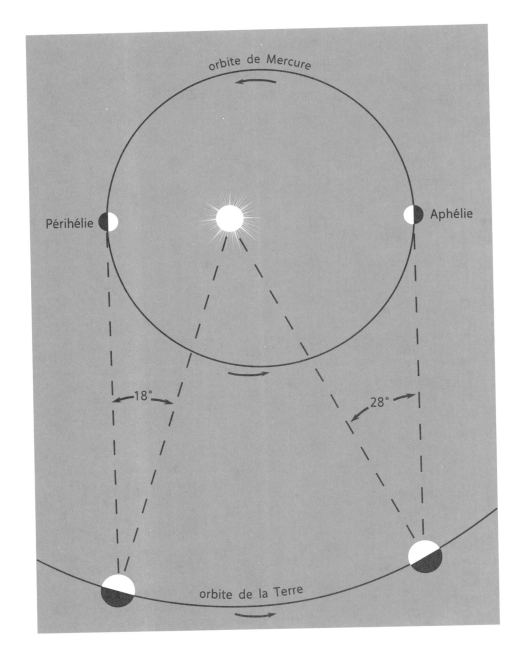

orbite de Mercure

Périhélie   Aphélie

18°   28°

orbite de la Terre

► 水星轨道与地球轨道之间的关系。由于
水星轨道的偏心率，地球上的人可以看到，
在距角范围内的水星以不同的角度与太阳
分离。

orbite de Mercure：水星轨道

Aphélie：远日点

Périhélie：近日点

orbite de la Terre：地球轨道

◆ 距角指从地球上观察时，行星和太阳间分离的
角度。当位于太阳和地球之间的行星（内侧行星）
在日落后被观测到，则接近东大距；当内侧行星在
日出前被观测到，则接近西大距。

假如将水星的环绕轨道以某种方式有形化，我们瞧见的会是一个拉长的纺锤形；
由于运动，水星在经过的每个位置上呈现出不同的水相，并交替从太阳的一头运
转到另一头，仿佛在做永恒的摆动。然而这种景象并不是一成不变的，水星的公
转轨道与地球公转轨道面之间有一个 7 度的倾角。当地球与水星相对于双方轨道
平面的交叉点排成一列时，水星在太空中的运动轨迹为一条直线，当它与太阳和
地球擦肩而过时，恰好横在太阳前面。上述三个天体的组合运动构成了"水星凌
日"现象，每一周期的时间间隔为 13 年，7 年，10 年，3 年，10 年，3 年。

水星在太阳的每一侧高速往返。二者之间的邻近关系不仅使水星的轨道路线
很短，还使它的公转速度非常快，88 天就能绕太阳一周，这就是水星上的一年。
然而从地球上看去，水星完整绕太阳一周需要的时间更长。确实如此，沿同一方
向运动时，由于水星的速度比地球的速度快得多，水星平均 116 天与地球会合一
次。例如，当水星位于太阳以东的最大离角或距角[1] 时，人们在日落时分能观

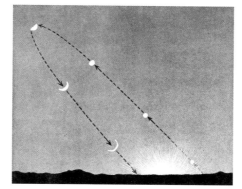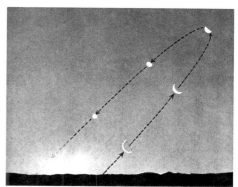

▲ 太阳附近的水星被天光所遮蔽（水星在十字处）。

▼ 水星的视运动以及连续相位图示：左图为傍晚的天空，右图为清晨的天空。

察到它的身影。从此刻开始，水星接近太阳的速度似乎越来越快，在后者的光芒下很快消失，清晨时分它在太阳以西的最大距角重新现身，平均用时 44 天。随后，人们将会看到水星从这一点再次向太阳靠拢，从太阳背后绕回初始位置，如此循环往复。

在我们眼中，这仿佛是一场飞快的捉迷藏游戏，因为水星只有足够远离太阳的光辉才易被人类发现，即只有在位于"距角"的短暂时期才能被看见。通常而言，水星的能见度开始于东大距 10~17 天前，结束于东大距 6~7 天后；水星在太阳以西时的能见度期限与在太阳以东时相同，只是可观测的时机相反，一个在早上一个在傍晚，因此我们只能在凌晨或黄昏的曙暮光中看见水星。在任一情况下，当水星位于天空中最有利于观察的位置时，尾随太阳或在前领跑的水星至多有 2 小时 15 分的时间可以被我们看到。也就是说，对于简单的视觉而言，当人们可以观察到这个耀眼的天体时，它总是相当靠近地平线。当它升到更高点时，这固然满足了天文学家为获得最佳观察质量而要求的条件，但同时太阳也高居天空正中，水星被湮没在被照亮的地球大气的云山雾海里，只有用精确瞄准的天文仪器才能发现它。

现在我们理解了为什么在其同类天体被发现之后，水星方才被辨别出来。另外，由于水星时而出现在傍晚，时而出现在清晨，早期的天文学家认为这是两个天体，然而精通天空科学的古埃及祭司马上认识到它们其实是同一颗。关于它的视运动我们在上文有所解释。

水星在太阳两侧的高速往返必然导致它的能见度时间十分有限，而每次出现在天上的位置使其成为太阳系所有肉眼可见的星球中最不容易被观察的一颗。这一点也解释了为何哥白尼在临终时叹惋一生从未见过水星：哥白尼时代的环境使水星在出现的时候总是被地平线上的昏暗雾气或不合时宜的积云所遮蔽……对天体尤其是水星的观测着实是对耐心的磨炼。

<hr>

◇ 大距是指地内行星（水星和金星）从地球上看上去离太阳最远的一点。东大距指从地球上看距离太阳最远时水星或金星在太阳东边。大距前后观测地内行星最好。

➤ 日落时分，水星追随太阳的路线，坠向水平线。

➤ 日落时分，水星追随太阳的路线，坠向水平线。

◀ 人类终于以肉眼看到在最后几缕暮光之上如恒星般闪亮的水星。

◆ 水星半径 2440 千米，可算得直径 4880 千米。（NASA）

◆ 水星的平均密度现测定为 5.427 克 / 立方厘米，地球的平均密度现测定为 5.513 克 / 立方厘米。

水星的体积和要素

对于我们刚刚指出的关于水星能见度的问题，还有另一个因素在雪上加霜，那便是水星的微小体积，这使人类对水星的研究更加棘手。确实，我们现在关注的这颗星球是太阳系九大行星中体积最小的一颗，它的直径只有 4800 千米 [1]。比起地球来，水星的体积与月球更接近，因为地球的体积是水星体积的 20 倍。从另一个角度而言，水星总表面积是地球陆地表面积的 1/2。

然而，从比例而言，这颗渺小的星球却是太阳系中最重的天体。水星的物质密度比地球的物质密度还要高：以水的密度为单位 1，水星密度将近 6.2，而地球的密度为 5.5 [2]。已知水星的直径和密度，人们可以计算出水星的表面重力是我们在地球上所承受的 2/5。在水星上，我们的 1 千克可能只显示出 400 克的重量；一个人即使没有享受过在月球上的轻盈感，在水星上也会明显体验到这种感觉，同时，由于人的力量加倍，在地球上费力才能稍微抬起的重物，在水星上却能轻轻松松举起。

▲ 地球、月球与水星之间的直径比较

Terre: 地球

Mercure: 水星

Lune: 月球

我们在这里只是纯粹做个比较，因为人类永远不可能体验到水星上的现场环境。此外，即使人类到了水星，也很有可能无法在水星的表面环境里坚持下去，特别是由于本身的自转，它的环境更加恶化了。关于这一点，之后我们会更加详细地讲述。

关于水星自转问题的分歧存在了相当长的时间，在此我们有必要介绍一二。

任何行星的自转都是通过人类发现的其表面各种高低不平的斑点的位移才得以被凸显。我们会更深入地研究水星上显现出来的外貌，但解释这一外貌需要的清晰观察却面临着种种困难：水星的渺小、与地球之间的遥远距离，特别是观察水星的不利条件。目前，我们仅能列出对于观察到的不同外貌的研究结果。

上个世纪初，德国天文学家施罗特在对水星、金星进行长期研究后宣称，水星的自转周期为 24 小时 0 分 50 秒，也就是说几乎与地球的自转周期相同。很长时间以来，这一数字被公认为真理，以至于在许多相对现代的天文学论文中仍然有所提及。

1891 年，戏剧性的变化发生了。当时最优秀的天文观察者之一、曾揭露奇特而神秘的火星构造的斯基亚帕雷利带来了关于水星的新发现。经过细致的研究，这位著名的意大利天文学家宣布，与施罗特及其拥趸的结论不同，他的研究表明，水星的自转运动非常慢，完整的自转周期与其公转周期一样长，因此这颗行星以同一面朝向太阳，如同我们眼中的月球以同一面面对地球。

斯基亚帕雷利的发现并未马上赢得一致赞同，许多施罗特的拥护者还在抵抗，但随着大部分现代天文观察者对此进行检验，水星自转速度缓慢这一观点最终得到了公认。

产生分歧的原因很简单：观察水星遇到的困难非常棘手。在大部分时间里，水星的细节外貌并不引人注目，甚至在人类的目力极限之外。椭圆形的轨道导致水星在移动时速度变化巨大，而与此同时，自转速度却保持不变。不过，如果人们回顾上一章对月球及其天平动的解释，便可想象到这一机制同样适用于水星。然而，由于水星的轨道速度，这颗天体的天平动效果表现得非常迅速，同时远比月球的天平动明显。在水星朝向太阳的那一面的边界两侧，有 23.7 经度的摆动交替发生，这些区域轮流接收到光照。这一明显移动以及同期——例如东大距时的夜晚——进行的一系列观察使水星上的斑点看上去分别占据相位明暗界线处的不同位置。因此，观察者将面对水星自转所产生的后果：它将同一斑点带回原地，相对于观察者基于的地球有一定偏移。事实上，如果地球大气层纯净到足以使人在白天分辨出水星，人们就可以连续几小时追踪它的身影（同观察其他行星一样，只是后者的观察是在晚上进行的），并因此认识到水星表面显露的斑点并未展现出任何可感知的位移。在如此长时间的观察里，水星表现得就像月球一般，不管水相如何，水星的轮廓总是保持不变。在这一点上，水星的运动在我们眼中与其他大多数行星截然不同，通过其在旋转运动影响下呈现出的连续外貌，人们很容易判断水星自转速度的快慢。

如此看来，水星的行为毫无疑问与太阳有关。我们在这里将提出的依据是水

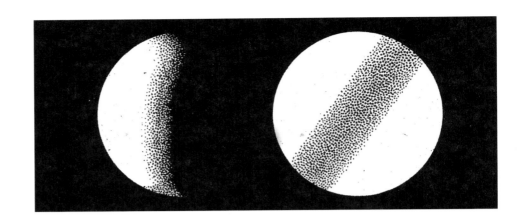

星的自转周期与公转周期一样长，均为 88 天 [1]；这一情况产生了许多非常重要的特殊后果。

从另一方面而言，还未被确切阐明的便是水星自转轴与其轨道平面的倾斜角这一问题了。过去，根据施罗特的观察，人们认为该自转轴非常倾斜。在其时代所能允许的细致的研究过程中，施罗特以看起来环绕着的阴暗带状外形为依托——将这一阴暗地带看作类似赤道带的结构。人们在翻译他的论文时却犯了一个错误，误将"该阴暗地带的倾斜角"译为"自转轴的倾斜角（70 度）"。这是一个几乎横卧的方向，可能会导致极端夸张的季节性环境，但事实上，自转轴的倾斜角只有 20 度，这决定了水星接受太阳照耀的幅度不如地球。

同水星之前的自转周期一样，这一数值似乎也不是最终定论。对水星表面斑点的研究表明，在水星年中它们的位置没有显示出任何缘自自转轴倾角的明显变化；无论如何，水星自转轴的倾角都不会超过 10 度 [2]。对于测定这样一个渺小的行星图像而言，观察以及精确测量的可能性都是需要克服的严重障碍。

无论如何，季节变化严格说来对水星并没有什么重要性；正如我们将看到的那样，季节变化产生的影响在任何情况下都远远不及距日距离产生的影响（水星轨道的偏心率造成了距日距离的不均等）。

水星的外貌

上文对解释水星运动的发展历程的描述对于更好描述此处看到的环境是非常必要的。

在适合观察的短暂时间里，水星展示出不同的外貌。确实，水星的运动使得它与地球之间的距离不断变化。回看本章第一幅凸显水星光照相位机制的插图，我们将察觉到，水星在轨道上或近或远的位置使得水星视直径的变化与我们眼中的这些太空中的水相相符。

当我们看到的水星如同满月前后的月亮、几乎从正面被照亮时，它非常遥远，相对于地球位于太阳的背面；而当我们看到的水星呈月牙状时，它相对位于地球附近，距离我们最近时恰从地球与太阳之间穿过。考虑到与这两个行星轨道关系相关的条件，水地之间的距离变化就像水星的视直径在 4.7 角秒 ~12.9 角秒之间摆动一样。这些数字如果表示在 2 到 3 倍之间变化的视直径的大小，从天体观察的角度而言，强调它们所对应的东西并不是没有意义的。此外，对于不熟悉观察天空的人而言，这里还存在一个应深入理解的问题：物体或行星圆盘的视直径用角度值来表示，角度值以度、角分、角秒或角秒的十分制小数为单位。肉眼观察到的太阳和月球不管真实比例如何，由于二者距地距离差异悬殊，在人类眼中都平均张了半度多的角，确切地说，太阳的视直径为 32 角分 2 角秒，月球的视直径为 31 角分 7 角秒。各大行星呈现出的圆盘都非常小，一般均不足 1 角分，于

◆ 水星的自转周期的确很慢，但现测定其自转周期为 58.65 天，而非 88 天。

◆ 现测定水星的自转轴倾角接近 0 度，这极小的自转轴倾角使得水星上几乎没有四季和昼夜长短的变化。

▲ 左图为水星在东大距时的外貌特征（傍晚），右图为水星在西大距时的外貌特征（呈晨）。

➤ 水星视直径的变化比例

是人类用角秒来表示它们的视直径。如果我们以角秒为单位，太阳和月球的平均视直径将不再是上面这两个数字，前者的平均视直径为 1922 角秒，后者为 1867 角秒。如此一来，人们会认识到，视直径只有 5 角秒的水星圆盘是多么渺小。当水星离我们更近时，我们会看到一个 8 角秒 ~9 角秒的月牙状水星；当水星处在太阳与地球之间时，这颗暗下来的星球的视直径达到最大值 12 角秒 9。

对水星可见表面的研究相当于观察一个比肉眼中的月球小 250 倍的图像。我们有必要稍微展开这一问题，以便更好地理解行星显现出来的大小以及对它们详尽研究的可深入性。

水星被形容为"刺头"是非常合理的，它不仅吝惜于让人看到，而且在现身的那段时间里至多展露了笼统的特征，而非更精确、更宝贵的细节。然而，这些通过耐心积累得来的知识加上现代科学物理方法提供的数据与比较却使我们能够了解水星的性质，并估计它与地球之间的不同。

水星的表面

在太阳系的所有成员中，水星是人们最晚应用望远镜来观察其物理特征的行星。它的渺小使人难以从远景中发现它的细节，早期观察至多能让人认出它所展现出来的相位。为了看清它的相位，人们甚至不得不等待光学仪器的质量得到改善。直到接近本世纪，人们才开始收集到真正翔实的资料。我们之前已经提到了施罗特的工作，他与哈丁合作发现了水星球体呈现出的某些凹凸不平的现象。之后，除了 19 世纪不同时期的观察者们隐约瞥见的模糊斑点，人们对这颗星球的其他特点一无所知，它的渺小似乎已经将试图穿透秘密的努力拒之门外。简而言之，水星被忽视了很久。

斯基亚帕雷利和丹宁这两位天文学家自 1881 年起清楚地认识到了水星的主要特征，而我们提供的细节来自这之后更加坚持不懈的研究。

我们可以清楚地在能够观察到的整体为相当明显的黄色色调的水星表面看到一些明暗度不一的灰色斑点；而其他局部区域尽管看起来不是白色的，也相当明亮。由于尺寸微小，对这些细节的观察需要尽可能完美的望远镜图像，而这一条件很难实现。为了保证研究的有效性，研究水星最好是当其位于高空时，而水星总是在位于地平线附近时才能被肉眼看到，当水星在太阳近旁时，地球大气层的灿烂"面纱"是我们必须跨越的障碍。

无论如何，当这些斑点清晰可见时，人们就会发现它们的布局总是一成不变，

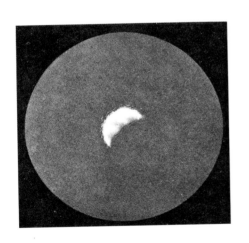

▲ 在地平线附近的水星看起来非常模糊。

▶ 斯基亚帕雷利绘制的水星平面球形图
EST：东；SUD：南；WEST：西；NORD：北

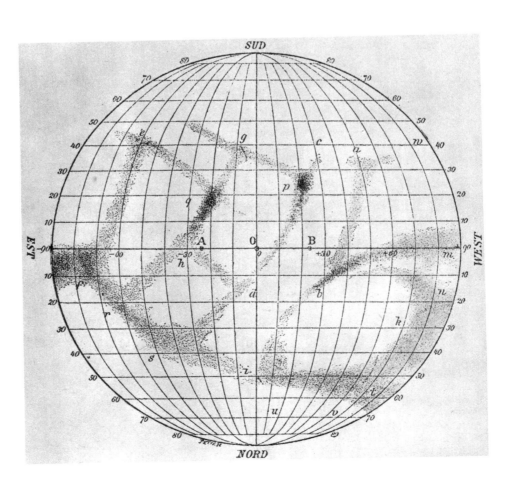

正如我们已经看到的那样，水星总是以同一面朝向太阳；同样，布局的持久性证明了这些斑点是水星表面固有物的迹象，代表了水星表面特性或构造的多样性。由于斑点复杂微妙，不同观察者绘制的图像并不总是一模一样的，但这些个人化的不同阐释均透露了斑点的各自位置或规模。不过请注意，某些图，尤其是根据斯基亚帕雷利的早期观察研究绘制的水星概貌地图，描绘出来的是一些纵横交错的细瘦的黑暗条痕，但在大部分现代绘图上，这些斑点则被绘制得更加宽大，有些边缘甚至变成了圆形，赋予了它们灰色海滩的外形，让人不禁想起月球上的地形。

我们应该将这些外观归因于何呢？如果从联想的角度出发，坚持基于概貌比较的解释，这幅画会让人想到海洋、海峡以及陆地的地理分布（正如早期天文学家对月球以及后来的各种行星所做的那样）。而当我们研究了水星的特有环境后，才发觉上述联想的不可能性。

从逻辑上来说，唯一可能被明确提出的观点便是，这颗行星地面的不同部分存在本质上的差异。对一些应该是由非常黑暗的物质构成的区域，我们无法察觉它们的结构或边界特点，在我们眼中，这些特点汇聚成被我们看见的斑点整体。就我们的判断而言，由这些笼统的特点可以联想到月海，二者即使不是一模一样，至少也很相似。

此外，其他一些事实也支持在水星与月球之间做比较。我们把任一表面的反射能力称为反照率，即照亮这一表面的光量与该表面反射到我们眼

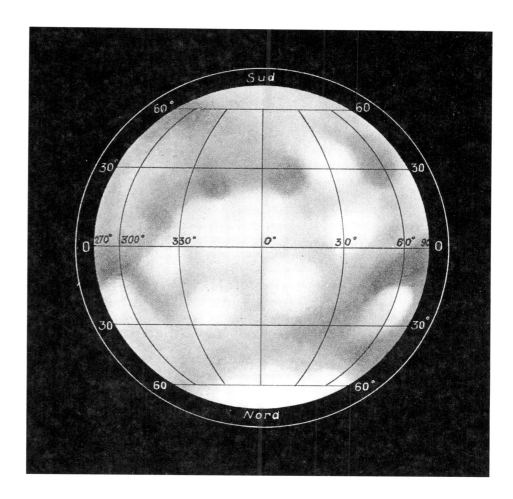

▲ 根据鲁达·马吉尼……反观绘制出的水星平面球形图

中的光量之间存在的关系。换句话说，如果我们将某一表面接收到的光照表示为单位 1，测量结果表明，被反射出去的光量在强度上减少了一半，因此该表面的反照率为 0.5。例如，白垩[1] 的反照率为 0.82，雪的反照率为 0.78。反照率更低的物体或物质如下：石灰，0.33；白色砂岩，0.3；维苏威火山灰，0.14；石灰石，0.1；火山岩，0.03~0.1。尽管表面光辉明亮，月球和水星本质上却是暗淡的，它们的地表仅反射了很少一部分太阳光线：据估计，月球的反照率为 0.1，水星的反照率为 0.09。我们不是在暗示这两颗星球本质上完全相同，由于二者构成物质的密度不同，这种完全相同也不可能存在，但至少二者之间存在一种表面的相似性。鉴于月球地面展现在我们眼中的外貌，将它与石灰石与火山岩的反射力进行比较是必不可少的。尽管不同物质可能拥有几近相同的反照率，但我们认为表面非常相似的水星与月球拥有几乎一样的反照率并不完全是偶然现象。

要说明水星的外貌使人联想到月貌，自然要把一切事物归复到其真实比例。之前我们强调过，与月球相比，水星的视直径非常小。视觉条件与发现精确细节

---

[1] 一种细微的碳酸钙沉积物。

 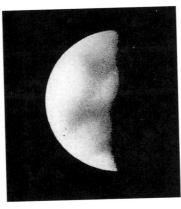  

点。在图像规模相同的情况下，我们发现水星和月球的外貌显示出惊人的相似性，并从中获得了非常有价值的信息。

从稍微清晰的早期观察开始，人们就注意到，水星相位的明暗界线有时会显得参差不齐，改变了星球光照几何边界的规律性。尤其当行星开始呈现为月牙形状时，施罗特在呈块状的行星边缘发现行星南半球的角变钝了，好像被截去了一段。那确实是一个很容易辨认的外观。施罗特总结，正如我们观察到的月球，水星也显示出其地表的崎岖不平。这让我们不由想到前面章节里的内容：相位边缘参差不齐的地形在其身后投下的阴影，阻止太阳光线到达它理论上能

▲ 比较水星与月球的图像（左 2 张为水星，右 2 张为月球）。用缩小摄影拍的月球图像与放大后的水星大小和清晰度相同。

▲ 对比夸张的月球摄影图像凸显了明暗界线参差不齐并且变暗的原因。

的能力完全是两回事。在有关观察天空的章节里，我们已经讨论了物理定律以及环境固有的缺陷——它们影响了仪器图像的质量，致使其无法像直视得到的图像一样完美。根据所提供的水星视面积的相关数字，再基于一个简单的计算，我们固然可以断言，将水星图像放大 250 倍即可使它看起来像肉眼中的月亮一样大，却不能因此认为这两颗星球在人眼中是一样清晰的。如果观测月球的人的眼睛再敏锐一点，他就会发现除了整体图像以外的多种多样的细节或明暗变化，而将月牙状的水星图像放大到同样规模，画面就会显得模糊，细节没有那么丰富多样。另外，这一图像或多或少受到了大气扰动。

为了进行有效的比较，我们应颠倒一下，设法拍摄出与有缺陷的水星图像类似的月球图像。通过不精确对焦的缩小摄影，人们成功做到了这一

抵赴的极限；而在照明极限之外的顶峰却被照亮了。如此一来，从整体上看，相位边缘显露出一些或明或暗的蜿蜒线条。当水星也呈现出相同的外表时，人们会倾向于用刚刚明确过的原因来进行解释。这一结论至少来自视觉条件和规模上实际相仿的两个天体之间的比较研究。

然而，限制是无法避免的。望远镜图像受衍射效应影响，后者放大了与其他区域相比最明亮的部分；与观察的图像尺寸相比，所得图像越小，量值基本恒定的衍射效应就越明显。同理可得照片上的鲜明反差。我们有必要重视这些针对边界或轮廓外貌的变形，因为虚假效应混入了真实之中，导致此处图像呈现出夸张的失真。

因此，有人将水星明暗界线的参差不齐或水相一角的变形解释为不同亮度区域之间的对比所造成的纯粹错觉，但我们能直接观察到的在特殊条件下被衍射改变的部分月貌证明了某些事实的存在，因此我们认为，水貌与月貌之间的相似不仅缘于扭曲的图像，也缘于规模相似的参差不齐。

因此，我们显然可以将平均落差3000~4000米的月球地形起伏的高度值用于水星地表不同区域的某些地形；至于水星上的灰色区域，我们也可以看作近似"月海"呈现出的外形或特点。

无论如何，这些地形都是相当险峻的山岳，或至少是一种平面不统一的结构。一连串高低不平的凹凸地面解释了水相明暗界线所呈现的亮度渐弱的外貌；亮度不足造成的模糊外貌使水星相位比理论上更加明显，例如，当水星看上去呈块状时，它的明暗界

▲ 水星上的山：这一对照图是根据施罗特的绘图（1800 年 3 月 31 日）绘制的。

线理应是一条直线，却形成了一块明显的凹陷，以至于水星没有呈半月形，反而像月牙一样。我们依然需要大到足以看到细节但对比明显的月球图像作为联想性的论证。

所有这些推论都是笼统性的，缺乏符合某一特定点的精确数据。根据发现，施罗特认为水星月牙南角的截断是高地的阴影造成的。根据该阴影的规模，他自以为得出了可信的结论：这一地形高出地表 20 千米。人们在他的复制图上还看到了更为巨大的凹凸地形，假设准确的话，它们对应的高度为 50~100 千米。所有这些数字都显得过分夸张，并且最终也没有任何证据能够证实它们。

即使不能直接观察到高地、山顶或落差作为核验，我们也不能轻率地否认这些地形的存在，因为我们想不通行星球体因何会像台球桌上的台球一样均匀平滑。行星上浮现出的色调不同的地理轮廓显然证明了该地表结构和布局的多样性；另外，在星球形成之时，至少其地壳的表面必然被改变或塑形了。继续与月球进行对照：光的偏振相位以及反照率解释了水星外貌的大轮廓，现在我们可以假设这两颗星球在多方面依旧存在其他共同特征，比如两颗星球上都没有水，即使在原始时期曾短暂存在，水的作用力也相当有限，无法有效地改变地表，因此该地表很可能保留住了原始的岩层特征，什么都没有磨平它的粗糙表面。我们就是秉承着这样的思想想象着水星的表面，直至有了新的进展。水星表面承载了太阳弥散的大量热流，看起来任何事物都不能有力削弱太阳辐射的炽热，这让我们开始思考水星周围的大气问题。

▼ 施罗特认为，与地球上的最高峰相比，水星山脉的平均高度如下。Everest：珠穆朗玛峰；Mt.Blanc：勃朗峰

水星大气

　　关于水星大气层的存在问题，人们的意见远远没有达成一致。根据水星经过太阳时显现出的某些外观，有意见认为，水星大气应该非常厚重。在许多观察者看来，水星的轮廓被一个巨大的灰色环状物包围着，而在其他类似的情况下，人们发现的却是一个规模不相上下的耀眼光环。如果我们企图用单一原因来解释这些事实，会很难调和它们的对立。相反，幻觉或光学现象很好地解释了太阳灼热表面前的黑色小圆盘周围的各种光晕；同时，在圆盘中心附近偶尔看到的奇怪亮点似乎也是出于同样的理由。此外，能够产生这种效果的大气层会赋予它在其他任何情况下都不曾显现的特殊外延和规模，而在没有任何明显可归因于大气层的结果的情况下，天文学家均认为水星周围并不存在大气层。

　　然而，在上世纪末，沃格尔和哈金斯从水星的光谱中发现了大气层的存在，该大气层内含有相当大比例的水汽，但随后是完全相反的意见：利用威尔逊山上强大的设备，亚当斯和邓纳姆未能发现以前被承认的痕迹。他们应该做出什么样的结论呢？最可靠的不过是水星表面并不存在数量可观的水汽。然而，尽管还有一些其他推论，这并不意味着水星周围就完全没有大气层。

各种视觉观察都揭示了一些特殊性，这些特殊性只能归因于悬浮在上空并遮住了部分地表的障碍物。我们只能用这一事实来解释为什么一些通常很明显的斑点有时似乎变浅了，或者为什么一些斑点不再能够被辨别出来。我们特意使用的"障碍物"一词看起来最适合不过，因为它没有预判这暂时"面纱"的质量或性质。然而，安东尼亚第却从这一角度提出了一个非常合理的假说：他将这些障碍看作细微到连稀薄的大气也能托起的尘埃。

因此，我们姑且认为水星周围存在密度极低的大气层，在其内部可能发生了一系列沧桑变迁。现在，我们想知道的是，水星大气层是否一直如此，还是这只是残留的痕迹——水星的质量太小，导致大气逐渐消散。无论如何，由于水星的引力相对较弱，它的大气层在高空变稀薄的速度可能比地球大气层快，看起来没有起到保护层的作用，因此水星天空之下的环境条件引起了我们的注意。

水星世界的物理环境

上文中的所有数据以及推论使得我们能够绘制水星世界的图表。

由于水星大气层的密度很低，没有雾气，它只能漫射很少的太阳光线，所以水星的天空是黑暗的。在黑色的苍穹之下，尖锐的景致被毫不留情的强烈光线照亮。太阳是一个直径巨大且会变化的光亮天体；由于轨道偏心率产生的距离改变使得太阳的视直径在远日点的 68 角分到近日点的 104 角分之间变化，它的平均值为 83 角分。根据这些尺寸，再对照从地球上看到的只有 32 角分的太阳视直径，人们可以推断出，太阳散发到水星上的光和热是地球上的 4.5 倍到 10 倍多。

毫无疑问，任何东西都无法有效过滤太阳辐射的这一可怕热度。由于水星自转速度缓慢，地表持续不断地暴露在阳光下接受辐射的炙烤。经过计算，在水星赤道及太阳在天顶的地区，温度最高可达 400 多摄氏度[1]，在这样的温度下，铅

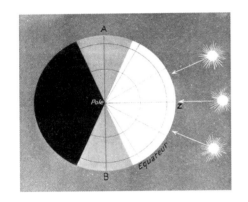

▲ 水星的太阳光照情况一览。由于 Z 点附近的天平动，太阳位于所标方向内所有点的天顶之处。出于同样的原因，在 AB 直线两边的灰色区域交替被照亮或沉入黑夜。

Pôle：极；Equateur：赤道

▶ 水星在远日点和近日点处看到的太阳的视直径

◀◆ 水星表面温度可高达 430 摄氏度，最低温度可低至 -180 摄氏度。（NASA）

和锡也会熔化！随着辐射的入射角度越来越水平，这种极端环境会得到缓和，在天平动区域，交替的日升日落使严酷的环境变得温和。最后，沉浸在永恒夜晚中的广阔地区在理论上应该被剥夺了所有温度，也就是说，这里是绝对零度的空间。如果我们承认存在稀薄的大气，这一大气必然受环境截然相反的两个半球之间的持续交换运动左右。我们可以想象——地球大气的普遍循环为我们展示了这一机制——炎热地带的过热空气向上升起，召来严寒地带的冷空气贴近地面。热气流流向严寒地带，使地区升温。如此一来，水星表面终年都应吹着信风，信风从被太阳照亮的半球的外围出发，汇聚到该半球的中心区域。我们还必须承认，水星信风的规律性并不是没有变化的。天平动使得太阳给行星上的不同地点升温，这导致局部地区的温度明显失衡。无论如何，信风吹拂的方向似乎有所变化，这就解释了来自极度干燥地面的尘雾的形成。在这种情况下，人们甚至可以假设，强烈的风蚀作用不知疲倦地打磨着地表，雕琢出地形的起伏；但我们在讨论这些无法核实的事实、结果以及由此产生的岩相时务必十分谨慎，因为我们根本不知道水星地面的矿物质成分。

在这颗星球上，一头酷热难耐，另一头冰冷严寒，中间地带气温多变，人们不禁思考什么样的有机物才能在上面生存。我们不打算解决这一问题，即使是以假说的形式。我们列举的一切特征使得水星与地球之间没有半分做比较的可能。

此外，我们可以很好地想象水星人或水星上的地球移民眼中的天空景

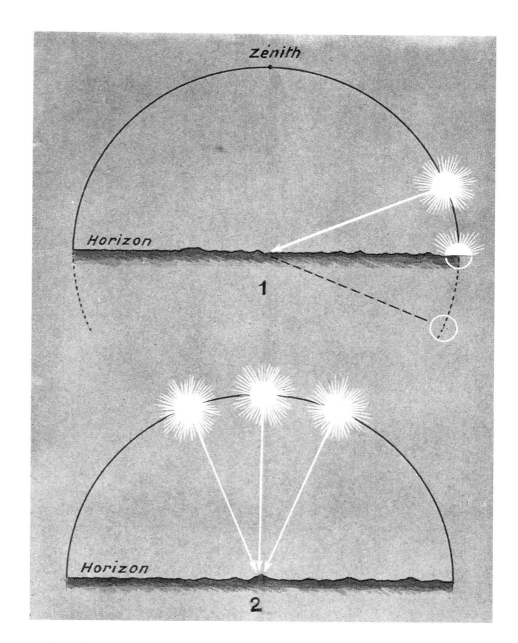

▲ 图（1）展示了水星赤道地区的光照条件。图（2）展示了对于上页图中 AB 直线而言太阳相对于地平线的摆动，Z 处太阳在天顶两边摆动。

Zenith：天顶；Horizon：地平线

观，我们可以通过实验或计算来获得这一景观中的要素。

我们已经谈到日面无比巨大。它的状态让人难以忍受，水星大气层没有厚到足以减轻它的影响，因此除非之前提及的尘雾悬在当中，不然太阳在地平线上与在天顶上一样明亮，在水星上的日出日落时分不会出现曙暮光。然而，由于太阳圆盘硕大无比，它在水星光照极限之处形成了一片相当广阔的半影区域，区域里光线的强度逐渐变弱。我们还将注意到，所有物体的阴影不再清晰明显，其边缘变得非常模糊。

在黑夜笼罩的地区，夜景毫无疑问是美妙的。不过，我们面临着两种选择来证明总是被忽略的水星大气层的存在。人们或者看到群星在深黑的夜空中闪耀

出了全部强度，或者看到一道柔和的辉光在整片夜空中铺展开来——这涉及在地球上被称为黄道光的一种现象。在地球上看到的黄道光是指日落后或日出前超出地平线的一片亮光。它的主要形象近似一种拉长的光锥或纺锤，没有明显的边界，且随着高度增加会逐渐暗弱消逝；事实上，如果我们在大气层极为纯净的区域或空气更为明净的山顶上进行观测，就会发现黄道光的范围更广阔，这道微光轴勾勒出的痕迹仿佛一条横跨整个天空的光带。我们由此可以得出结论，黄道光包围了整个地球。尽管得知了这一点，人们还是未能确认这样一种现象的原因。视觉观察证明这一纺锤形辉光与黄道平面大致重合，更确切地说，与附近太阳的赤道平面相吻合，因此人们自然而然将其看作围绕太阳的透镜状的云团，这云团是日冕的延长部分；这个庞大的结构向外伸展，直至将地球包围在内。这一如此合理的解释似乎可以令人满意，但是通过现代物理手段对这亮光的研究揭露出的特质似乎不能证实该解释。现在，各种观点均倾向于认为黄道光是由地球附近的自由电子或稀薄气体分子造成的。

这一现象引起了两个截然不同的猜想。对它的简短陈述对于我们现在要重新关注的水星天空景观是十分必要的，因为在水星上看这种以太阳为起点向外延伸的、仿佛是日冕外延的现象，会是一种独特的体验。确实，由于水星距离太阳更

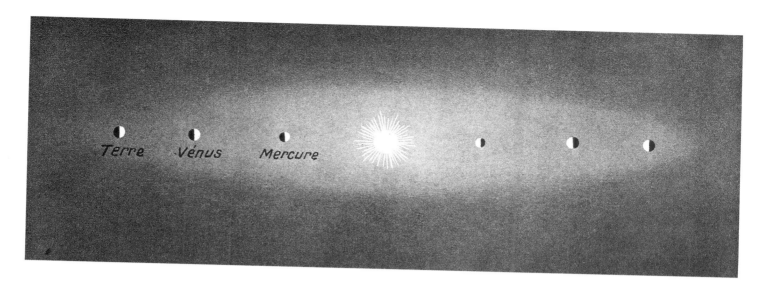

▲ 日冕黄道光猜想图示：黄道光被看作围绕太阳的透镜状云团，延伸到了地球轨道之外。

Terre：地球

Vénus：金星

Mercure：水星

▼ 根据黄道光的方向，它已与围绕太阳的一种结构融为一体，并在黄道平面上延伸。

Plan de L' Ecliptique：黄道平面

Soleil：太阳

Horizon：地平线

近，比起地球来，它会被这一结构更好地包围在内，其中的光辉也就更加强烈。绝对透明的稀薄水星大气没有减弱它的光芒，在地球上有时分辨不出的这模糊而神秘的光亮，在水星上看将是一个可观的光源，可能会将整个天空变得磷光闪闪。而在第二种猜想中，这样的景观不复存在，除非地球附近也产生了类似的效果。我们不能果断解答这一问题，也无法判断如果水星因为邻近太阳而获得了大量电流，是否会同地球一样发生电磁现象。

我们可以确认的是，天体本身为水星提供的美妙图景，没有什么可以削弱它们的光辉。水星天空的星座与我们在地球上看到的一模一样，因为

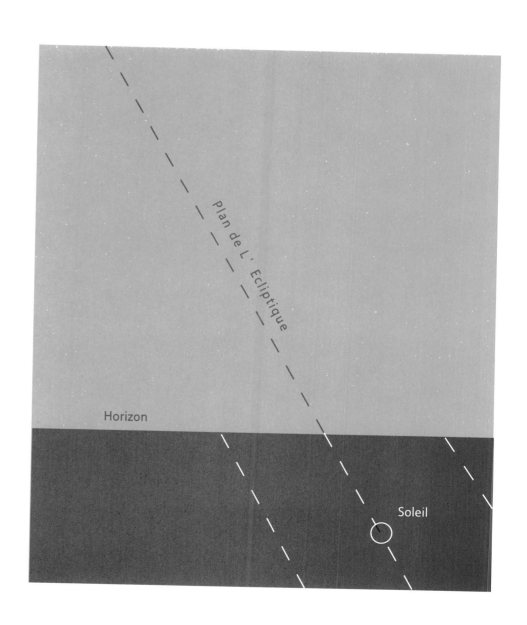

▲ 在水星上看到的"黄道光"比在地球上看到的更亮更广。

▲ 在水星天空上看到的金星（上）、地球和月球的相对大小

▲ 摄影：黄道光最明亮的部分（天文台）

▼ 水星上的夜晚。在被黄道光完全照亮的天空中，地球和金星格外明亮。

水星与我们之间的成千上万千米在广袤的太空面前显得微乎其微；从水星到地球，我们仿佛不曾有过位置变化，任何透视效果都不会改变远方星辰的相对位置。至于行星，情况就完全不同了。金星和地球是最美丽的行星，尤其是金星。相对于太阳，它们位于水星外侧，人们可以在水星天空背向太阳的地方发现它们的踪影。由于此时金星、地球分别与水星之间的相对距离不远，它们显得如此光辉耀眼，以至于我们在地球上竟找不到可以比拟的景观。金星看起来宽约 70 角秒，肉眼看上去就是一个小小的圆盘；地球的视直径只有金星的一半，旁边还有月球这一小点。

因此，在这颗没有卫星的星球上，总有一些时刻——组合运动使这两颗行星同时出现在水星天空中的时候，未被照亮的半球上的永恒之夜会被"金星光"和"地球光"联合驱散。

水内行星假说

水星真的是距离太阳最近的行星吗？我们不能断然肯定[1]。由于各种各样的事件，水星的这一"特殊"位置总是时不时被质疑。要总结这一曾备受争议的问题，我们不能离开太阳的附近。

人们应站在直接观察和数学测定的立场上看待这一问题。在数学领域，通过计算发现海王星的勒维耶认为他可以胜任这一角色。确实，他通过对水星运动进行整体分析，发现计算出来的位置与观察到的方位之间每世纪都有细微的差异。在勒维耶看来，可以将这一被发现的异常解释为存在于水星和太阳之间的一颗或两颗行星所造成的干扰。这一假说还未有太多进展便已站不住脚，当今著名的爱因斯坦相对论解释了勒维耶发现的变化。让我们回顾一下勒维耶的假说。他本可以通过一种相对简单的发现来为自己的假说提供充分的证据：在某些时刻通过太阳表面的一个或几个天体。我们已经知晓在太阳附近分辨出水星的困难之处，因此距离太阳更近的天体更难被人发现，而一个投射在太阳表面的黑点则非常明显。另一方面，这一相当罕见的现象依然需要没有经验的天文学家全神贯注地投入观察，直到捕捉到恰当时机。最终，还是一位业余天文学家勒卡尔博尔于 1859 年 3 月 28 日（几个月后勒维耶提出了他的结论）有幸看到了一个非常圆的小黑点从太阳前面经过，历时 1 个半小时。

➤ 1929 年 1 月 15 日，J 吉约姆在里昂天文台观测到的天体从太阳前经过。
Nord：北

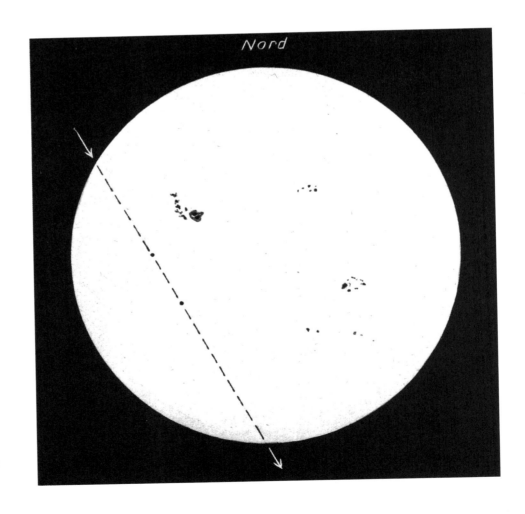

◈ 直到现在，天文学家也没有发现比水星距离太阳更近的行星。

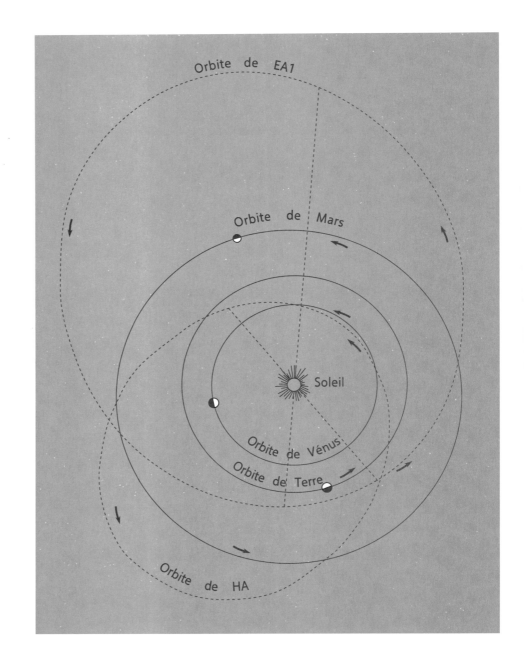

> 用虚线标出的小行星 EA1 和 HA 的轨道
展现了小行星是如何运动到近日点、比地
球更接近太阳的。

Soleil：太阳

Orbite de Vénus：金星轨道

Orbite de Terre：地球轨道

Orbite de Mars：火星轨道

Orbite de EA1：EA1 轨道

Orbite de HA：HA 轨道

    勒维耶完全被这样的现象吸引住了，（很晚以后）开始分析他所能收集到的所有相似的天文发现。他共收集到 50 份资料，但只有分别发生于 1802 年、1819 年、1839 年、1849 年、1850 年和 1861 年的 6 次天文现象值得关注。勒维耶认为这些现象与水内行星有关，于是根据所提供的要素，计算出好几条可能的轨道。他略显过早地将这颗水内行星命名为"祝融星"[1]。在测算出来的各种轨道中，最可取的轨道需要该行星运动 30 天，

非常倾斜于黄道平面，这也解释了它从太阳前经过的稀少性。如果人们承认这一轨道，就会认为祝融星将在 1877 年 3 月 22 日再次从太阳前经过。结果，全世界的天文学家都在期待这一凌日现象的发生，他们在 3 月 22 日当天仔细观察天空，但一无所获……

    在后来的日子里，人们再次看到了一个黑色物体从神秘的通道掠过太阳。特别是 1929 年 1 月 15 日在里昂天文台，吉约姆先生在极为不利的条件下发现了同样的奇观。那天云层笼罩，只有一角青天短暂闪现。根据物体在两次短促观察间隙的位移，它经过太阳的速度看起来非常快。

◆ 祝融星，又称火神星（法语：Vulcain，英文：Vulcan），是一颗假设在太阳和水星之间运行的行星，其目的是解释水星实际的近日点移位和计算出的移位之间的差距。20 世纪初，爱因斯坦的广义相对论基本成型后，根据广义相对论计算出的移位值和观测到的值相符合，因而学界停止了对祝融星的寻找和证明。

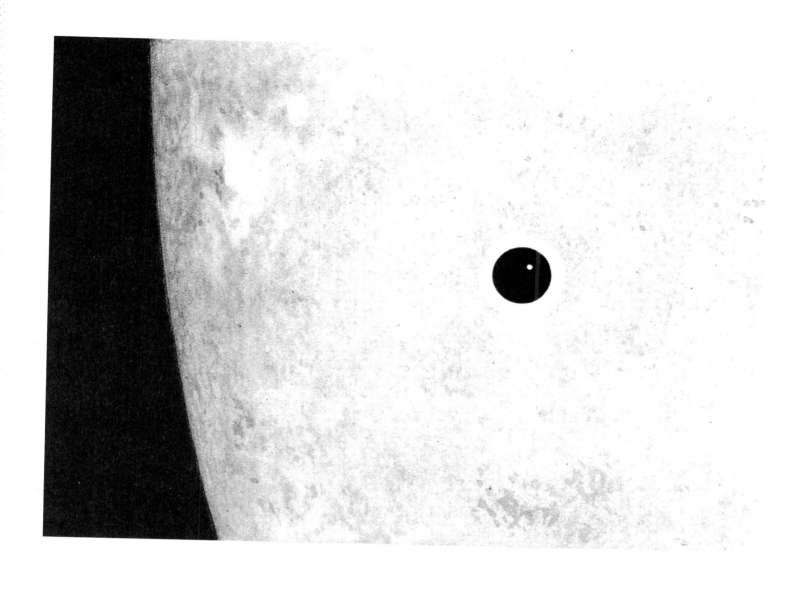

▲ 水星从太阳前经过。衍射现象造成了水星黑盘上的白点和光晕。

现在，我们必须指出，在日全食期间试图找寻这一神秘的天体是徒劳的。众所周知，日全食发生时犹如一个短暂的夜晚——即使不是每一次，也很经常——被吞掉的太阳不再眩目，使人们能够看到紧邻太阳的闪闪发光的行星，但在这种情况下，人们只能观察到水星和金星。

因此，积极和消极的事实同时存在。一方面，在一些情况下，人们看到一些通常很圆的天体从太阳圆盘前经过；另一方面，在适合观测的条件下，人们却一无所获，没有发现任何位置和亮度能让人联想到在特定轨道上运动的如水星一样的行星的天体。

为了解释这些矛盾，有人以天体的运动不同为理由：例如一些巨大的火流星沿着未知且无法预知的轨迹划过太空。还有人甚至猜想，一些小月球在地球周围运动，它们是如此渺小，以至于只有在太阳前投下黑点时才能被人发现。

另外，最近几年，人们似乎正在思考一个新的假说。最新被发现的某些小行星的轨道偏心率非常大，我们将在《小行星》一章中详细讲述。偏心率之大以至于这些小行星与其他天体的普遍运动不同，它们的平均距离失去了意义，我们无法根据它们的连续距离来确定它们的位置。大部分小行星位于火星和木星之间，但我们刚刚提到的这些小行星不受这一规则摆布，因为它们的轨道如此椭圆，以至于行至近日点时比地球甚至水星更接近太阳。它们可能在某一时刻从地球与太阳之间穿过，于是可能会被人们看成一些黑点。要确切了解这一点，新发现以及精确的轨道计算可能仍然是必不可少的。

我们在本章讨论的问题仍未能得到解决，但根据所有事实，被观察到的现象必然与在地球近距离空间内移动的天体有关；最终我们可以断定，稍微大一些的天体必定不可能存在于太阳的近邻地区。

第五章　金星

按照离太阳由近及远排序，金星排第二，它比水星更靠近我们，因而不像水星那样环境极端，但我们正要参观的这颗星球的情况还是与地球相去甚远，面貌也与众不同。

撇开先前提过的小行星，金星是我们可以观测到的最近的行星，所以

金星在某些时候成了夜空所有发光天体中最闪亮的那颗。荷马曾把金星唤作卡利斯忒（Callistos 有"美人"之意），它的别名"牧羊人之星""夜之星"或"晨之星"更为人们所熟知，即便是再无动于衷的眼睛，也要情不自禁地欣赏起它的光彩。然而，金星在某种程度上令天文学家心灰意冷，因为对金星的探索遭遇了重重阻碍，天文学家往往劳而无获。

让我们先来考察一下这颗行星在太阳系中是如何运转的，以及它占据了什么样的重要地位。

▲ 金星——"牧羊人之星"

金星的轨道及其运动

金星的轨道接近正圆，在距离太阳 1.08 亿千米处运行，金星绕太阳一周需要不到 225 天，准确来说是 224 天 16 小时 49 分钟。

金星的轨道位于地球轨道内部。就像我们所看到的水星的运动过程一样，也就是说，我们能看到金星从太阳的一侧到另一侧的运动过程。在这个问题上，我们不再赘述已经给出过的一般性解释，下面仅限于明确金星运动的重要性。

就金星的轨道半径来说，它离太阳的距角比水星远得多，出于这个原因，金星可以跟着太阳或先行太阳 4 个多小时；所以我们在黄昏之后仍能看到金星，或

➤ 金星轨道与地球轨道之间的关系。图中
标出的角度是指金星在太阳两侧的最大距
角。位置 S 对应晚上的距角，位置 M 对应
早上的距角。在 C_1（上合点）位置时金星
在太阳背面，此时距离地球最远；在 C_2（下
合点）位置时与地球距离最近。这些不等
的距离解释了金星视直径的变化。

Orbite de la Terre：地球轨道；Orbite de Vénus：
金星轨道；Terre：地球

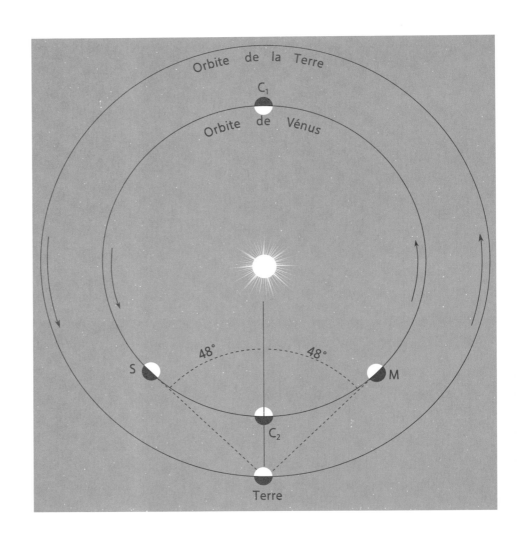

者在天边出现曙光之前看到金星。也
就是说，金星与水星不同，它可以在
夜间发光，但确实这时候的金星是紧
贴在地平线上的。

　　金星在其轨道上的运行速度高于
地球，但差得并不太多，结合二者的
运动，它们相对的位置只做缓慢的改
变，因此我们的邻居金星的可视时间
比水星间隔更长，也持续得更久，同
时，我们所看到的金星的不同相位接
替地更慢——金星相位经历一个周期
需要 584 天。

　　我们可以看到，金星也会像水星
那样从太阳前方经过，但这一现象更
为罕见，其间隔周期的情况相当复杂。
例如，金星第一次在某一天经过太阳，
第二次要等 8 年之久，第三次则是在
121.5 年后，第四次距第三次又是 8
年，第五次回到起点，得等上 105.5
年。然后这套间隔周期重新开始：8 年，
121.5 年，8 年，105.5 年，依此类推。
现代时期观测到的最近两次分别发生
在 1874 和 1882 年，下一次只能等到
2004 年 [1]。我们不得不对这种情况
的罕见感到遗憾，因为像这样的现象
有助于我们进行各种各样意义重大的
研究，我们将进一步强调这一点。

金星的尺寸和要素

　　有趣的是，在多个方面都与地球如此不同的金星，却在尺寸上与地球那么相
近，以至于这两颗行星往往被认为是"双胞胎"。事实上，金星的直径为 12 373
千米，而我们地球的直径为 12 756 千米 [2]，这意味着它们的体积比为 9∶10。金
星在地球面前的轻微弱势在质量方面更加明显：组成金星的材料的密度为 5（地
球为 5.52，水为单位 1），金星的质量是地球的 8/10。因此金星表面的重力强度
比地球重力略小一点：地球上的 1 千克在金星上可能只有 880 克；但其实对于人
类来说，到了金星上，身体重量也几乎感觉不到改变。

　　在很长一段时间里，人们以为金星与地球的相似性不止于此，还在于它们
的自转周期。事实上，有人估算出了金星完成一周自转大约需要 23 小时 22 分钟，
所以金星上的白天和黑夜应该只比地球上稍短一些。后来在 1880 年左右，所有

◆　即金星凌日。2004 年，金星凌日发生于 6 月 8 日，2012 年 6 月再次发生，下一次金星凌日则要等到 2117 年。

◆　现测定金星的直径约 12 103.6 千米，地球直径为 12 742 千米，金星体积相当于 0.86 个地球体积，其质量约
为 0.81 个地球的质量。

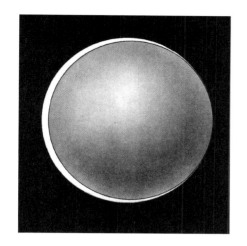

◀ 金星与地球重叠后的大小比较

▼ 不同观测下的金星自转轴倾角，分别来自：1 施罗特；2 德维克和富尼埃；3 特鲁夫洛；4 斯基亚帕雷利。

Axe de la Terre: 地球自转轴；Plan de l'orbite: 轨道平面

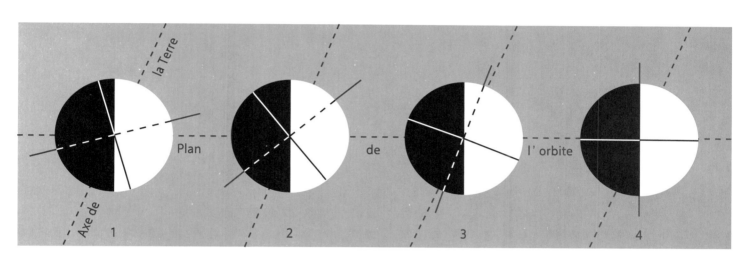

这些概念突然被与之截然相反的观念所代替，金星变成了一个一半享有永恒白天而另一半陷入永恒黑暗的世界。

由于现在仍然存在这两个对立的版本，所以我们有必要按时间脉络大致揭示这两种结果的得出过程。

卡西尼作为金星观测方面的先驱，于 1666 年称金星的自转周期为 23 小时 15 分钟，隔了大约 60 年后，比安奇尼却认为该运动的时长为 24 天 8 小时。施罗特随后得出的数字与卡西尼近似：23 小时 21 分钟 8 秒。1841 年左右，德维克认为金星的自转周期为 23 小时 21 分钟 22 秒。所有这些计算都是基于对金星上的斑点或不规则物的位移进行标记以及它们的周期性回归获得的。

在很长一段时间内，大家都一致同意由德维克给出的最终数值。事实上，这一数据因为计算者所进行的一系列极为漫长和细致的观察工作而显得更加可信。此外，这个数据也证实了前人的主要成果，并且更加精确化，但是我们应该要注意到比安奇尼所测得的与之矛盾的金星自转时长。

斯基亚帕雷利从 1877 年到 1878 年对金星进行了仔细研究，并宣称自己得出了与前辈们的发现相差更大的结果：金星并不是一个多少类似地球的快速自转的行星；相反，他观察到的斑点总是与相位的明暗界线保持一致。这样的表象只可能由自转与公转都在同样的时段内进行的缓慢运动导致——由此，星球朝向太阳的永远是同一个面。

斯基亚帕雷利的结论并没有完全被接受。在同一时期，特鲁夫洛又确定了一个快速的自转周期：大约 24 小时 5 分钟。而在 1897 年左右，布伦纳先生给出了接近 23 小时 57 分钟 36 秒的数值。最近 G. 富尼埃先生测出的数值为大约 22 小时 53 分钟。

以上的例子已能说明问题。我们完全无须多做列举或再三强调我们所遇到的问题之棘手，毕竟那么多有分量的天文学家得出了如此明显互斥的结论，但我们注意到：支持慢速自转的人越来越多了；获得承认的金星形貌与慢速自转相符，而那些快速自转的拥趸者并不总能在观测中找到可印证其观点的证据。既然目前

"225 日"这一自转周期看起来最有可能，我们就该对此加以重视[1]。

同自转一样，关于金星的自转轴倾角[2]也众说纷纭。比安奇尼认为是 75 度，这一角度意味着金星的姿势几乎就是卧在了轨道平面上，并会导致极大的季节差异。德维克将这一度数拉到了 50 度左右，这与最近 G. 富尼埃发现的轴倾角度数十分接近。斯基亚帕雷利反而认为角度接近垂直，这很可能也是基于大部分现代观测得出的结论。我们通常采信后者的数据，但当我们最后讨论金星世界可能的物理条件时，我们仍不会忽视其他假设。

金星的外貌和光芒

金星会在我们眼前展现相位的完整周期，与水星同理，但金星的这些相位变化要比水星的容易观测得多，因为金星的视直径达到了相当大的程度，当它处于离地球的最近点时，我们借助一副较好的航海望远镜就能看到新月状的金星。正如我们在前文中指出的那样：伽利略用简易的工具第一个观察到金星的相位变化，这一发现意义非凡，因为它有力证实了哥白尼的日心说。

▲ 金星的相位和视直径

▶ 亮度更强时的金星相位

◈ 现测定金星自转周期长达 -243.02 天（负号表示逆转，相对于地球自西向东的自转，逆转是自东向西），比其公转周期 224.7 天还要长。（数据来自高等教育出版社出版的《基础天文学》。）

◈ 现测定金星的自转轴倾角为 2.64 度。

▲ 金星在夜晚降临之前在天空中闪闪发光。

根据金星与地球各自同心轨道的大小，我们很容易想象得出两个行星之间的距离会产生大幅波动：金星在极端位置——被太阳和地球夹在中间的位置和太阳背面——之间运动时，它离地球的距离是如此多变，以至于视直径可以从前一种情况的 65 角秒跌至第二种情况的 10 角秒。

就像水星一样，只有当金星在我们眼前呈现出最大面积时，我们才勉强能够最大限度地观测它的表面。根据前文所示，金星呈现面积最大时所对应的位置是它像一个巨大的黑色圆盘挡在太阳前方，或者说淹灭在太阳的光辉中，总之是它未被照亮的那一面朝向我们。当我们看到被照亮的新月状金星时，视直径稍有减小，当我们能看到金星的 1/4 时，其视直径减小到了大约 25 角秒，亮度减小了一半。

➤ 掩在天文台旋转式圆屋顶之后的被金星光芒照亮的天空——吕西安·吕都摄，曝光20分钟。

➤ 在金星光芒下直接得到的中国皮影——L.吕都摄，曝光20分钟。

最后，金星的尺寸缩到极小，此时它的整个亮面都朝向我们。

尽管金星似乎总是十分灿烂，但它的光芒随着距离和相位的共同作用而变化。当金星光芒达到最大值时，其视直径为40角秒，弧形的宽度为10角秒，这一相位发生在金星与太阳合前或合后的大约第69天。对于这颗邻星的光芒，我们似乎可以用某种电壁炉做比：金星光芒之亮使其在白天也能在明亮的天空中清晰可见，甚至在太阳西下之前也十分明亮显眼。当夜幕降临时，我们很容易就能发现金星有足够的亮度散发其迷人光芒。进行这样的观测意义重大，其中率先被发现的是普遍被照亮的天空。金星的光芒如此出挑，以至于云朵在经过这颗行星坐镇的区域时，会呈现出明显的黑色轮廓，有时它们就像被镶上了一圈发光特效；金星这种漫射的光芒可以通过摄影术被记录下来。

另一方面，我们在这种情况下接收到的金星光芒相当强烈，以至于可以让地球上的物体投下相当容易被辨认出来的影子；当这些物体被置于一个明亮的表面前方时，它们的影子会清晰地投射在上面。我们最好用一个简单的实验来进行解释：可以用一张白纸，也可以找一面在黑暗房间深处的素墙，当然窗户要朝向适当的方向。或者，我们用暗室内的一块感光板代替白纸或墙面，房间窗户朝向金星，然后在窗前放置任何一样物品，几分钟后，感光板上就会留下痕迹——上面出现了被置于前方的物体的轮廓，就像中国的皮影戏那样。

当时机来临时，这片往往不被注意的二等月光值得我们好好观察。

我们之所以特别强调金星反射向我们的光芒，并非出于纯粹的好奇，而是因为其主要成因就是导致金星观测困难重重的根源。事实上，金星不同寻常的亮度来自这一星球的物理条件，我们借助望远镜得到的金星图像看起来几乎亮度均匀，只勉强留下了供我们判断金星可能的自然环境和特性的形貌信息。

▲ 冯特纳率先于 1645 年和 1646 年绘制出了金星外貌图。

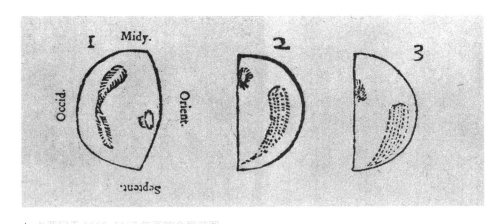

▲ 卡西尼于 1666~1667 年画的金星草图

Midy：南；Occid：西；Orient：东；Septent：北

金星的表面

观测金星并非如观测水星那样受制于遥远的距离或行星展现在我们面前的过小尺寸。相反，我们在上文中就已看到，金星的视直径足够让我们借助最简易的望远镜进行观察，我们也不需要使用更强大的工具才能辨认出图像上极小的细节。我们对趁地球大气的透明度和稳定性在各个方面都达到完美时观测到的图像进行放大就会发现，它所呈现出的多变形貌并不会比在小尺寸图像上看到的更加丰富。不得不承认，我们在区分金星表面特殊环境时遇到的困难是固有的，正如我们刚才所言，这颗行星特殊的物理条件必然导致这些问题，一些观测者以耐心对这颗唯恐暴露自身秘密的星球进行观测时不得不费尽全力。我们首先将对天文学家隐约观察到的金星总体形貌进行说明。

与各种鲜明的色调使细节之间对比鲜明不同，我们在极端光亮的表面只看得见一些模糊的灰色。金星的表面乍看之下是一片完全的白色，事实上它带有轻微的黄色或米色。那些灰块——暂不考虑它们本身亮度衰弱的原因——的轮廓无法确定；许多天文学家将其归因于纯粹的幻觉，因为当人们想在似乎什么都辨认不出的区域里竭力辨认出某些东西时，就会产生这样的视觉疲劳。不可否认，有时我们必须考虑到这种生理影响在一定程度上可能使我们的判断出错，但这番理由不能对一切都做出解释。

金星所呈现出的各种斑块的真实性不容置疑，对上文所示的不确定之处我们重新进行了探讨并找出原因：这些难以确定的轮廓亮度微弱；望远镜所得图像的质量问题和不稳定性往往会加剧模糊；而且观测者难以为这些稍纵即逝的细节确定它们各自的位置和尺寸。

因此，我们不应对在这一问题上的分歧过于惊讶。我们通过比较金星所呈现出的各种外观尚且产生不同观点，因此当我们努力再现眼睛隐约看到的东西时，除了要考虑到其中不可避免的演绎部分，也有必要针对这些分歧，援引金星所固有的情况。

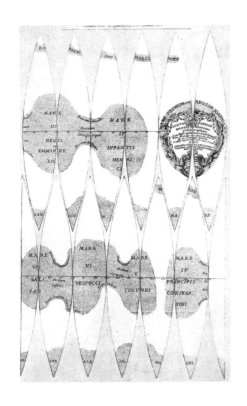

▲ 比安奇尼于 1728 年所制的金星地图

➤ 比安奇尼于 1726—1727 年用 30 米长
的望远镜观测到的金星相位和斑点

在大致做一番了解之后，我们接下来进入对金星的总体描绘。当我们在观察旨在重现金星外观的绘图时，首先要强调一个发现：所有一切都太清晰，色调太鲜明了，尤其是对那些习惯了金星观测之难的人来说。我们也得承认，这番强调几乎没什么用。一方面，出于需要，绘图者不会忠实于这些灰暗部分的正确数值，他们会使其被凸显以起到图示的作用；另一方面，若这些图像要被放在印刷物上，就更需要强调这些尚未确定的细节。此外，许多金星外貌图更多是借助轮廓线、影线和点线绘制的说明草图。所有部分都太分明了，因此我们应该考虑到其中必要的夸大成分，并能明白这些描绘旨在为我们提供关于金星多变轮廓的形状及分布的信息。

最早借助望远镜所看到的是与金星相位相关的图像。由于金星的亮度实在太强，粗糙的图像在辐照作用和衍射现象下显得更加错综复杂。在更好的视觉条件下，多米尼克·卡西尼于 1666 年至 1667 年在博洛尼亚对金星进行观测并描绘出长形、梨形的阴影斑块以及其他光亮部分。由于暗斑在金星可见部分上的视位移，

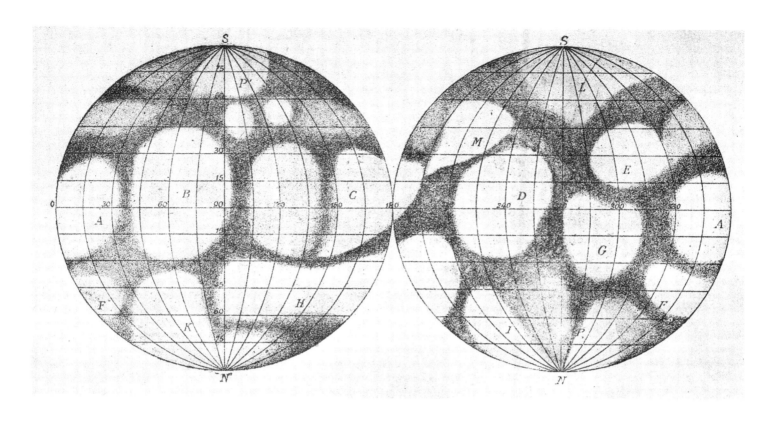

▲ 金星平面球形图，尼斯坦，1891。

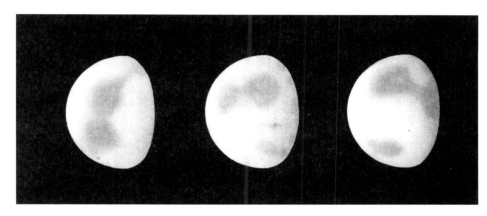

➤ 德维克于 1839 年观察到的金星斑

卡西尼才得出了我们在前文中提及的缩短的金星自转周期。

之后，在 1726—1728 年间，比安奇尼也观察到金星上的深色区域，并拿出了自己的证据；在他绘制的图像上，这些区域呈现出圆斑的形状，圆斑之间彼此相连，连接部分呈收紧状。所有这些表象似乎相当可信和稳定，以至于比安奇尼据此制定出金星的世界地图；在这张地图上，比安奇尼还用名人的名字给这些类似海洋区域的斑块命了名。

施罗特所绘的图像却大不相同，我们在上面只看到了长条形的灰斑，几乎与相位的边界线平行，从中找不出任何能让人联想到比安奇尼所绘的金星外貌。威廉·赫歇尔只看到沿着明暗界线有一些模糊的暗影，他甚至怀疑它们是否真实存在。我们在德维克的绘图上似乎又看到了比安奇尼所描绘的阴影形状；但需要注意的是，德维克没有从中推断出金星的自转周期为 25 天，而是认为金星做的是周期少于 24 小时的快速自转，这一数字来源于卡西尼和施罗特对暗斑的标记。

斯基亚帕雷利发现并指出了一处固定不动的阴影，由此得出 225 天这一金星慢速自转周期，这一数值与他观测到的大不同于前人的阴影轮廓有关：一些半明半暗几乎不怎么明显的大面积轮廓被稍微明显一些的条痕切分，其中还四散着颜色更暗的斑点。斯基亚帕雷利的描绘与大部分现代图像相符，但此处我们不再做一一核查。可能经过对比，我们仍会发现不少分歧之处。可见，连那些非常出色的星球观测家也没能在金星表面发现什么。特鲁夫洛尽管没有怀疑那些难以分辨

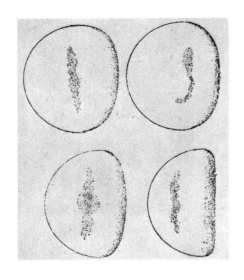

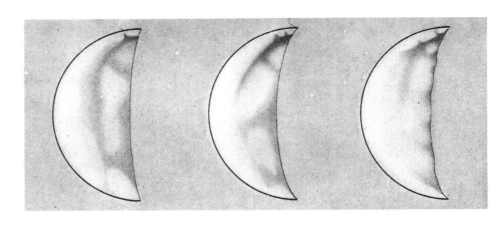

▲ 斯基亚帕雷利观察到的金星斑。左起第一和第二张观察于 1877 年，最后一张观察于 1895 年。

▲ 施罗特于 1788 年观察到的金星斑

▼特鲁夫洛于 1891 年观察到的金星表面的大块灰斑

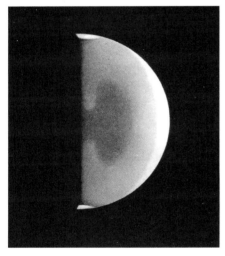

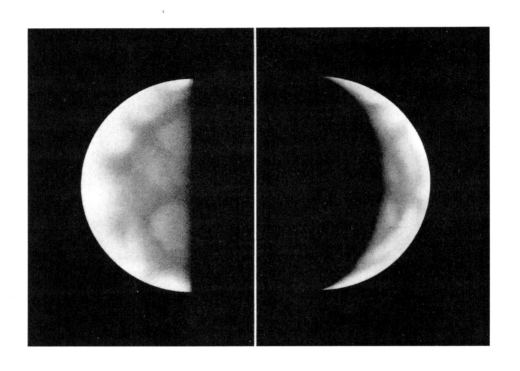

▲ 吕西安·吕都所绘的金星外观

的灰块的真实性，但他从 1875 年一直到 1892 年也只发现一块巨大暗斑两次；这块暗斑与德维克的发现高度相似。此外，还有些别的图像，其中所包含的细节特征以及它们不寻常的清晰度与我们通常承认的灰斑的模糊性之间产生了矛盾。

既然如此，我们尤其要重视那些有共同之处的图像，包括明显与已知特征相符的图像。随着这样的图像越来越多，我们最明显的感受就是，金星的外貌并非如前人观测到的那么简单。随着光学的进步，"改进"措施带来了对这些微妙天象更好的判断。

现在需要补充的是，除了一些比较完整的浅灰色多变区域，我们还注意到，有些地区较之周围更加明亮。这些特殊情况引起了我们极大的兴趣，因为很可能就是这些白色的构成导致我们不断指出的意见分歧。在众多狡猾又不失诚恳的观测者得出的结果中存在那么多分歧，我们有必要对此做出解释。因此，我们要引证一个确实的原因，它一方面反驳了金星表面良好的可视性，另一方面，在它的作用下产生了众所周知的金星外貌变动。这就是环绕金星的大气层所明确起到的作用。

金星大气

我们之所以承认水星四周存在一层薄薄的大气，是因为对于所观测到的特殊环境，除大气层这一原因外找不到其他解释；但我们无法真正对这层气体做出分辨。金星上的大气层则完全是另一回事，我们直接就能观察到金星被一层显著的气体所包裹。此时我们不再是根据各种表象而做出一些可被接受的猜想和推断，而是完全基于事实。

为了使这层覆盖物肉眼可见，当然需要具备一些能使我们更好做出分辨的有利条件：当金星介于地球和太阳之间，也就是它逆光对着我们的时候，此时太阳光线在金星大气层内部被散射，我们最终能看到的是金星被围了一圈美丽的光环。

像这样的奇观离我们已经非常久远了。人类观测到金星运行至太阳前方最早可以追溯到 1761 年以及 1769 年；但在当时这一现象被解释为眼睛所产生的幻觉。

之后，持有不同想法的施罗特根据金星所产生的暮光效应做出了金星上存在大气层这一判断，接着又有无数观测者发现，新月形（在该相位下金星所呈现的样子）的两角会延伸出去，这是未被照亮的区域上方的被照亮的大气层在发挥作用。随着条件越来越有利于产生这种效果，我们会看到"新月"不断延伸，直至最后变成绕金星一圈的完整光环。

后来的天文学家配备的工具比前辈们的更好，他们能够精确地观察到金星在 1874 年和 1882 年从太阳面前经过时大气所发挥的作用。但必须承认，并不是所有人都欣赏到了同样的金星凌日现象，有些人只观测到金星进入太阳圆盘而没看到它离开太阳圆盘，好像在金星的大气层内部，出于某种原因，光散射就从金星的一侧停止了。原因可能出在观测条件上——某一时刻对获得良好视线有利的条件，在另一时刻可能会变得不利，总之这一视觉奇观非常精细微妙。还有一个同样有理有据的解释，即金星大气内部气象状态存在差异。相关现象还有：在下合过程中，金星光环的亮度不均。经过思考发现，除了大气这一原因几乎找不出其他解释。看来这层大气极易产生深刻改变，我们下面将分析由它导致的后果。

金星上存在大气这一事实毋庸置疑，所有人都可以在上述情况下目测到其存在，但在金星大气的数量及其构成方面，天文学界并未达成一致。

事实上，我们很难精确测量所观察到的这圈细薄亮环的厚度。各种各样对大气层厚度的估算更多来自对所观天象的明暗变化的推断。基于这些数值，我们长久以来都认同金星大气之浓厚，且它的密度几乎是地球大气层的两倍，但现代观点略有不同，反而认为金星上的大气密度明显小于地球，某些测算得出的结果为

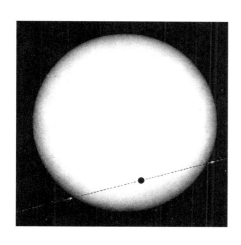

▲ 人类观察到的金星凌日现象

▶ 当金星经过日面时，它被照亮的大气层
会给金星的暗面镶上一圈光环

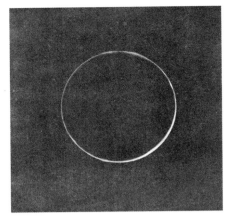

▲ 地球上夜幕降临，太阳消失后的很长一段时间内，我们都能看到地平线上呈扁圆拱形的明亮金星，我们在前面已经对金星不同寻常的光亮进行了解释。

◄ 当金星挡在太阳正前方时，我们朝天空望去，就会看见金星的外观犹如一圈光环，这是因为大气圈不断延伸纤薄的新月两端；当金星远离太阳时，金星大气圈只会呈现为两端被延伸开去的新月状。

金星大气层折射的太阳光不会超过地球大气层折射的 1/3。

由此可见，我们没有必要太强调这些似乎还未成定论的数据。对金星大气层厚度的估算也面临同样的情况。当下各种测定倾向于认为其厚度几乎不会超过 1500 米 [1]，但这一测算是基于可见的光圈。正如我们在前文中解释的那样，人们有权做如下猜想：这一可见光圈只是踞于金星某层不透明物质之上的纯净的高海拔区域。这层大气对于解释金星表面不完美且变幻不定的能见度是必不可少的。多亏了观测时遇到的这些混沌，人们才发现了金星上的大气。

总之，我们多少能确定金星上存在大气这一事实，而这已经足够了。而真正无法确定的是这层大气的构成。金星不止不让人看清它的真面目，

它似乎也谢绝人们对它进行光谱分析——所得的分析结果似乎完全相互矛盾，就像我们在观察金星细节方面也总是无法达成一致，但要为此解释原因就简单得多。无论是在观测工具还是在观测方法上，人类都实现了长足进步，所得数据更精确的同时也更加可靠。我们在前文普及通过光谱分析行星大气的条件时已指出这类研究的棘手之处，障碍主要在于我们地球上的这层大气，因为我们必须减去叠加在目标行星大气之上的地球大气层的作用。针对这一方面，现代工具带来了一些积极成果。

继沃格尔、塔基尼和塞奇等人的研究之后，人们得出的结论是，金星大气层厚且浓密，它的组成部分和地球大气层类似，应当含有大量的水汽，这一点也符合金星大气的外观。而当下的观点驳斥了前人给出的数据。1883 年，让桑通过研究发现，金星上的水蒸气似乎难觅踪迹，他开始倾向于对前人的观点持保留意见。如今，根据圣约翰和尼克尔森的研究，金星大气不含任何水分，可能也不含氧气；另一方面，亚当斯和邓纳姆确定了金星大气中二氧化碳的存在。需要我们

◆ 根据《自然》2007 年一篇名为 "The structure of Venus' middle atmosphere and ionosphere" 的文章，金星大气层顶层距金星地表的高度约是 220 千米到 350 千米，也就是说，金星大气层的厚度远大于 1500 米。

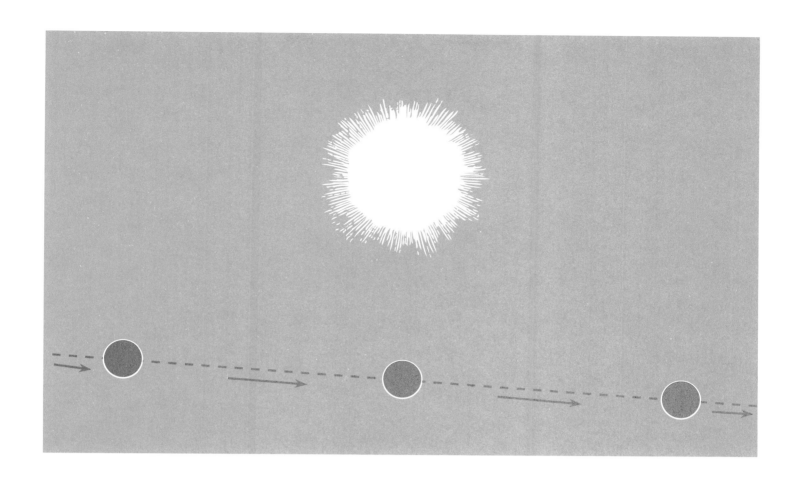

注意的是，此处只讨论可视的大气云层，正是它反射到地球上的太阳光线才使光谱研究成为可能。因此，我们实际上无从得知这层以下的混沌是什么，因为似乎只有极少的光线才可以穿过它，甚至都无法通过。阳光想要到达金星坚硬的地面非常之难，导致地面反射向我们的光线数量不足以进行光谱分析。

最后，尽管我们真的只能对金星大气层外圈进行探测，尽管在这样高度的区域里似乎不存在水蒸气和氧气（氧气含量可能小于地球空气中氧气含量的1/1000），但我们还是应该避免断言金星地表的情况也是如此。事实上，如果地球上也有一层连续的密云阻碍了外界探知这层密云以下直至地表的空间，从而导致探测工作只能针对平流层已经十分稀薄的地区，那么其他星球上的宇航员会如何判断地球上的大气及其构成呢？

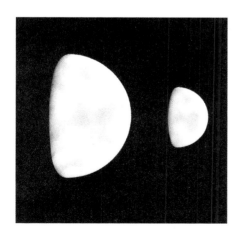

▼ 同一时刻用不同仪器观测到的金星。小图像的品质不如大图像高，这让我们想到了最早一批金星观测者所提供的金星外貌图像。

因此，我们所确定的是，金星四周有一层达到了某体量的大气，但这样的事实又叫人失望，因为我们直到现在还不能掌握有关金星大气层完整和足够的信息。如果我们从它的外观判断，那么这层可见物质应该就是云层，云层连续的不透光部分往往就会遮盖金星自身的外表。形成这种形态的可能原因是高含量的水蒸气，水蒸气凝结便会形成类似的物质，就和地球上的云层一样。如果我们反过来否认金星上水的存在，还有两种可能的解释：第一种是金星上的"云层"是由一种与地球上的云层完全不同的物质构成，而我们对该物质一无所知；第二种解释是光谱分析只能提供给我们非常有限的信息，这些信息只与在人类研究范围之内的高海拔地区有关，而这一区域以下的形态不可能被揭示出来。

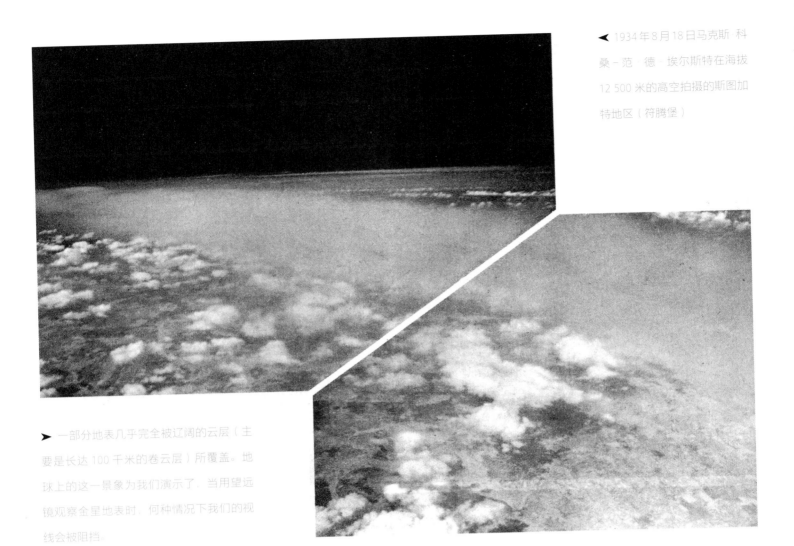

▶ 一部分地表几乎完全被辽阔的云层（主要是长达100千米的卷云层）所覆盖。地球上的这一景象为我们演示了：当用望远镜观察金星地表时，何种情况下我们的视线会被阻挡。

总之，无论金星的大气层是什么[1]，我们在解释望远镜所观察到的金星不同的外貌以及说明我们对金星外貌所做的有限推论时，这层浑浊的大气永远都是绕不开的话题。

根据前文所述，我们得承认自身的无知，因为我们还不了解金星大气层的特性以及几乎遍布金星表面的浑浊层的确切本质，但由这些特殊情况带来的后果应能使我们得出某些结论。

[1] 现测定金星大气层主要成分为二氧化碳和氮，还含有二氧化硫、水蒸气等物质。金星大气层极其稠密，大气压为地球的90倍，这样强大的大气压足以将人压扁，而大气中还存在具有腐蚀性的硫酸雨、硫酸雾；此外，其表面温度可高达480摄氏度，但厚重的大气层使得金星基本上无法向太空进行热辐射，对人类来说，金星即地狱。

金星世界的物理环境

这层覆盖金星的"面纱"可能是与地球大气类似的云层，但出于这样或那样的原因，它并未暴露出自身的构成；或者我们能找到与这层"面纱"有同样外观的物质，但也会出现各自组成元素不同的情况；又或者金星的"面纱"是一种我们尚无从得知的大量结构复杂的团状物。无论如何，金星大气的存在毋庸置疑，它也是导致所有分歧和矛盾的根源。

事实上，有些人认为，对金星外貌的观测是不确定且瞬间性的，这些外貌图完全不符合人眼观看到的坚硬物质应该有的具有稳定轮廓的样子——即便是在视力有缺陷的情况下。如果站在他们这一边，我们就会得出结论：这只可能与不稳定的大气层内部的亮度差异有关（光的吸收或反射）。但在同样的前提下，如果我们在地球上观看天上的云朵，我们绝不可能看到天空中呈现出与上一次相同的布局；然而我们看到，观测金星出现了与此截然相反的结果：一些生活在完全不同时代的观测者观察到了形状相同的金星外貌。抛开不同的眼睛产生同一种幻觉的可能，我们常常注意到，互相独立的天文学家的制图之间存在着高度的相似性。

因此，我们接受大部分被公认的细节，但我们还要思考，为什么时而是这些外貌特征显现，时而又轮到了那些外貌特征，并且我们还需要注意，这些外貌特

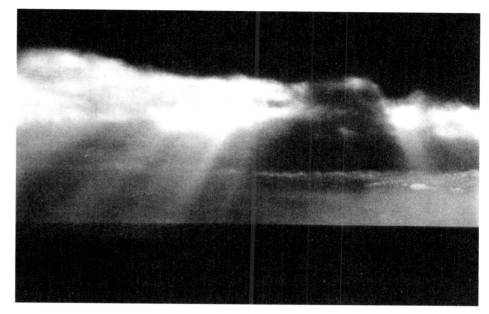

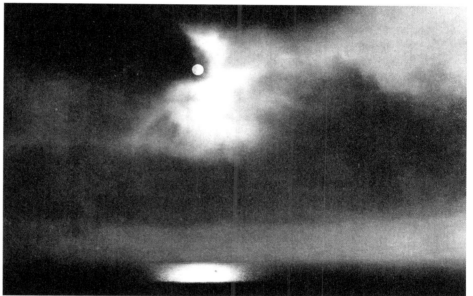

征与那些外貌特征严格遵循着某种时间间隔交替出现。

当然，如今望远镜所得图像的高质量以及望远镜带来的高可见度，使得在某些条件下被描绘成仅一大片灰色的区域，在另一些条件下就可能呈现为由多个部分组合而成的整体。我们在此仅描绘所见地形的大致线条。

除了极少的例外，一般云层似乎总是比地面明亮得多，因为云所处的介质是能够散射光线的大气。因此，如果我们认为蔓延于金星地表之上的也是这类物质，那么它们应该在金星表面显得更加明亮。而观测结果显示，金星的大气充满空隙，且透明度不均，我们透过这层大气观看到的金星表面更不清晰，但金星地表泛灰的色调与云层的白色形成了对比。另外，地球上的经验告诉我们，气象更替与地理布局及山岳形态之间一般存在着非常明确的关系，因此如果我们把这层关系在一定程度上搬到金星身上，也许就能构想出为什么金星这样或那样的外貌会在一个固定的时间点重复出现。然而，如此构想出的金星表面包含着某种结构和本质

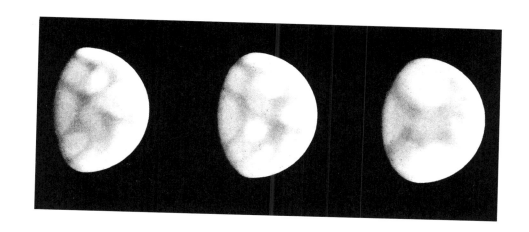

➤ 金星外貌发生了明显的变化。这些图像上特意夸张化的明暗对比更加凸显了连续性的变化——同样的灰色地形被延伸或移动的白色云雾抹去了局部。

的差异。在我们将该问题延伸出去以前，我们所援引的大气层这一原因能够使在金星自转方面的论战达成一定和解。

按照我们刚才所做的假设，金星所呈现的灰斑可能就是这颗行星自身的地表，也就是说，我们是透过不算浑浊的大气层看到了金星的地表部分，为了简化解释的过程，我们将称这层大气为"明亮部分"。现在我们做如下假设：金星上的大气形态呈现为固定在某一位置之上的明亮部分，并且会根据某些法则位移（就像地球上低气压的位移）；我们还能姑且认为的是，这样的位移并非一整块的位移，事实上，可能是某种特殊环境一点一点在向内蔓延。于是，由明亮部分凸显出的灰斑看起来就像是自己改变了位置，速度较快且移动方向多变。因此，我们才会产生错觉，认为这些位移是由金星的自转造成的，且对于金星自转速度和自转轴方向的结论也不一。

无论如何，我们都需要为在金星自转周期的估算问题上所出现的明显分歧找出一个解释：观测者之所以会算出不同的自转周期，是由于他们标记法的对象是不停变换的金星外貌。相反，慢速自转所对应的各种观测结果呈现出的更多是一致性。那么如何调和视静止与我们前面猜想的大气的巨幅移动呢？毋庸置疑，我们可以设想大气的平静期，但结果似乎还是老样子，因为我们在地球上也会看到由力学法则引起的景观。比如我们会发现，浸透了从山谷而来的气流的水蒸气会在山口处变得可见，因为气流在此处冷凝成了云团。由于气流在前进过程中连续的卷动及轮廓的改变，我们会看到云团在穿过山口时似乎在做平移运动；也会看到它将在远处消散，因为气流再次下降时，压缩的气体重新被加热。我们最后会看到在同一个点上出现周而复始的效果，而中间两侧的运动却不可见。

尽管我们在某个指定时刻所观察到的特殊环境是静止不动的，但这并不意味着金星大气运动的完全停滞。此外，当我们总是能多次在金星上看到同样的轮廓时，假设这是由慢速自转——我们优先认为金星做的是慢速自转——造成的，我们并不能断定这些每次看上去相同的地貌就没有经历过任何变化，这反而证实了我们前文所猜测的大范围的大气位移。事实上，部分不可见或全部不可见的区域以及地形轮廓的改变，总是与更明亮的区域联系在一起——这些亮区在间隔足够久的不同观测下就会出现消失、变形或者位移现象。

◄ 如果金星上的大气真如我们倾向于认为的那般混沌，那么这颗星球上的山峰可能永无开云见日之时，且所有景色都会在这层"面纱"中变得模糊不清。

▲ 当金星做慢速自转时，只能在金星地平线上方窄窄的一小块区域内看得到太阳——如果大气没有将其完全遮盖。这片狭窄区域沿着日夜分界线从金星的一极一直绕至另一极。

经过了以上这番长篇大论，我们试着做一个必要的总结。

金星结构和组成上的差异性产生了一些在外观上多少有些灰暗的地形轮廓，然而由于具有强散射作用的大气所形成的透明度不断改变的"面纱"，这些颜色对比会有所削弱，地形轮廓往往会被大量不透明的云雾所掩盖，或者只能在金星"放晴"时零星地观察到局部，以至于人们几乎无法根据某一次所见到的金星总体外貌一劳永逸地勾勒出金星地图，而是需要对不同区域进行连续的观测。

几乎充斥了整个大气层的云雾形成了阶梯状的层级，它们在明暗界线上的斜照情况导致这条分界线出现较为明显的参差不齐，并且不断产生变形。罗斯在叶凯士天文台拍摄的紫外线下的金星照片，强有力地证实了这层大气以及其中浑浊物质的存在，由此也揭示了金星大气内部存在着我们肉眼无法看见的不均匀之处，这一点与地球大气类似。若要使其显现，就需要借助只记录有这些放射线的感光板。金星多变的外貌被认为与金星上的某种团状物有关——类似地球上踞于一定厚度的浑浊物之上的卷云。

如此不佳的视线让我们无法对金星表面有精准的认识，正如我们在本章开篇所言，金星上是否存在与我们隐约看到的斑块所对应的或辽阔或狭窄的海洋和水域呢？如果存在，那么我们就可以解释金星大气的成因：强烈的日照导致水分连续且大量地蒸发，从而形成了厚厚的一层密云，但我们也已看到，在金星上是否有水这一问题上是多么难下定论。

最后，暂且不谈贫瘠与否，金星地貌是否也是高低不平的呢？对此我们倾向于持保留意见，就像对我们对水星地表的猜测所持的态度一样，也就是说，我们很难假设有任何行星的表面会完全保持不变。过去，人们曾一度相信金星上存在

▲ 在与上图同样的情况下，阳光无法抵达的区域是一大片亮度越来越弱的永恒的黄昏。如此一来，这些地区才能像白天那样明亮。

➤ 在慢速自转的前提下，金星一直受太阳照射的半球的连续外貌，由本书作者基于个人观测所绘。两侧的图像是当金星运行到东西大距时其可视部分的外观。左图为夜间观察到的金星，右图为黎明时观察到的金星。

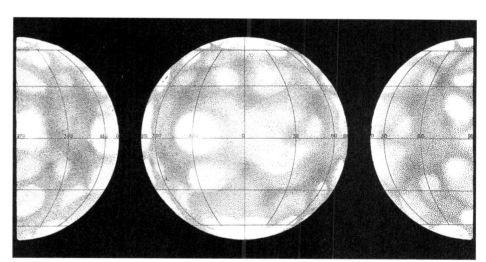

着几乎高达 50 千米的山脉[1]，但一方面，这种判断似乎带有夸张成分，另一方面，这样的表象更可能是不同云层的照度不同导致的。然而，在某些光照条件和一定的相位下，我们会定期观测到一些特殊情况出现在明暗界线的南端附近，这就意味着那里有高地的存在，这种推断可能性最高；但我们也可以推测厚实的大气在这片区域里不断叠加。

可能有人会觉得人类对金星还知之甚少，但是我们不应将其归咎于天文学的束手无策。我们认为有必要强调在金星研究方面人们遭遇的是何等的困难，幸而人类还没有使出观测手段的杀手锏。多亏了越来越多的可靠文件，我们得以不断丰富认知，且金星问题已被限定在几个假说范围之内。我们将为这些假说预测各种结果，试图在每种可能的条件下，想象一个置身于金星之上的观察者是怎样看他所在的这颗星球的。

◆ 现通过探测卫星，发现金星北半球的麦克斯韦山脉最高峰达 12 000 米，比珠穆朗玛峰还要高。

▲ 紫外线下金星的总体外貌——罗斯 摄

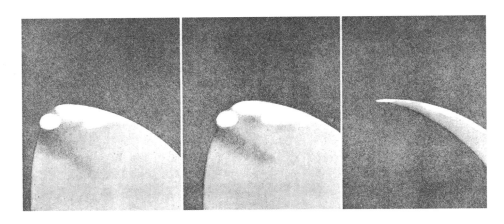

▲ 在不同相位下所观察到的金星南部地区的白斑和变形

金星世界的景观

根据结果反推所必需的前提，我们设想出了金星世界的各种样貌，但无论是哪种版本，其中有一个元素一直没变，即从金星上看到的太阳的大小；而这一确定信息是通过计算得来的，我们将率先对它进行论述。

尽管金星上的太阳看起来没有水星上的太阳大，但仍明显超出了在地球上看到的太阳尺寸。精确来说，从地球看太阳的张角为 32 角分，从金星看太阳的张角为 44 角分，由这些数值我们可以推断，金星接收到的光量和热量几乎是地球的两倍。我们可能无法忍受暴露在这样的辐射之下，因为通过理论计算，我们预测，接受充分日照的地表温度可能接近 100 摄氏度，但我们也要考虑大气所发挥的作用，虽然我们无法准确判断它的效果。通过不同方面的测算，对金星温度的保守估计是大约超过 60 摄氏度。总之，金星环境一定温度过高，然而我们很难推断高温给金星带来的后果，因为我们还要考虑金星表面接受太阳照射的情况，这首先就需要依据金星

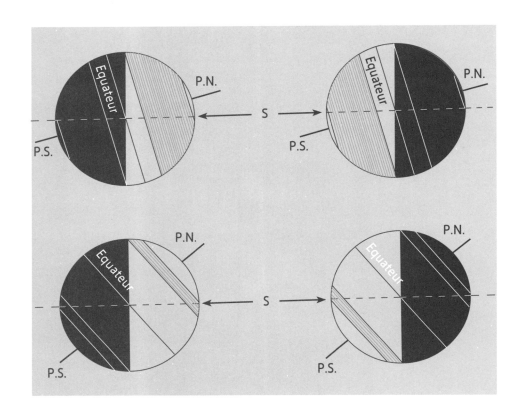

▲ P.S：南极；Equateur：赤道；P.N：北极；S：太阳
金星上的季节和地带可能是由非常倾斜的自转轴所决定的。影线代表的区域既是极地气候，又是热带气候。

的自转情况，所以我们不得不设想不同自转周期会造成的结果，下文仅限于探讨其中的两种典型情况。

第一种情况是，与地球自转情况相同，从而导致每天昼夜交替，晚上明显的降温接替了白天难耐的酷热。这只是完全理论性的推测，因为我们忽视了气象状态会产生的影响——大气的性质不同，可能会出现完全不同的气象状况。为了方便读者理解，我们举一个地球上的例子：在赤道附近的某些热带地区，由于地理

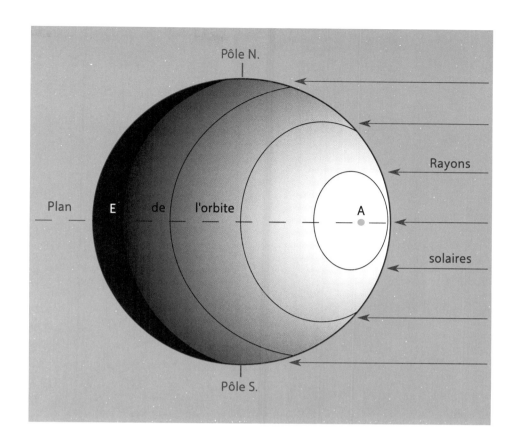

环境和气候条件的原因，日夜温差极小；在其他地区，比如撒哈拉，湿度可以忽略不计，酷热的白昼之后是地表温度降至零下的夜晚。由此可见，在更靠近太阳的金星上，对它整体的气候——主要是热带气候——的推断，人们对其浓密大气的不同预测——对布满了水蒸气还是完全没有水这一对温度调节起巨大作用的元素的预测——会产生截然不同的结果。

总之，金星大气被认为是能够削弱辐射强度的保护层，这一条件对于慢速自转——正如我们前面看到的，慢速自转似乎是最可靠的猜测——这一情况非常重要：金星的一半是永恒的白天，这一半的气候保持不变；另一半是无尽的黑夜，其低温常态只有在大气交换时才会改变。由于这两面截然相反的气象情况，金星如水星一样处于极度失衡的状态。两个半球中间狭窄的过渡区域才能享有温和的气候条件，在这个区域永远能看到太阳出现在地平线附近。

在我们的星球上，各个地带——热带、温带、寒带——之间的界线是由决定四季更替的地轴的倾斜角度决定的。

如果金星做的是快速自转，它的自转轴可能非常倾斜——75 度或 50 度，从而导致极为复杂的气候分布；因为正如我们在示意图中所见，金星的极地区域一直延伸到了赤道附近，在赤道两边的热带地区一直延伸至极地附近，于是出现了区域重叠的现象，在这两条纬线之间的一大片地带既是极地环境又是热带环境，导致了极不规律的日夜时长。总之，这些极冷极热之间的交替速度要比地球上的快得多，金星经历一次完整的季节周期只需要 225 天。

如果金星自转轴几乎垂直于轨道平面——所有迹象都倾向于金星的轴倾角

➤ 在金星大气浓密且折射性强的情况下看
到的太阳

为 90 度，同时金星又做慢速自转，那么情况又会大有不同：金星面向太阳的永远只有那一面。金星的轨道接近圆形，可以忽略不计天平动，因此无论从金星的哪个地方看去，太阳都在天空的同一个位置上，对赤道上正对太阳的点来说，这个位置即天顶，太阳光线会垂直地射向此处的地面。这一区域理论上来说是金星上最炎热的地带，从它四周的同心区直至日夜分界线，温度会逐渐降低，因此这一范围内的赤道所受的阳光辐射与两极以及其他位于这条子午线上的点完全一样。因此，我们不能再使用狭义上的季节概念。唯一被我们称之为温带的区域是那圈狭窄的过渡地带，这片区域倾斜地接受太阳光照，永远能看到太阳在地平线上；这一区域的边缘——接近永夜半球的地方，是一片永恒的黄昏，因为此处太阳藏在了地平线后面。

然而，以上这些只是根据宇宙规律所做的推论，现在我们还应考虑可能给金星带来深刻变化的大气条件。如果金星大气真如我们认为的那样浓密而浑浊，如果这样一层厚而连续的云雾天花板覆盖了金星表面，那么太阳就会完全被它遮挡，我们在地球上就有足够这样的经验！如果这层大气外罩如某些人认为的那样特别稀薄，也并非全不透光，那么在折射作用下，金星上看到的太阳会呈扁圆状。我们并不确切知道金星大气的折射率，相较于地球大气层也许更大，也许不及。若是前一种情况，太阳圆盘看上去可能会像一块扁圆的厚透镜；如果是第二种情况，太阳轮廓只会略微显得椭圆。由于高温的大气、大量的幻影、异常的折射等这些金星上必然存在的条件，太阳的样貌往往会和在地球上观察到的一样奇怪。

在推断金星表面可能的景观特点时，我们还要援引大气的影响。不论金星地形是否起伏，随着距离拉远，景色就会逐渐淹没在云雾中，这一点和地球一样。我们还是很难精确定义大气在其中造成了多大的影响，只能不断提出各种假设。根据某些假说，在金星上，视线会被稠密的发光云雾严重干扰；另一类说法认为，只有远景才会看起来烟雾弥漫。此外还要加入另一影响因素：天空的总体状态。因为天上

第五章 金星

▲ 当金星大气不那么浑浊时，远处在阳光强烈的散射下看起来应该烟雾弥漫。地球上也有类似的情况，但效果没有在金星上这样夸张。

▲ 人们想象的金星天空的样貌。金星的天空几乎一直被一层浓厚的云雾所掩盖。

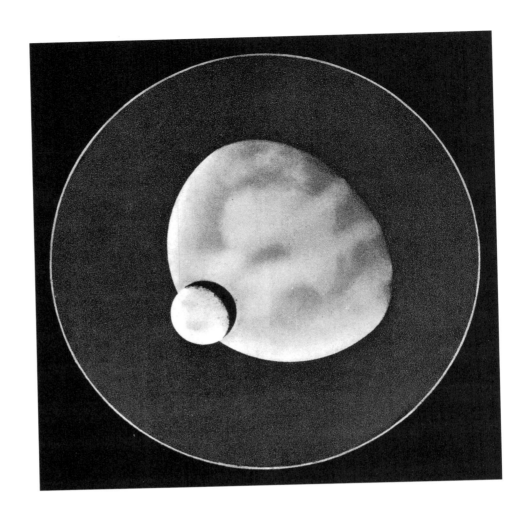

➤ 在金星上通过望远镜所看到的月亮经过地球的景观

的密云会极大削弱光线的亮度。如果这块天花板位置非常低，那么金星就是一片地球上白天下暴风雨的样子。

总之，金星上的视野范围非常有限，例如山脉、高原的景色看上去可能总是会少掉一块被云雾吞没的山巅，因而少了些地球上崇山峻岭的壮丽和雄伟。

有关金星世界展现在人类眼中的样子，我们面前又一次出现了各种版本，但就目前而言，我们不可能偏向其中的某个版本，我们应该提供的是在可能的条件下金星所呈现的各种面貌。

如果大气总是一片浑浊，或者充斥着绵延不绝的密云，那么在金星上就极难欣赏到天空的美景。不论金星有没有与地球相似的日夜交替，又或者金星的一半都是永恒的黑夜这种可能性更大的推测是否成立，由于金星没有像水星夜幕中的那么多明亮的星星，因此它的黑暗程度要比水星更加彻底。透过金星大气这层"面纱"只能看见主要的几颗星，而我们的地球也许会在金星的夜空中熠熠生辉。

不管我们的星球在金星上空是什么样貌，都与其他行星在地球上空的样貌一样；可见的条件和时期都相同。由于金星与地球运动的组合，地球相对于太阳来说在移动，地球经过太阳背面时消失在阳光中，然后从另一边又出现在夜空中。地球回到同样的相位需要 584 天。当金星和地球相距最近时，地球正对着太阳，其被照亮的一面正对金星，也就是说在金星上用裸眼就能看到地球的完美圆面，且尺寸相当可观。地球旁边的月亮呈现出相同的样貌，不过尺寸自然小得多。当地球运行到与太阳成直角的位置时——无论是在哪一侧，地球显露出类似月亮在上弦月后几天或下弦月前几天的相位。我们的卫星月球看上去和地球亮度一样，当月球转到地球前方时，会出现本页上方绘制的奇异景观。

无论金星的天空有无遮挡，地球都是这颗星球夜间最重要的光源，因为金星并没有卫星，但很久以来人们都以为金星也有自己的"月亮"。事实上，在 1645 年，冯特纳就宣称发现了金星的卫星，卡西尼于 1672 年也看到了这一幕，而后在 1740 年、1759 年、1761 年和 1769 年也相继有人观测到了金星的卫星。人们普遍认为该卫星的直径是金星直径的 1/4，这一比例等同于月地之间的尺寸比；有

▲ 金星夜间能看到的最亮的天体就是地球。

▲ 相反，现代数据倾向于认为金星是一个彻底荒芜的世界。

人甚至计算出了相当倾斜的卫星轨道。这些观测结果看起来十分精确，但自那以后，类似的天象就再无人见过。对此应该如何解释呢？按说我们不太能只将其解释为错视，或者解释为金星与一些尚无从得知的小行星之间暂时的合现象，就像我们在水星一章中了解到的那样。

无论如何，是地球驱散了金星夜晚的黑暗。在金星慢速自转的情况下，正是地球让金星永夜的半球周期性地接收到点光亮。至于金星天空中的其他天体，看起来就和在地球上看到的一样，但是明亮程度弱了不少。

最后，对于金星是否宜居这一问题，我们该如何看待？在这个话题上，人们众说纷纭，几乎无法形成一致观点。

在最初的研究过程中，似乎一切都表明金星和地球一样也能孕育生命，尤其是它的热带地区。在早期的假设中，尽管金星上的生命必须忍受更加强烈的季节更迭，但有人将金星比成了某种意义上的温室——在可怕的连续降雨中，长有某种非凡的植物。持有这种观点的人甚至猜想金星上植被茂盛，类似地球上的石炭纪；因为根据某些宇宙起源论，人们通过合理类比，希望看到的是一颗比地球更加年轻，又经历了相同阶段的行星。

另一方面，如果金星地表真如人们预测的那样降水丰富，那么就会有水流。

▼ 很长时间以来人们想象的金星世界让人联想到了地球上的石炭纪。

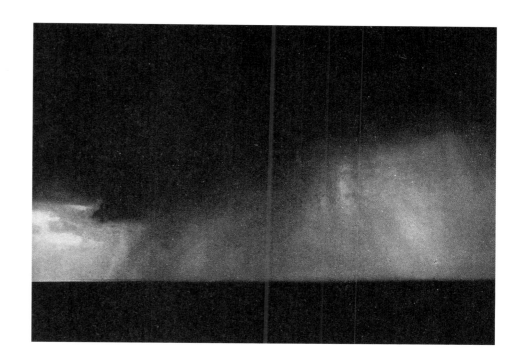

➤ 对金星世界的最初认知让人一度认为弥漫着水汽的金星大气内部会产生可怕的冷凝现象。

我们已经强调了水流在塑造和改变地球岩相方面强大的力学和化学作用，我们应该承认，这些能导致形变的因素在金星上可能会表现得更加活跃，因此我们可以在这颗相邻的星球上看到被壮观的水流冲刷侵蚀后得到的惊人景致，但这还需要一个前提，就是金星上的元素和地球上的相同……况且有关金星地貌的数据还太过匮乏，以至于我们最多只能泛泛而谈。

现代探测提供的结果认为，金星上不存在水，干燥的大气含有很少的氧气或不含氧气，但含有许多碳酸。这完全推翻了前面的假设，因为这些完全不是能诞生我们所认知的生命形式的条件。与上面所有夸张渲染金星风景如画的猜想相反，我们应该这样描绘金星的地貌：环境恶劣的多岩石荒漠，高低不平，起伏多变，保留了一派原始的景象。我们还要避免采取什么都不肯定的姿态，不过大家已经看到了，要表明立场是多么困难的事。然而，如果我们参照看起来最可信的数据，那么至少可以认为，具有如此特殊的气候和地理环境的金星世界和我们的地球大相径庭。

第六章　火星

如果有哪位游客从太阳出发，那么距日 149 000 000 千米 [1] 的地球会是他在旅途中遇到的第三颗行星；若要探索除地球之外的宜居星球，我们此刻就该在火星上登陆；从地球出发继续星际旅程，下一站将会抵达火星。

这颗行星的名字家喻户晓，再没

有哪颗行星能像火星这样被人们津津乐道，这要多亏大名鼎鼎的火星"运河"传说，或者那些关于火星人向我们发来"信号"的作品……

火星会周期性地出现在我们上空，这颗华丽的星球喷射出的橙色火焰必然会引人侧目。古人相信在这片惹人注目的火红色中看到了血光，于是战神的名字就这样被赋予在了火星身上。

尽管火星没有金星离我们那么近，但奇怪的是，火星研究更为容易，因为当它距离地球最近时，正面被照亮，因而可以在最佳条件下供我们观测。

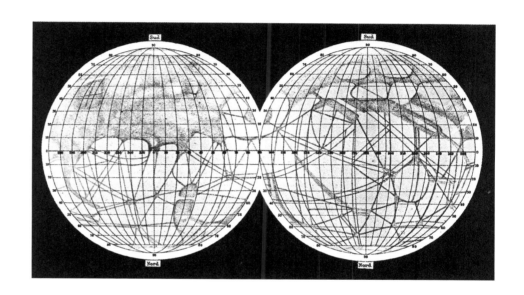

▶ 如火星平面球形图所示，在 1882—1888 年火星冲日期间，斯基亚帕雷利观测到火星上成对出现的暗线（有人认为它们就是火星上的运河）。

Sud：南

Nord：北

火星的轨道及其运动

火星运行轨道的偏心率导致它与太阳的距离远近不一。事实上，火日之间的平均距离为 227 700 000 千米，在近日点时火星距离太阳 206 000 000 千米，在远日点时又退至离太阳 248 000 000 千米 [2]。

因此，火星轨道完全不与地球轨道同心。正如图例所示，在某一点上，火星与地球的距离可以减小至 56 000 000 千米，而在相对的另一点上二者之间的距离增至 99 000 000 千米。当火星与地球与太阳处于同一条线上时，火星冲日，但每次冲日的火星与地球的距离都不同。这些差异会对观测的难易程度产生明显的影响。

火星公转一周需要 686 天 23 小时，由于火星的公转速度比地球慢，所以平均每 780 天这两颗星球会运行到同时与太阳处于同一条线的位置上，就像钟表的两根指针会周期性地重合；但同钟面一样，这些会合位置连续分布在轨道上。事实上，780 天的周期等同于地球公转两周再加上 50 天，在这些超出的天数里，地球会超出火星一大截。见图示，地球在 T 位置而火星在 M 位置时，两颗行星

◀▶ 现测定为 149 597 870 千米。

◀▶ 现测定火星的平均距日距离为 227 900 000 千米，近日点的距日距离为 207 000 000 千米，远日点的距日距离为 249 000 000 千米。

154 － 155

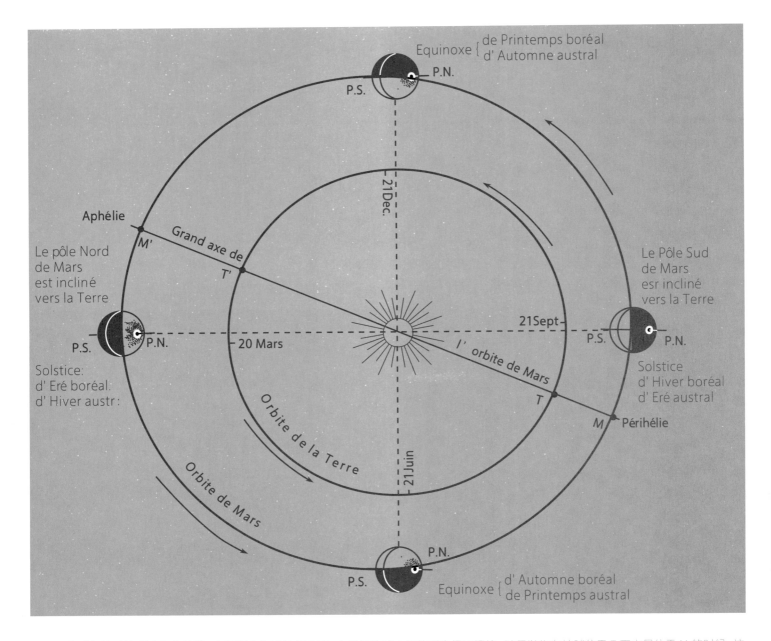

Equinoxe { de Printemps boréal d' Automne austral

P.N.

P.S.

21Dec.

Aphélie

M'

Grand axe de

T'

Le pôle Nord de Mars est incliné vers la Terre

P.S. P.N.

— 20 Mars

Solstice: d' Eré boréal: d' Hiver austr:

Orbite de la Terre

Orbite de Mars

21Juin

l' orbite de Mars

21Sept

P.S. P.N.

Le Pôle Sud de Mars esr incliné vers la Terre

Solstice: d' Hiver boréal d' Eré austral

T

M Périhélie

P.N.

P.S.

Equinoxe { d' Automne boréal de Printemps austral

▲ 火星轨道与地球轨道之间的关系。由于双方轨道的偏心率，火星与地球之间的距离极不规律。冲日发生在地球位于 T 而火星位于 M 的时候，这时火星与地球的距离最近（火星大冲发生在 8 月）；相反，当冲日发生在位置 T' M' 的时候，火星离我们要远得多。位置 T 和位置 M 是两颗行星距离最远的时候。图中还标出了火星自转轴倾斜于轨道平面，由此导致了火星的四季更替。

Equinoxe de Printemps boréal：北半球春分；Equinoxe d' Automne austral：南半球秋分；Equinoxe d' Automne boréal：北半球秋分；Equinoxe de Printemps austral：南半球春分；Solstice d' Hiver boréal：北半球夏至；Solstice d' Eré austral：南半球冬至；Solstice d' Eré boréal：北半球冬至；Solstice d' Hiver austral：南半球夏至；Aphé lie：远日点；Perihé lie：近日点；Le pôle Nord de Mars est incliné vers la Terre：火星的北极倾斜向地球；Le Pôle Sud de Mars esr incliné vers la Terre：火星的南极倾斜向地球；Grand axe de l' orbite de Mars：火星轨道长轴；Orbite de la Terre：地球轨道；Orbite de Mars：火星轨道；20 Mars：3 月 20；21 Juin：6 月 21 日；21 Sept：9 月 21 日；21 Dec.：12 月 21 日

之间的距离最小，下一次火星冲日的位置会发生改变（朝箭头的方向），挪动的距离就是地球在 50 天内运行的距离，大约等同于地球轨道圆周 1/7 的角度；但由于轨道偏心率，每次火星和地球的间距都会大于前一次，直到它们运行至 T' M'，此时火星再次冲日，从这一点开始，火星与地球之间的距离逐渐缩减直到最小。这一完整的冲日周期为 15 年，在此期间共发生 7 次火星冲日，我们将着重考察这些观测结果，分析火星在不同会合周期之间的差异。

sur Mars：在火星上；sur la Terre：在地球上

在火星和地球上的重力作用：某个自由落体一秒钟内在两个星球上分别经过的距离。

地球与火星的大小比较

由于火星上的重力强度较小，地球人用他的肌肉力量便可以在火星上轻而易举地越过障碍物。

现测定火星半径为 3397 千米（约 0.53 个地球半径），即直径 6794 千米，密度 3.943 克 / 立方厘米。

火星的尺寸和要素

与地球相比，火星的尺寸微不足道，因为它的直径几乎是地球的一半：6800 千米，而我们的星球则长达 12 756 千米<1>。根据这一对比可知，地球的面积是火星的 3.6 倍，体积大约是火星的 7 倍。另外，构成火星的物质的平均密度只有 3.8（地球密度是 5.32），又已知火星的体积，有人计算发现，火星表面的重力强度比地球小得多。例如，地球上重达 1 千克的物品在火星上的重量下降至 370 克。因此，一个肌肉发达的地球人能够在火星上举起 3 倍重的负荷，又由于他的体重在火星上更轻，他能在火星上像表演杂技一般跑跳。还需注意的是，火星上的自由落体在降落的第一秒钟内只能通过 1.87 米，但在地球上一秒钟内能下落 4.90 米。

火星的尺寸以及由此产生的诸多结果与地球相差如此之大，但它的自转运动和地球非常相像。此处，我们不再需要面对金星研究那样令人失望的不确定性。

人们从早期的观测中发现了火星表面各种各样轮廓十分清晰的斑点，这也立即证实了卡西尼所估算的火星自转周期（24 小时 40 分钟）。随着观测活动的不断增加，人们极为精确地计算出 24 小时 37 分钟 22 秒 64 毫秒这一火星自转周期，目前这一数值终于得到了公认。因此，火星上的白天和黑夜只比地球上的多了几分钟而已。同样，火星季节的更迭也与地球相似。因为火星的轴倾角为 25 度 10 角分，只比地球多倾斜了一点 [1]，因此在火星与地球相同的纬度上，夏季白天长夜晚短，冬季白天短夜晚长，但火星上四季持续的时间更长。火星上的一年是地球上的两倍之久，所以火星上的四季也相应增加了 1 倍时长。要注意的是，由于火星轨道的偏心率，各个季节的持续时间不同。拿北半球来说，春夏秋冬分别为 191、181、149 和 147 个火星日；另一个半球对应的四季时长为春季 149 天，夏季 147 天，秋季 191 天，冬季 181 天。

有了这些数据，我们现在才能明确火星在望远镜中的样貌。

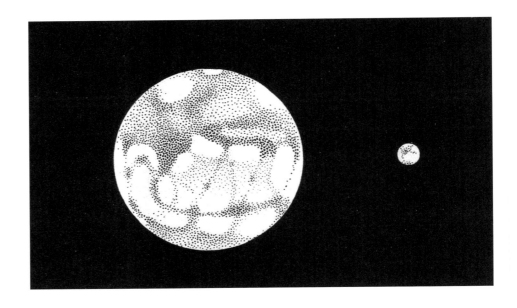

▲ 由于火星与地球之间的距离不等，火星的视直径大小也不一。

我们如何观测火星

为了论述完整，此处我们还要对火星在轨道上的运动情况做进一步解释。火星运动与地球运动的组合使得我们可以周期性地观测到火星。

我们在第二章中阐述了人类是如何从地面天文台观测到了各种行星。由于行星在太空中连续占据的不同位置，我们每一次观测到的结果都与之前有所不同。鉴于火星距离太阳比地球更远，它不可能像水星和金星那样出现介于地球和太阳之间的情况，所以火星不会呈现出类似水星或金星那样的一系列相位。如同其他所有距离太阳更远的行星，火星被照亮的半球总是朝向地球。当火星冲日且和地球之间的距离最近时，就是我们观测火星的最佳时机。

如果火星和地球的轨道呈圆形且同心，那么每次火星冲日都在同样的条件下产生，且两颗行星之间的距离每次都相同；然而，我们已知实际情况与此截然不同，火星轨道的偏心率使得冲日的火星与地球之间的距离每次都大相径庭。这些差量非常明显，我们有必要明确它们的数值，因为这对天文观测的难易程度能造成显著影响，尤其当我们所用仪器的光学性能欠佳时。

当火星运行到太阳背面发生上合时，火星正好在远日点附近，此时它与地球的距离最远；如果冲日的火星正好在近日点附近，那么此时它与地球的距离最近。这两种情况下的火地距离相差极大，由于这些不同的距离，我们所看到的火星视大小也不一，相差最大时就如上方的插图所示。火星最大视直径为 25 角秒，此时的观测效果最佳，只需放大 75 倍，天文观测仪视域中的火星理论上就能和我们用裸眼看到的月面大小相当，因此我们能在某些时刻卓有成效地进行火星观测，尤其当大气条件允许我们使用高放大倍数的大型天文望远镜时，但根据上文所示的火星和地球运动的组合，最有利的观测条件每 15 年才出现一次。

现在我们来研究一下冲日周期内火星连续 7 次的冲日情况。当然像这类的数

◆ 现测定火星自转轴倾角为 25.19 度，地球自转轴倾角为 23.45 度。

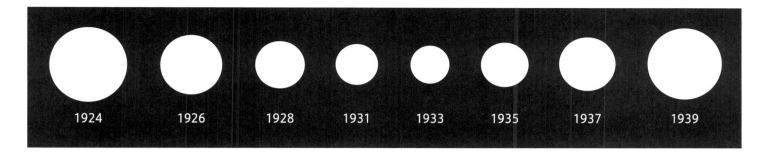

1924　1926　1928　1931　1933　1935　1937　1939

▲ 每次火星冲日都发生在轨道的不同位置上，每次火星的视直径也随之变化

据都是平均值，但对综述来说已经足够了。因为每次冲日都发生在轨道的同一点附近，所以大冲可以是冲日的火星恰好在近日点上，也可以是在近日点附近，即比冲日当天提早或推迟几天。我们例举目前正在进行中的冲日周期：最近一次最佳冲日发生在 1924 年，这一次的"最佳"称号名副其实——火星逼近地球的距离几乎达到了最短，视直径达 25.1 角秒 <•>；接下来的冲日发生在 1926 年，火星离地球稍远，视直径为 24.4 角秒；第三次是在 1928 年，视直径只有 16 角秒；第四次在 1931 年，冲日的火星在远日点附近，视直径降到了 14.4 角秒，到了 1933 年视直径还要更小，只有 13.9 角秒。继这两次最不利于观测的火星冲日后，接下来冲日的火星又开始靠近地球：1935 年，冲日火星的视直径达 15 角秒；1937 年，

视直径增至 18.4 角秒；该周期的最后一次火星冲日发生在 1939 年，我们将再次看到又大又亮的火星，这也标志着新一轮冲日周期的开始。

以上的每次会合周期里，我们都会看到从正面被照亮的火星相对于太阳所处的各种角位。由于这种相对靠近的距离，我们在某些时候能看到火星没有被照亮的部分。火星不像月球、水星和金星那样会呈现出一组完整的相位，火星相位略不同于完整的圆面，最大相位发生在东西方照之时——分别在冲日前后，火星在天空中的位置与太阳成直角；此时未被照亮部分的宽度占了火星视直径的 1/7，我们看到的火星类似满月前后几天的月相。因此，我们就能够观察到火星上的斜照界限，这对揭示火星表面的凹凸状况以及大气现象极有价值。

我们所见到的每次冲日的火星大小不一，除此之外，由于火星的自转轴倾角，这个球体呈现在我们眼前的方位也不同，这是我们在详细研究火星表面及其特性时不容忽视的因素。

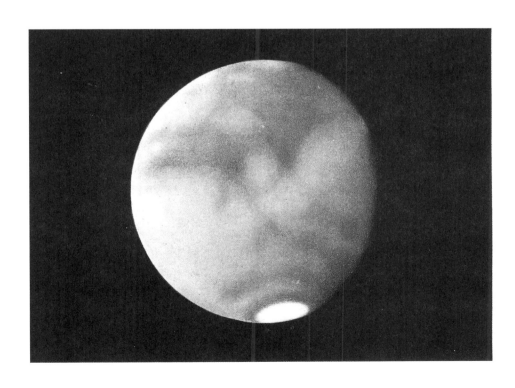

▲ 陷入组织万面后入侵信星

◆ 火星冲日是指太阳、地球、火星依次几乎排列成一线的时候，而这里的"最佳冲日"是指火星大冲，火星此时位于其近日点上或附近，地球位于其远日点或附近，此时火星最接近地球且亮度最大。冲日和大冲之间的主要区别在于大冲之时，行星距离地球更近，更易被观测。最近一次的火星冲日发生在 2018 年 7 月 27 日，下一次火星冲日预计出现在 2020 年 10 月。

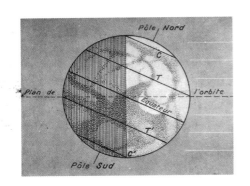

▲ 火星球体与轨道平面的倾角以及火星的
气候带。C 是北极圈，C' 是南极圈，T 和 T'
是回归线。图中的火星北半球正处于夏至日。
Pôle Nord: 北极; Plan de l'orbite: 轨道平面;
Équateur: 赤道; Pôle Sud: 南极

➤ 当冲日的火星在近日点时，正对我们的
是倾斜的火星球体的南半球（上）；当冲
日的火星在远日点时，正对我们的是北半
球（下）。对比火星在这两个位置上的视
直径。

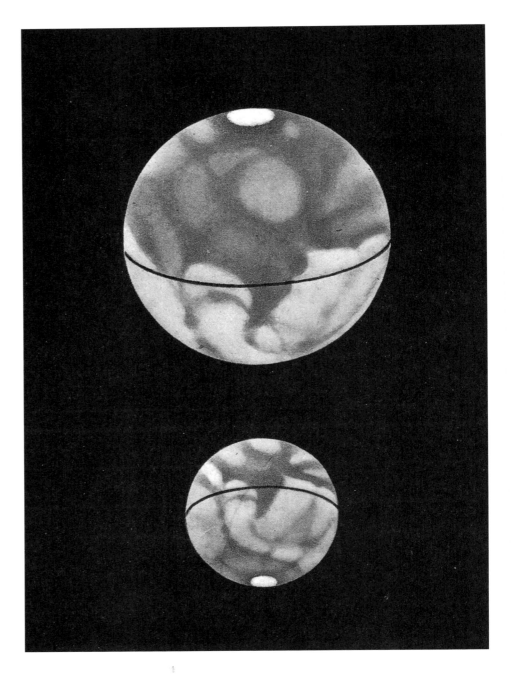

　　读者可以再次参照图示，图上除了标有轨道间的距离关系，还标注了有关火星季节更替的要素。我们看到二至点间连线靠近火星轨道长轴，因此根据火星的轴倾角，当火星在近日点冲日时，朝向地球的是火星的南极。在这种情况下，火星的整个南半球尽收眼底，北半球则完全没办法看见，只能看到火星圆面底部北半球的一部分。趁此机会我们顺便说明，图像在天文望远镜的视野中是颠倒的。对一个身处北半球的观测者来说，所观行星的北面会出现在底部，南面则出现在顶部，此处附上的图片就是这样来呈现行星样貌的；相反，如果冲日发生在轨道的另一侧，也就是火星在远日点附近，我们反而会看到火星北极正处于夏至日，北半球为夏季，不可见的则是南半球的大部分区域。在大冲和小冲之间的火星冲日，也就是上述两个位置的两侧期间，我们会看到，火星处于春秋分日，南北半球经历着不同的季节。这样一来便很容易解释火星在不同会合周期里呈现在我们眼前的不同样貌。

　　多亏了这些不同的观测条件，我们才能够掌握火星上的季节规律，并发现由此带来的显著影响，我们将于下文对此展开论述。最后，综合火星与地球之间的距离以及火星倾斜的角度，我们发现在细节的可见度方面，火星南半球要比北半球更便于研究。

火星的外貌

我们已经明确了在什么样的条件下火星能相对离我们最近地供我们观测，现在我们要将关注点放在火星的特殊外观上。比起其他行星，也许火星能更好地见证人类对地球邻星们的认知是如何一步步得到完善的。在火星可视细节的测定方面，早先的基本概念很快就被更为可靠的数据所代替。在众多天文观测者的狂热之下，火星细节以惊人的方式不断变得更加精确，天文学家借助越来越强大的工具，致力于探索这颗长久以来一直被看成地球翻版的星球。

我们有必要对火星观测活动的发展做一番回顾，这段发展史同时也是以观测事实修正先入之见的过程。

首先我们注意到，尽管火星地貌及其特殊环境还有待我们深入，但我们至少不会像观测金星那样只能得到令人失望的结果。

总体来说，在火星所呈现出的黄色或橙色表面——用裸眼看去火星颜色相当有特点——有一些暗绿色的斑块，有的甚至颜色极深、对比清晰；这些斑块的可见度根据观测所用工具的性能而定。斑块在布局上最后组成了一个连续整体，至少我们总是可以识别出其主要的轮廓。我们同样可以在相当早的火星图上辨认出这些最主要的细节，但较之其他更为现代的火星图像仍有明显差距，其中的不同之处似乎主要缘自观测者个人的判断以及他对自己视觉印象的图解，因为我们不要忘了，虽然火星表面的细节相对清晰，但当火星在远日点冲日时，我们看到的火星尺寸相当有限甚至微

不足道。要知道，天文望远镜所得的小尺寸图像会受到地球大气中的浑浊物质极大的影响。

只要是对天文观测稍有了解的人，就会在各种看似毫不一致的图像对比中找到线索。从中我们会发现，观测火星的难点至少不是观测金星时遇到的物理障碍——从不那么明显的表象中识别出某样东西。总之，如果我们仅满足于平均值，暂时忽略我们刚刚一再提到的偶然出现的分歧，那么从最早的观测开始不断积累的无数材料都对我们对火星的认知有极为重要的数据参考价值。

人们是如何越来越有效地观测火星的呢？我们有必要对此做一番回顾，以更好理解自上世纪末以来不断推陈出新的火星假说。

除非是在近日点冲日的情况下，否则只靠一台性能较弱的光学仪器，火星是很难被观测到的。就连伽利略的望远镜，除了能观测到一个小球形状的图像，也再不能提供更多的细节了，但这个图像所呈现的相位与哥白尼的日心说相符。之后冯特纳于1636年画出了最早的火星图，他笔下的火星中间装饰有一颗黑色"药丸"；第二幅火星图可追溯至1638年，冯特纳所画的火星相位清晰得有些夸张，

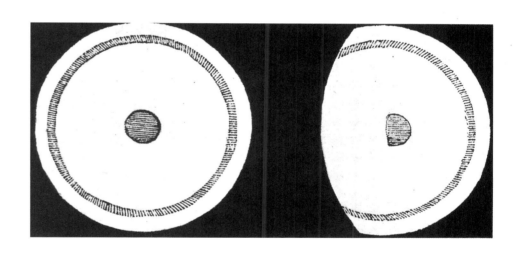

▲ 冯特纳借助望远镜绘制出了最早的火星图（1636—1638）

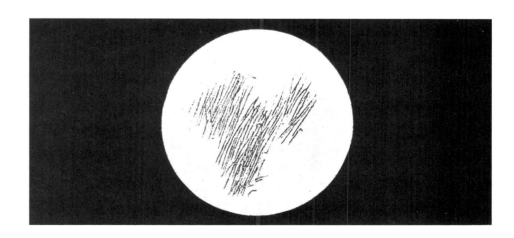

▲ 1659年11月28日惠更斯所绘的火星草图

在中心位置仍然出现了同样的斑块，但我们很难将此图像视为火星真实的样貌，因为我们注意到，圆盘中间那个完美的圆形在第二张图中随着火星相位的改变也相应变成了卵形。同样出自冯特纳之手的还有金星的外观图，也许他会画出这样的图像只是因为他使用的透镜还不够完善。我们之所以给出这些早期人类通过天文望远镜观测到的结果，皆是出于对历史的好奇之心。

紧随冯特纳的后继者们也没有带给我们有价值的信息。

后来，随着光学的迅速完善，惠更斯和 D. 卡西尼分别于 1659 年和 1666 年获得了一些具有启发性的观测结果。在他们还相当初级的火星图上出现了一些真正的斑块，尽管这些草图如此粗糙，人们还是能够从中辨认出主要的线条，尤其是在惠更斯的火星图上可以清楚地看到斑块由于火星自转产生了位移，据此惠更斯估算出了火星时长 24 小时的自转周期，也就是与地球自转相同的时长；后来卡西尼进一步证实了火星的自转周期大约为 24 小时 40 分钟，这一数字已经非常接近现代观测得出的精确数值：24 小时 37 分钟 23 秒。

卡西尼还是发现火星南北极白斑的第一人，我们将在后文对此展开论述，因为这些现在被称为极冠的地区呈现的，正是火星上可被明显识别的最重要的地貌之一。

从这一时期开始，火星观测取得的进展越来越显著，越来越多的天文学家投身到了火星研究中去，我们在此展示的各种图例直接反映了这种前进步伐。我们无法在此一一详述所

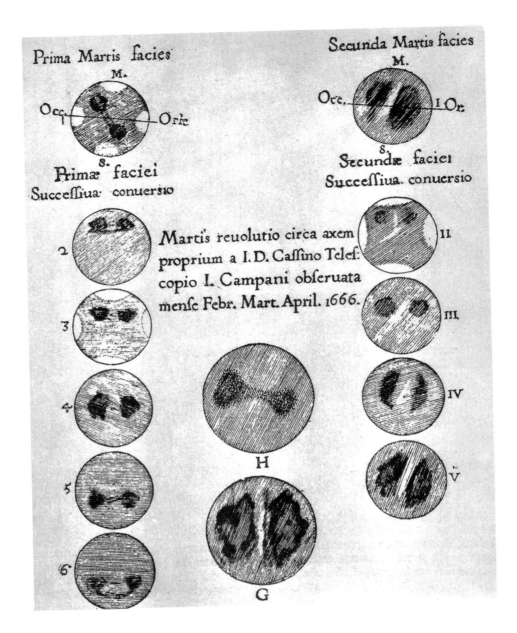

▲ 1666 年卡西尼绘制的火星外观图

有的研究工作，但我们要例举其中威廉·赫歇尔的发现——他除了观测火星地貌，还尤其关注火星的极冠及其变化，并以此确定了火星的自转轴倾角。我们还要例举施罗特的成果——他细致描绘的火星图已经让我们对火星外貌的主要特点有了了解。还应注意的是，在施罗特的观测结果中，有些细节后来被斯基亚帕雷利大量标注并冠以运河的名称，这些形状狭长的显著细节被赋予了神秘色彩。

可见，从 19 世纪初开始的观测结果已经让我们了解到了这颗行星总体样貌的轮廓。当时的观测工具各式各样，有望远镜，也有天文望远镜，各种仪器的性能千差万别，但质量尤其是光学部件质量的完善使得图像的清晰度越来越令人满意，火星细节研究也取得了巨大进步。由于火星上的大块斑纹呈深色，即便是最小的观测工具也能辨识出来，但还不足以精确揭示它们的形状和轮廓，尤其在颜色变化方面——我们将看到这对火星研究的意义重大——这些普通工具束手无策。

比尔和梅德勒于 1820 年至 1839 年间完成的杰出工作证明了，即使通过简易

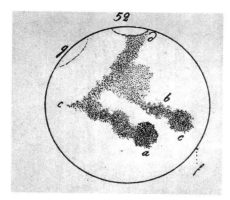

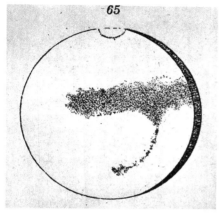

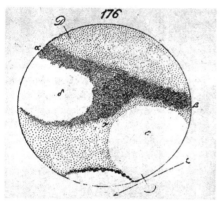

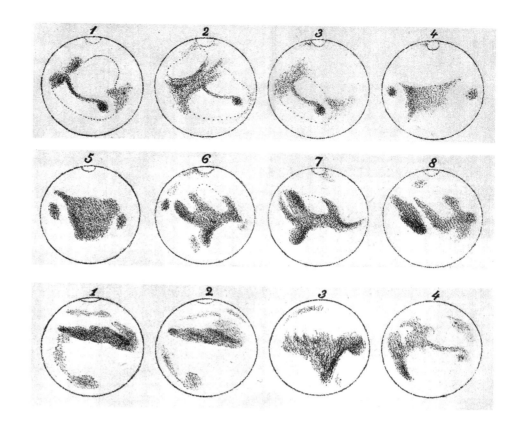

设备也能有效观测火星，但前提是这些观测工具性能出色。比尔和梅德勒使用的望远镜的物镜为 108 毫米，在当时已臻于完美，他们由此证实并补充了前人的研究成果，可以说二人对火星的研究已经相当完整。我们想要强调的是，比尔和梅德勒是最早尝试制作火星地图的天文学家，我们此处附上的地图虽然只能让人辨认出火星地理分布的主要轮廓，但二人的火星地图曾一度被奉为经典。他们还选择了位于火星赤道附近的一小块非常明显的暗斑作为经线的起点；这条本初子午线后来被一直沿用了下去，而与之有关的地貌被命名为子午线湾，之后斯基亚帕雷利赋予它 "Sinus meridiani" 这一拉丁文专业术语名称，但我们注意到，比尔和梅德勒的经度递增方向与后来人们绘制火星地图采用的方向相反。

继比尔和梅德勒之后，人们对火星的描绘越来越精确，其中神父塞齐（1858年）、洛克耶（1862 年）和道斯（1864 年）的观测所提供的信息之准确，即使拿到现在审视也无可指摘。尤其是在道斯的火星图中也出现了几条施罗特一早就发现的著名运河。

我们在此只能概述前人所做的研究。多亏了他们的工作，我们对火星的认知才如此丰富，以至于为了方便描述和指称，我们有必要建立一套专业术语以仔细研究各种细节在地图上的分布。火星上类似海洋（深色斑块）和大陆（浅色、黄色或橙色斑块）的地貌自然就被唤作海洋和大陆。1867 年，普罗克特根据当时已知的所有信息，公开了第一版此类型的火星地图：海洋、大洋、陆地或岛屿都以著名天文学家的名字命名。

只需将这张地图与通过现代观测绘制的地图进行对比，就能发现人类在火星

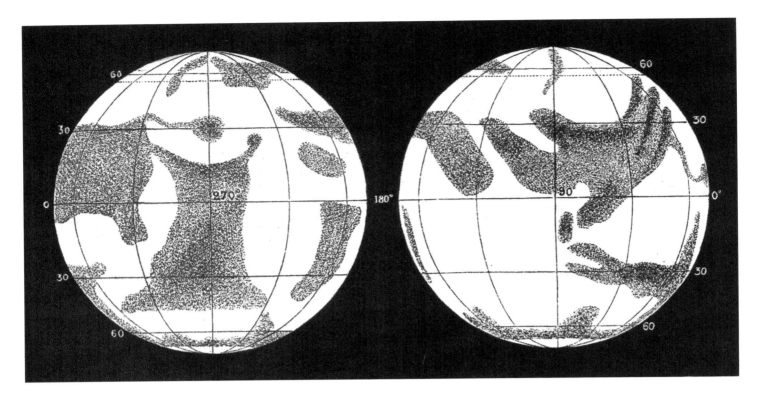

▲ 比尔和梅德勒绘制的第一幅火星世界地图（1830—1832）

地貌观测领域实现了多大的进步。也许普罗克特的火星地图已经足够准确地展现了这颗行星地貌的总体布局；但这样的地图依旧太过初级，展示的界线太过分明。毋庸置疑，图中的轮廓线是借鉴了当时被普遍接纳的观念，即火星上能看到海域，在这样的定义下，海洋与陆地的分界线应该是清晰明确的。对此，我们将根据现代观测站的巨型仪器所提供的信息，在后文中做进一步考察，因为在这一话题之前，我们必须指出，尽管在火星地貌的构成上人们持有不同见解，但这些观点不是一蹴而就的，我们目前可用的探测手段在用来获得各种新发现的同时，也为过去无数模糊瞥见或假设提供了佐证。

在经历了这几个阶段之后，人类才有了目前对火星的认知水平，因此我们有必要强调中间的过程，这也是为什么我们会对早期的火星观测成果

▲ 道斯绘制的三幅火星地图

如此长篇大论。此外，以上的阐述除了其自身的历史意义，还说明了一点：人们很快就倾向于认为火星是所有行星当中最像地球的星球。我们还应注意的是，这种相似性主要建立在我们看到的火星外貌上，且火星地图与地球上的地貌相对应，所以人们自然会联想到火星具有与地球类似的特点。在这中间，有各种因素起着作用：望远镜观测到的图像规模有限；光学领域的不完善使我们只能得到整体的大致轮廓，而微小的细节及其布局的复杂性无从得知。因此，那些大面积斑块自然可以被认出，但我们无法知道它们的结构特性。早期的火星观测活动引发了看上去相当合理的推测，同时这些观测让人们了解到火星上由暗斑和亮斑构成的永久性的地形轮廓；这一切都表明，我们发现的是火星多样化的真面目。基于这一观念——即使还有待完善——这颗行星所呈现的面貌并不像金星那般令人失望。理论上说，所有观测者看到的都是同样的细节，只是在这些有关构成火星地貌的细节的阐述上，不同的天文学家根据各自的描述和图形再现提出了无数多少有些对立的观点。此处我们依然要援引设备条件在其中扮演的角色，且地球大气层又

添加了扰乱作用；除此之外，观测者的视力水平这一生理因素也非常重要。也许不受人为因素影响的摄像技术可以在一定程度上消除某些差别；但我们业已强调，通过摄影术获得的火星图像尺寸过小，能提供的信息依然有限，我们只能依靠眼睛直接观测火星呈现出的各种外貌乃至一切可能的细节。然而，即便火星的整体样貌看上去非常明显，但在严格对比不同作者画笔下的轮廓特点或浓淡色度后，我们就会发现所有人都各执一词，看似雷同的火星图远远没有那么多相似之处。当然，我们不是在讨论由自转导致的不同视角下火星外貌的差异，但实际上，球体的自转会使倾斜位置下的某个区域在被观测时产生变形，火星表面某个部分由于自转而连续出现在我们视野中的样子各不相同，这必然会导致各种不同的阐释。问题很快就来了：分歧的产生只是因为以上提到的偶然因素，还是因为实际因素，即火星地貌发生了真实的变动。另外，对于不同绘图呈现的变化，我们总是应该考虑到以下因素，即不同天文学家根据自己的理解，在图上呈现的变动程度也不一。

通过这些密集的观测活动，人类制成了第一张较为详尽的火星地图，这也是我们在目前的认知水平下绘制的火星地图的雏形，但上文所述的一切都促使我们要对这些观测结果重新审视。

随着之后的观察条件不断完善，我们观测到的火星外观也越来越复杂，除了前文提到的塞奇、洛克耶和道斯的火星图，还有许多天文学家的绘图已经提供了相当令人满意的图像，以

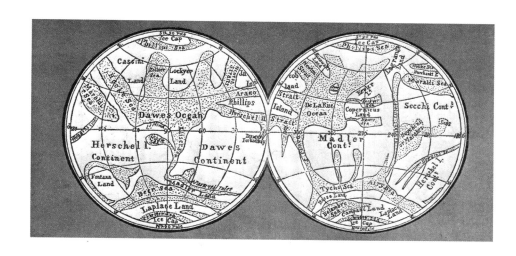

▲ 普罗克特绘制的火星地图（1867 年）

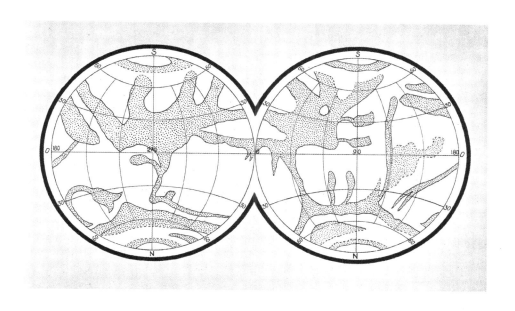

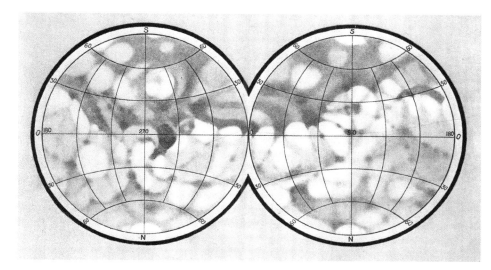

▲ 比较普罗克特于 1867 年绘制的火星地图与集成了现代观测手段所绘制的火星地图，可以看出人类在火星外貌的认知方面所取得的明显进步

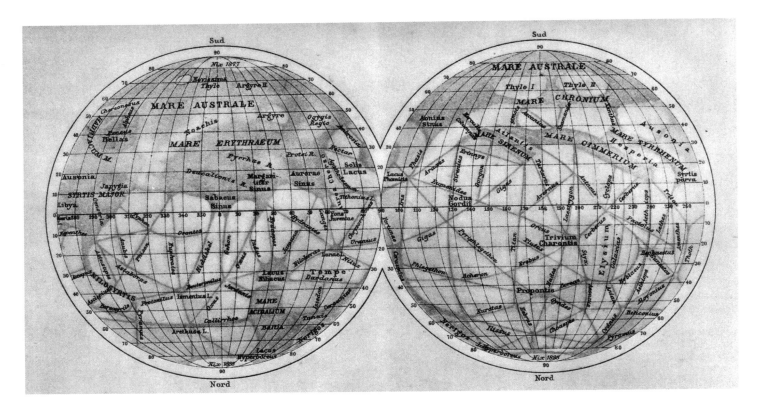

▲ 斯基亚帕雷利根据他从 1877 年至 1888 年的观测所绘制的火星地图

至于更现代的图像几乎只是用以补充细节的翻版。鉴于一直持续到现在的观测活动数量之庞大，本书不可能一一进行回顾，只有面面俱到的专著才敢有这样的抱负，我们在此仅仅试图从中提炼出最主要的部分。

首先，这些火星图的总体特点不是简单地呈现地形轮廓的布局，而是把火星表面明暗变化的差异摆到人们面前。我们下面就对火星地貌色彩的多样化这一特殊现象展开论述，但仅限于讨论浓淡色度之间的简单关系。我们发现，那些引人注目的暗斑颜色非常不均匀：一处的颜色极深，另一处呈中间色调或颜色明显变淡。这在一定程度上解释了为什么在不同观测条件下暗斑的外观与轮廓并不总是一一对应的。在火星研究史上最轰动一时的发现可以说就是火星运河了。我们已经看到，人类在早期比较详细的观测结果中就已发现了这种形态，直到斯基亚帕雷利在 1877 年和 1879 年证实了这种形态的大量存在，火星运河才名声大振。顾名思义，该形态的事物不是四散的斑点，而是成系统地遍布火星表面的某种网状物。

这一令人称奇的网络系统显示出某种惊人的几何规律，斯基亚帕雷利对其进行了细致研究并绘制了火星地形图，在当时没有哪幅火星图可与之在细节的丰富度和准确度方面一较高低。同时，对我们在上文中提到的早期对火星地貌的命名方式，斯基亚帕雷利代之以新的拉丁文术语系统——用地球上的地名以及神话中的地名来命名，之后新的火星发现也遵循了斯基亚帕雷利的命名方法，这套命名系统被沿用至今并不断壮大。

继斯基亚帕雷利之后，火星运河在全世界范围内被证实，甚至有的观测者发现了更多的火星运河，以至于有人认为火星的外观如网眼很密的发网那般复杂！此外，这些几何形的奇特线条引发了人们强烈的好奇心，因为某些时候火星运河成对出现，许多制图者将这样的运河外貌勾勒得犹如铁路的平行轨道。在这一点上，任何描述都不如借助天文望远镜观测来得有说服力……关于火星这种奇特的样貌，各家都费了无数笔墨展开讨论，火星也开始前所未有地声名大噪了起来，但我们不会在这个议题上停留太久，下文仅限于概述一些引人注目的事实。

这些分割火星表面的线条总体上非常精细，一开始它们被认为是十分规则的线条，因而在一些火星图上，我们能看到制图人用鸭嘴笔进行勾勒。有的运河更宽，也就更突出；有的还有明显的弯曲。总之，在面对一张火星外貌图时，我们不应忘记考虑球面会对视角产生的影响。我们还能发现，这些运河有时与不同色

➤ 洛厄尔观测到的火星运河网呈几何状。

◄ 在这两幅火星图上，颜色深度不一的区域边缘有一些被形容为"运河"的痕迹。

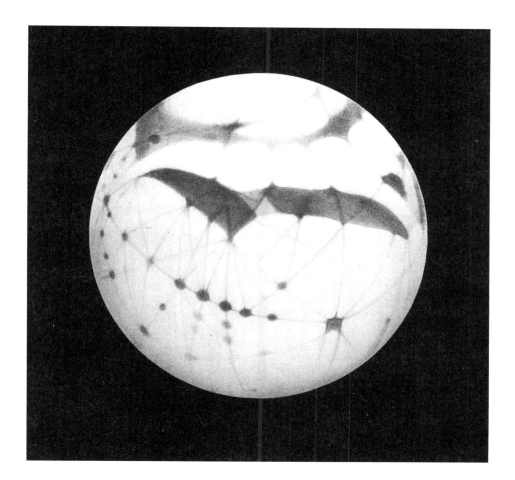

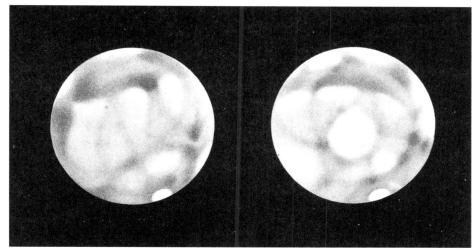

调区域之间的分界线重合，从而使得这些区域就像是被镶了边。

总之，我们从各种观测结果中可以看到，这些运河不只是在明亮区域上纵横交叉以沟通两片海域，它们还会在海面上继续延伸。此外，在运河的交叉点，甚至就在运河各自的轨迹上，人们注意到一些可能是湖泊的细小暗斑。所有这些细节，无论它们究竟代表的是什么，每次的可见度并不总是一样的，但它们似乎都经历过某些变动，然而观测者很难在一开始就断言变动真实存在，因为不论是观测显而易见的大面积暗斑，还是观测这些难辨的细节，任何影响精确性的因素都会导致不同的观测结果，但我们依旧认为，地貌变动的可能性不应被排除。

很长一段时间以来，火星运河激发了人们巨大却也合理的好奇心，但应当承认的是，火星运河之所以会被赋予特殊性，主要是因为当时的可见度堪忧。事实上，当我们后来能够运用一切现代光学资源研究火星运河时，就会发现它们完全丧失了神奇的几何规律，那些被认为是运河的轨迹，只是一种特殊的火星地貌沿着直线分布而已。由于光学手段的不足，大部分特殊环境只可被感知，眼睛无法一一分辨每个细小的斑点，所以才会觉得眼中合并在一块的模糊轮廓好像一条连续的条痕。在这一论题上，M. 安东尼亚第借助巴黎默东天文台一架口径达83厘米的望远镜进行观测，并得出了火星运河只是错视这一确切结论。这一判断完全符合通过大型天文望远镜所能看到的火星图像——结构复杂、细节丰富，以至于我们往往不可能正确描绘出火星地貌的复杂性。

由此可见，早期关于火星地貌本质的构想需要大量的修正，因为它们是建立在略显简单化的观测基础上的，这些在观测中显得均匀的地貌实际上结构十分多样。

对于我们草草勾勒出的火星大体外貌，还应注意到的是它的极冠：白色调的

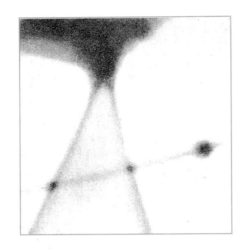

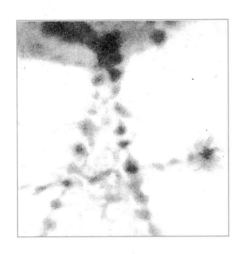

极冠与周围以橘黄色为主色调，同时布满暗绿斑点的区域形成了鲜明对比。明亮的极冠非常容易辨认，因而很快得到了学界的承认。火星极冠的变化一直是各种研究的对象，这些研究为我们带来了有关行星天气情况和季节影响的宝贵信息。人类获知的数据不断累积，图像不断细化，所用手段的精度不断提高，这一切为各种各样的阐释提供了可能，而最新的解释为我们提供了另一种分析现象的角度。

最后，火星除了这些特殊环境以及它经久不变的特性，还有其他地貌值得关注。我们已经指出人们对火星真实地形轮廓的改变或某些暗斑色调的变化所提出的某些猜测；一旦猜测被证实，我们就该承认这些变化是火

▶ 火星运河的图解。笔直的条痕和暗斑（上图）是由或排成直线或聚集成团的细节在不完美的目力下形成的。

▲ M. 安东尼亚第在默东天文台用一架口径为 83 厘米的大型望远镜进行观测后绘制的火星图

星地表性质所固有的。人们还发现，有些变化是暂时性的，好像是有什么东西暂时挡在了我们眼前，遮住了火星上的细节。这些临时出现的现象只可能出自一个原因——大气；我们可以将这些现象类比为一些云状物盖住了大片可见区域：有些部分消失了，或者一些面积颇大的斑块明显变小了。有时无须出现临时性变化来揭露火星大气的存在，因为火星自己便呈现出被白色或浅黄的巨幅"面纱"覆盖的样貌。

我们看到，火星表面除了具有多样化的地形轮廓，还以它多变的面貌向我们表明了大气层的存在。而在目前勘探允许的范围内，我们多少发现了火星大气的变动，我们将进一步探讨这个论题，且火星上是否存在水也与之密切相关。大气和水对认知这颗星球的物理条件至关重要。

▲ 过去人们相信火星两极被大量冰川和浮
冰所覆盖。这些地带呈现的大概就是图中
这样的样貌。

◆ 根据 NASA 的研究，火星极冠主要还是由水冰
组成，其表面则会随季节变化而形成干冰层。

火星上的空气和水

　　火星大气无法像金星大气那样能够被直接观测到。就太阳光照而言，火星与金星的情况完全相反，并且太阳光通过大气层内部的折射和散射对它们产生的明亮效果也不同。

　　因此，揭露火星大气，要么让大气通过其暂时的浑浊状态使自身的存在变得明显，要么通过它对火星地表造成的影响——若不援引大气的介入这层原因，我们很难解释火星地貌的变动，要么借助光谱分析的结果或者放射线拍摄的照片。尽管我们这次并不用面对巨大的分歧，但天文学家在大气的观测结果和阐释方面还是莫衷一是，这也催生了各种假说，而最新的假说与过去一直被人们所接纳的观点几乎毫无一致之处。人们争论的并非火星上有没有大气，而是关于火星大气的体量及其构成。

　　我们必须承认，是 W. 赫歇尔在针对极冠变化的观测中最早发现了火星大气的存在；极冠在火星的冬季增大，随着夏天的逼近而减小，就像融化了一般，对它的成因的最佳说法——可能也没有其他更好的了——是雪或冰在极地沉积 [1]。也就是说，这一现象直接向我们展示了水蒸气循环和冷凝的结果。

之后的所有观测活动都证实了极冠会随着季节变化，且变化的范围极大——在冬季，这层白色覆盖物可以从极地一直延伸到纬度 30 度的地方，就好像地球北极的雪壳和冰块穿过不列颠群岛北部的纬线，一直扩张到整个北欧。另外，这层覆盖物一到夏季又会消失得几乎什么也不剩，这意味着中间发生过极为显著的反应，且南北两极的反应程度并不完全一样。

我们以上所说的极冠现象主要发生在火星的南半球，而在火星的北极，冬天极冠的范围要略微小一些，夏天极冠也融化得不那么完全。这与季节更替机制相符，因为当南半球处于冬至日时，火星运行到了距离太阳最远的地方，夏至日时又距离太阳最近，因此极冠的变化规模要比北半球的更加明显——北半球反而在夏天到来时离太阳最远，冬天到来时距日最近。

除了这些物理环境，火星自身的地表条件也介入了极冠变化的过程并影响其规模。比如，某些区域的地表和状态似乎会加快白色覆盖物的消失，其他表面则能够抑制极冠消散。至于其中的确切原因，人们依旧很难达成一致意见。

然而，通过现代观测，我们发现，火星极地似乎不像地球极地那样沉积了那么多的冰块和浮冰。我们能够确定的是，火星上的这片白色不如地球两极的冰雪覆盖得那么完全，甚至有些地方的白色覆盖物像变脏了似的大量消减，或者换一种说法，火星极冠并不完全是连续性的。这种样貌的产生可能是由于白色覆盖物的数量还不足以遮住整个地面，才使地表浮现无数暗斑；雪的厚度或冰霜沉积厚度的

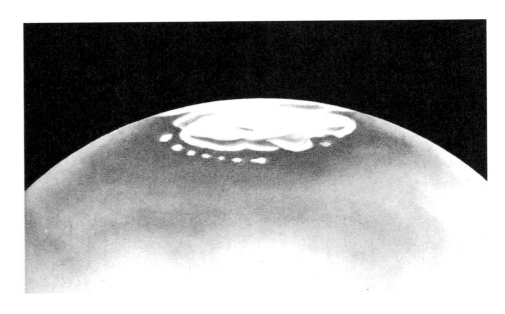

▲ 格林于 1877 年 9 月观测到的火星南极极冠

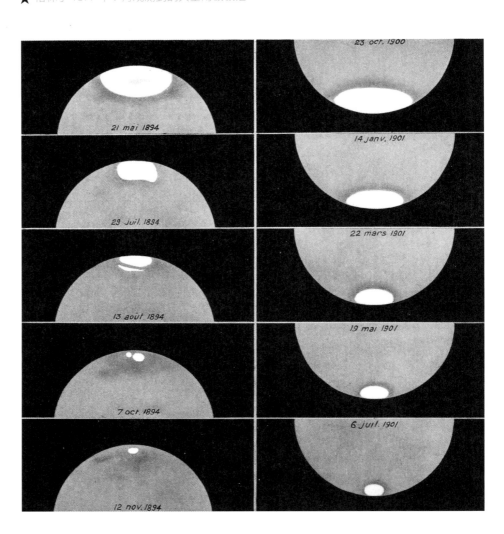

▲ 火星极冠变化示意图。左栏是巴纳德在利克天文台的观测结果。右栏是弗拉马里翁和安东尼亚第在朱维西天文台的观测结果。

图上日期翻译：1894 年 5 月 21 日；1894 年 7 月 29 日；1894 年 8 月 13 日；1894 年 10 月 7 日；1894 年 11 月 12 日；1900 年 10 月 23 日；1901 年 1 月 14 日；1901 年 3 月 22 日；1901 年 5 月 19 日；1901 年 7 月 6 日

▲ 根据我们目前对火星的认知，极地的白色可能是不完全覆盖地表的一层薄薄的雪或霜的沉淀物。

所有这些不可否认的事实的存在前提有力证实了火星大气的存在，大气正是产生上述现象的首要原因，但在某种程度上这只是间接的证据，我们现在应当研究这层大气是否可以通过其构成中的浑浊物质，或者至少通过它对我们的观察视线所造成的影响而显露自身。恰好，我们已经搜集到了这类证据。总体来说，大气层多少会遮盖火星表面隐蔽的细节，这便解释了为什么在一些特定的时期里，同一个区域的地貌会呈现出某些不一致的地方，此处自然不考虑由于不同观测者的不同判断而不可避免产生的意见分歧，最重要的是关注那些有实证的言论。在早期对火星大气的观测中，

▲ 图为地球上的山地景观。大片的白色是层层积雪以及覆盖在凹凸不平的地面上的沉积的冰霜。此图可以用来对比和解释火星极冠的特点。

▲ 紫外线摄影可以暴露我们肉眼看不见的火星大气和白色云团。——赖特摄（利克天文台）

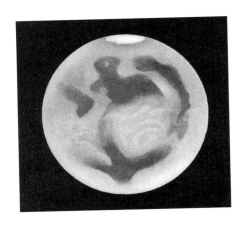

▲ 火星部分表面布满了云团。勃伊迪克于1881年12月20日绘制。

▲ 由于云团的海拔高度，在火星相位的明暗界线上会出现凸起的亮点。基勒于1890年7月6日绘制。

◀ 火星上气候变化十分强烈，时常发生尘暴，有些大尘暴可产生尘埃云，持续数月之久，特大尘暴甚至可覆盖整个火星。

塞奇神父于1858年声称看到了泛白的云雾，并认为这是火星大流沙地带上方的卷云。后来人们又在其他不同的区域观测到了类似的物质，有时甚至是一大片地域完全被白色所遮蔽。另外，在紫外线下拍摄的照片揭示出不断变幻的白色地貌，但这些对比鲜明的云雾和斑块光靠肉眼完全无法分辨。上述记录在案的发现再现了火星大气的整体状态，因而意义重大。

火星上的大气运动与地球上的云雾类似，然而我们不能明确指出它们是否是类型相似的物质，因为火星大气中还有其他更特殊的浑浊物质。过去人们认为，火星的橙色外观是它的大气层造成的。我们不会这样一概而论，但应当考虑大气的存在对火星颜色的影响，或者更确切地说，可能会使火星从黄色向淡红色转变。上世纪末，许多天文观测者都隐约看到了这种现象，M.安东尼亚第通过细致的研究证实了前人的这一发现，他确定这些显而易见的泛着白色的云团一直都在高频出现。这层有色"面纱"可能散布在极为广阔的区域上方，甚至偶尔会让一些地貌的细节消失在我们的视线中，或者改变地表不同部分的色调，亦或给极冠也染上一层浅色。此外，M.安东尼亚第还发现，这类现象多发于火星靠近近日点的时候，也就是火星上的太阳辐射强度达到最大的时候。基于这些条件，人们自然会认为上述现象的产生是由于气候的变动。最新的观测结果所提供的解释看起来最为合理：实际上每年在这段时间内，强风都会使火星沙漠的尘土扬起，由此造成了我们看到的有色云团。我们将在后文对火星沙漠展开论述。基于这一合理假说，各种观点都认同这是浑浊的沙尘在起作用，它们似乎比白色物质更贴近地面，而那层白色的"面纱"在本质上与地球大气中形成的云雾类似[1]。

一些观测结果向我们提供了大气高度的相关数据。有时我们会看到火星相位的明暗界线上凸起一些白色的斑点，有的斑点甚至完全游离出界线，就像我们会看到月球上一些被照亮的山峰出现在晨昏线之外。有不少天文学家，比如基勒和道格拉斯就分别在1890年和1900年指出过这些特殊情况，M.安东尼亚第则频繁观测到这类现象并提供了更多的细节。根据不同情况估算，火星云团已探知的海拔高度为8千米到24千米，比地球上云层的平均海拔还要高。研究还在继续，必然会逐步完善这些数值，并为我们带来有关火星大气内各种现象的有用信息；虽然对这背后的原因我们还不能得出明确的推论，但我们所观测到的现象揭示了浑浊物质形成于极高海拔这一明显事实。这一事实与火星大气密度减小和不断扩张并不矛盾，因为它们都与火星上微弱的重力有关。

下面我们将考察的是火星大气层的质量。我们会看到，在这个问题上，人们的观点逐渐发生着明显的转变。很长时间以来，人们都认同火星大气层几乎在各个方面都与地球大气层非常相像，早期的光谱学观测认为，火星大气包含相当大比例的水蒸气，这符合火星上存在着广阔海域和大洋这一假说以及极冠扩张现象。那时人们也认同，火星大气的组成成分与地球上的大气极为相似，但是人们发现，通常情况下火星的大气是透明的，因为我们前文所述的这层"面纱"呈白色云团状大量浮在高处的情况实际上非常罕见。这种相对罕见性更符合现代的研究结果，现代观测结合光谱分析以及对火星表面的直接观测，认为火星大气的体量远远小于地球大气，但关于火星大气的确切密度以及成分，人们还是各执一词。

事实上，尤其是在美洲进行的最新研究中，一部分天文学家试图证明火星大气中的水蒸气含量达5%，但另一部分研究结果认为，水这种成分在火星大气中的比例并不可观，有些观测结果甚至似乎完全否定了火星上水的存在。

同样与早期观念相左的是，现代基础知识告诉我们，如果火星大气中存在氧气，那么氧气的比例最大也只有地球上氧气比例的1/1000；当然也有其他不同的观测结果，比如亚当斯和圣-约翰在威尔逊山研究得出，火星大气中的氧气比例为16%。尽管应该对所有这些数值的准确度持保留态度，但我们不得不承认，从所有对大气层的观测结果来看，火星并不像我们一开始相信的那样是地球的翻版[1]。针对上述不同的观点，人们展开了对火星地貌特殊环境的深入研究，甚至在光谱研究得出结论之前，人们对火星地貌的结构及其轮廓或颜色发生的无可辩驳的变化的认知，已经抛弃了早先的观念即火星上存在大片海域，反而认同火星上只存在数量有限且几乎无迹可寻的水。

我们应当重视这些针对火星世界的观念和假说的演变。

▲ 地球上的云团 T 与火星上观测到的团状物 M 二者的高度对比

◆ 现测定火星大气成分主要为二氧化碳（95%）、氮气（3%）和氩气（1.6%），还有极少的氧气、水蒸气等。

▲ 由于火星上空的云团浮于高海拔的位置上，在日落后的很长时间内云团依旧能被太阳照亮，所以它们能在深夜里闪闪发光。

火星地貌的性质和构成

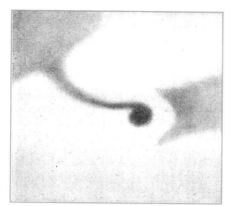

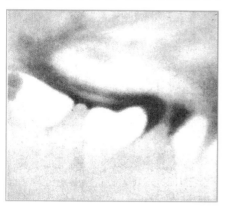

正如上文所示，我们对火星外貌的第一印象便是这颗星球与我们的星球有着太多的相似之处，至少人们以为在火星上看到了大面积分布着的大洋、陆地和岛屿。事实上，这些地形轮廓似乎并不像通过望远镜所观测到的那么简单；正如我们不断重申的那样，在远距离的观察下，我们采用的研究方法只够允许我们辨认出火星表面显露的大致轮廓，因此即便火星海岸线看上去十分清晰，我们也无法分辨出上面无数蜿蜒曲折的线条、狭小的海湾或者海角；但是在辨认斑块及其界限时，通过与前人绘制的图像进行对比，我们能看到光学领域的不断进步。如果我们关注火星上的某些特殊点，我们不可能不惊叹于每次对其重制的图像上所发生的深刻改变。在普通条件下，肉眼只能辨认出看似圆形的小斑点，随着观测条件的完善，我们会发现斑点形状其实一点也不规则，反而呈现出我们想象不到的轮廓。对此，我们已经在论述火星独特的运河景观时解释了其中的视错原因。

随着资料越来越丰富，我们不断注意到纯粹由器材因素带给图像的变动；除了这一原因，还有个人阐释的因素。然而，即便我们考虑到了一切因素，也不得不承认火星面貌还是显现出不容置疑的变动，因为这时它的轮廓或色度变化的规模超出了人们偶尔的意见分歧的范畴。

塞奇神父于 1863 年给出了他对火星地貌变化的猜想，卡米伊·弗拉马利翁在其著作的开篇便对该猜想进行了证实。

这些认知上的进步必然会给早期公认的观念带来某种修正。过去人们简单地认为，坚固的地表和流动的水层形成了如地球地貌般恒定的火星地理分布，如今取而代之的观念是火星地貌远没有那么稳定，也就是说它的海岸是模糊的，四散的潟湖或海域都很浅。对此我们应该注意到，那些人们从一开始就发现的深色斑块的不同色度，往往是水层的不同深浅导致的。

因此，为了明确问题范围，我们仅限于根据前人力图再现的火星景观图来思考有关火星地貌的推论。一般来说，过去人们都认同火星上的海岸略微高于海平

 随着观测仪器性能越来越完善，火星上同一片区域的图像也越来越完善。

➤ 火星的变化

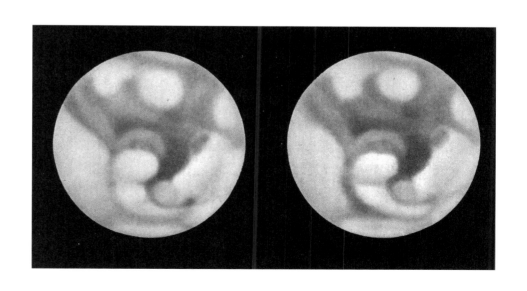

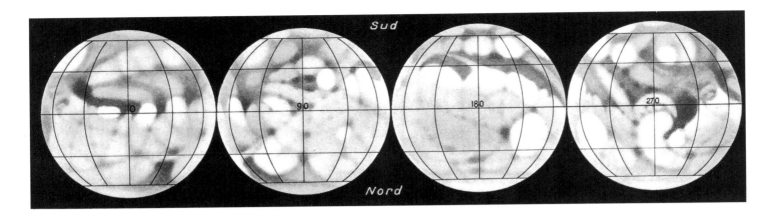

为了方便比较和识别，每隔 90 经度绘制一次从天文望远镜中看到的不同火星景观。

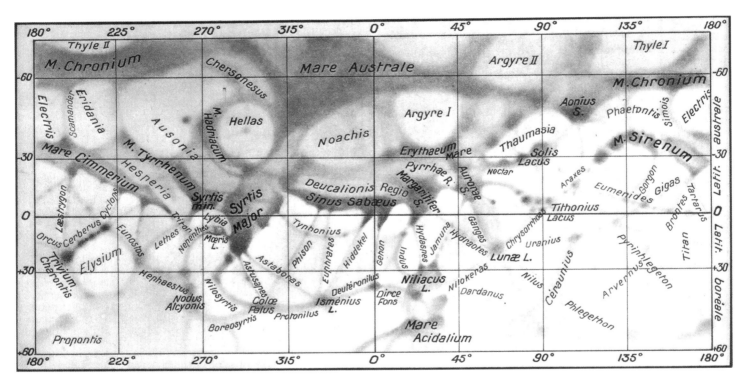

▲ 根据麦卡脱投影法绘制的火星平面球形图。图中不包含所谓的极地地区。

面，千篇一律的低矮山坡脚下是广阔的海滩；地球上的某些潟湖区或海水退潮后露出的广阔海岸最接近火星的这种地貌特征。类似的地表状态显然会加速地貌的改变——海平面往复运动，海岸在震动下被重塑和改变。有人认为是极地冰雪的融化导致了海水体积的改变；还有人猜测是火星极小的卫星——我们将于下一节展开讨论——带来的轻微潮汐；亦或是大气

运动导致的结果，换句话说，海浪击打沙咀脆弱的岸坝，被推倒的岸坝身后绵延起平坦的陆地。

简言之，这就是长久以来人们对火星景观的刻画，也是人们最容易联想到的火星总貌，但看似可靠的基本概念也会有被质疑的一天。至于火星地面以下的部分，我们不得不承认，它还有待人们天马行空地想象。设想火星内部淌着水流、山河湖海交错、平原和丘陵上饰有繁茂的植被，这一点也不荒谬，因为许多猜想都认为，火星表面呈现出的特殊颜色是由这些泛着红色或橙色的有机生命蔓延造成的……总之，人们设想中的火星无高低起伏，地貌千篇一律。事实上，在观测的最大限度内，人们无法分辨某个相位下出现在晨昏线上的凸起部分是什么；唯一可以产生类似效果的——正如我们在前文中看到的那样——无疑就是云雾，因为这些凸

起时有时无。

火星表面就像人们设想的那样没有明显的凹凸不平；但是如果——虽然我们很难想象火星会是另一番面貌——火星上确实存在某些隆起，它们也要比月球凸出部分的平均海拔低；实际上，类似的隆起在某些观测条件下是可以被分辨出的。尽管人们对火星地貌真实布局的研究中还存在这些不确定因素，但从所有观测事实中能得出此肯定的观点：火星上不存在大量或孤立或聚集的山脉。

总体来说，火星表面可被认为是较为平坦的，或者说极少有崎岖不平的情况。这一结论的确立需要合理的解释，于是人们提出了各种假说来解释导致这种状态的主因。事实上，我们可以反问：这是否并非火星的最初状态，或者说会不会存在过规模十分有限或不同于地球上的造山运动。但同样符合逻辑的假设是，火星超前的演化使得火星地表的凸起部分在各种自然因素的作用下被侵蚀至逐渐归为平整。甚至将这两个主要假说结合起来也合情合理：后者的结果在前者的催化下加速发生。

为了证明这种侵蚀作用的合理性，人们通常得先认同，从宇宙起源论的角度来看，火星应该比地球更年老。与地貌的改变同时发生的还有水的匮乏，归根结底，火星可能先我们一步进入脱水阶段，而这也让人类看到了地球将来的命运。

所有这些假说绝不是不可能发生的，也许它们来源于人们对表象的阐释和逻辑推论，而这些推理的基础是我们能够直接在地球上掌握的结论。我们应该回忆一下在前文中探讨

▲ 根据火星地貌被赋予的特点，人们很容易由火星上的构造联想到地球上某些海岸的样子

过的自然因素的作用以及它们产生作用的机制。为了提出一个精确的推论，我们应该确定自然作用在相似的材料上所产生的效果是一样的；既然火星的整体密度明显小于地球，便可知火星是由较轻的材料构成的，然而除此之外，我们对火星地表的本质一无所知。尽管如此，我们还是要进行对比，因为在对比中我们才能获得满意的解释。由于火星材料密度较小，所以它的岩石 ◁▷ 即地表本身的成分逻辑上来说可能存在许多利于水逐渐渗透进地底的小孔，这可以用来解释火星相对干燥的地表；也因为多孔，火星才很难抵御那些能使地表产生裂缝的攻击，而这些裂缝又进一步加大了水渗透的可能性。火星完成这一过程也许要比地球慢得多，因为虽说轻薄的岩石似乎对自然摧残的抵御能力很弱，但自然的摧残力度

◁▷ 所有材料包括沙石、石灰石、黏土、花岗石等，无论它们是否坚固，在地质学中都被统称为岩石。这一表达可用于任何有足够的体积能在坚硬的地壳上占有一席之地的矿物堆。

▲ 火星 · 运河 如果真如人们过去想象的那样，那么其宽度之广好比将一人置于运河的一边，他就看不到运河的另一边，且他自以为面对的是海平面。

▲ 上图所示地球景观的特点让人联想到了火星海岸的样貌。人们曾认为是海水涨落使火星地貌呈现出明显的改变。

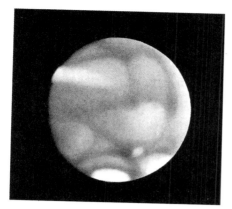

在这两幅火星外观图中，晨昏线或圆盘边缘出现了可能是云雾导致的条痕和巨大白斑

也同样很小——不要忘了，与我们生活的世界相比，火星上的重力强度要小得多。在同样的斜坡上，火星上水流动的速度更慢，而水流的力学作用或侵蚀作用与它获得的速度成正比，因此放慢速度的水流在火星的某些表面上也许起不到什么作用，就算有，其影响也非常有限。

所有这些推论只有在我们认同其原理的情况下才具有说服力，因为要为一片我们还不熟悉的地表推算出上面发生的侵蚀作用的过程及其结果，即使并非不可能，也实属困难。然而，那些认为火星的大片区域不是部分干燥就是全部干涸的观点，以及侵蚀现象会改变地表形态特点的常识，将有助于我们构想出火星可能呈现的主要景观。人们从这些信息以及那些一度被确认的数据中得到启发，认为火星的主调是"沙漠"，也就是呈一种类似撒哈拉沙漠的形态，这种联想并非毫无逻辑。我们已知广阔的黄色遮蔽物类似被风吹起的层层沙尘，它们被认为是干燥、多石或沙化区域的成因。既然如此，人们就有理由认为，火星的地表遭受着相当可观的风力侵蚀，或者说对岩石的打磨——就像是用喷砂处理一样。这种风力作用在沙漠地带随处可见，人们经常会看到沙漠上耸立着奇形怪状的风化残丘以及废墟状的岩山，但这总体来说只是地球上侵蚀过程中的一种过渡状态，即介于初始形态和最后可能被风力侵蚀得彻底消失之间。那么火星上可能存在同类形态的岩石吗？鉴于人们倾向于认同的火星更早衰老这一观点，如今火星可能几乎处于地表完全平整的阶段。我们当然要对上述猜测保留自己的意见；但基于数据以及最可靠的推论，我们还是能够对火星世界的某些特征有一个总体或大致的概念。

除此之外，人们还猜测，火星部分区域呈现出的大片明亮的黄色或微红色代表着大陆。我们要注意到，这些区域占据了火星表面积相当大的部分。早期人们推测火星上的深色斑块代表的是海洋，且火星上的海洋延伸范围很小，大部分都沦为了海湾。在这一点上，火星和地球非常不一样，因为地球上的海域占了总面积的4/5。火星上"海洋"的稀缺更印证了火星先于地球进行演化这一猜想。在其他有关火星海洋的见解中，我们主要列举斯塔尼斯拉斯·莫尼耶的观点。他注意到，如果地球上的海平面降低几千米（这可能是未来会出现的状况），那么地

▼ 受风力侵蚀的利比亚沙漠——布鲁诺·德·拉博里摄

球的版图就会和火星高度相似，也就是说，那些发育不良的海域延伸开去的样子基本上就如同"瓶颈"。

尽管这种假设很吸引人，但它很难被全盘接受，因为迄今为止我们获知的数据都与火星表面水分严重匮乏有关，一些人认为，如此明显的干燥状态不由让人产生其实火星上根本没有水这一想法，至少在光谱学观测研究中未曾发现水的踪迹。不过，也有人怀疑，是否这些暗斑——大部分现代观点已不再把它们看作海域——是海域发生了改变，脱离了之前的状态，只剩下过去海洋盆地中那些最低矮的区域得以保存下来的结果。

如果我们不认同火星上这些黑暗区域代表的是水层，那么我们该如何解释它们呢？还有什么信息能引导我们推测出另一种情况呢？

这是一个我们在前文中业已提出的问题。我们不得不去考虑火星上某些地形在亮度、范围或布局上的明显改变，猜测火星海岸的不稳定性，至

少这可以解释火星地形轮廓的改变。而在色度的变化中——暂不考虑由大气云雾造成的暂时性影响——又加入了其他十分显著的变化：颜色的明显变化往往与形状或范围的改变联系在一起。在上世纪末以前就有无数天文观测者隐约观察到了该现象，这极有力地破除了那些早先被公认的概念；现代调查研究带来的极有价值的新信息进一步证实了这一现象的真实性。在对此最完整也最精确的观测中，我们要再次引用 M. 安东尼亚第的观测成果：某些变化的周期并不规律，而其他变化似乎明显与火星上的四季更迭相对应。叙述安东尼亚第的发现可能会超出篇幅，但我们要强调的是这些为得到合理解释而进行的观测活动所取得的主要成果。

在描绘火星的整体外貌时，我们已经提到了"大陆"区域所呈现出的相当明显的黄色或淡红色，而那些暗斑则泛着绿色。后者的色调大体是因为视线的局限性，即暗斑在周围橘光的衬托作用下呈暗绿色，但更细致的研究揭示了暗斑实际上是由各种元素聚合成的，它们或多或少类似于从远处模糊看到的马赛克，最终呈现出的色调来自各种成分颜色的混合。我们可将之与从极远处或极高的地方看到的地球表面进行类比，其结构的复杂性根据其可视程度会呈现出不同的样貌，这些样貌有助于我们为火星外貌找到合理的解释。事实上，对一个遥远的观测者来说，这种地面马赛克由于其组成成分随季节而变，可能也会跟着发生变化，比如那些植被给斑块带来的主色调会从绿色变到红色，颜色根据占多数的植物种类而定。

此外，在火星上还能发现什么？有人还注意到，这些暗斑时常呈现出大理石般的纹路，并从一种色调向另一种转变，因此有些暗斑看上去依旧是绿色或蓝色的，其他这类色调的暗斑则逐渐转为褐色；还有那些灰色的斑块则会变成胭脂红或紫褐色。这些变化也会影响那些贯穿陆地的不规则条痕，即所谓的"运河"。

▼ 地球上的海国星地上的黑色类似火星上被"运河"覆盖的部分

▲ 图为一片沼泽地。水在其中很不明显，这让我们想到了火星上不断变化的暗斑所代表的某些地区。

许多变化似乎都暗含着某种季节性，由此我们假设：火星上存在有机体，它们在光线及气温变动的影响下发生自我转变。借鉴地球上的经验，我们必然会将这些有机物看成某些植物，当然我们不会力图赋予它们确切的样貌，否则就过于离谱了，恰如其分地赋予火星有机物一种植物模式难道不是已经够吸引人的了吗？毕竟这是另一个星球上第一个可被我们直接识别的生命迹象。下面我们来重新思考一下这个重点问题。

不管上面的假设初看之下如何，它并不与火星的干旱相背离；就目前来看，干燥只是火星的表象，代表水的稀缺，但并不等同于绝对的干涸。此外，我们不也在地球上见过一些植物能够在一些地表毫无水分且需等待很长时间才能迎来吝啬降水的沙漠中生存吗？

尽管一切似乎都指向了海洋在火星上彻底缺席这一状况，但这并不意味着某些有限的水域无法存在于火星上。不要忘了在最开始我们谈到过的望远镜所得图像的特点：我们邻星上的那些宽度小于 50 000 米左右的物体可能就无法被清晰识别出来。因此，迄今为止，我们不可能发现那些小于这一尺寸的河水或湖泊的存在。火星表面没有水与火星可能存在范围有限的水资源二者也并不矛盾，因为水的分布情况也许可以解释我们所观察到的结果。

在这种理解的前提下，我们还要对地球上的现象进行一番对比和联想，比如沼泽地，它们可能会提供某些有用的参照。沼泽地里不稳定的积水维持住了大量

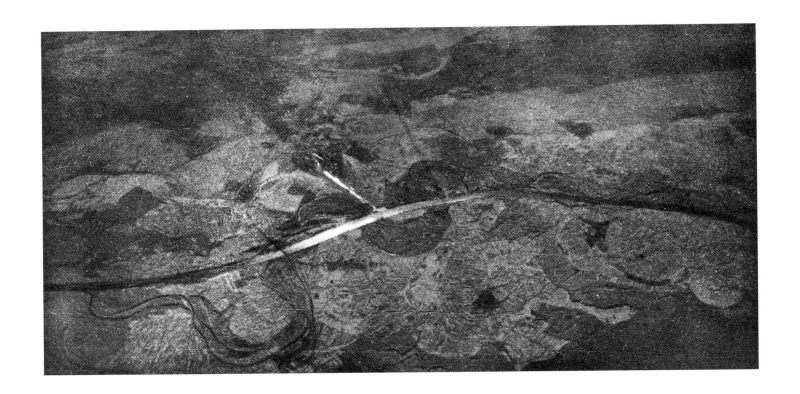

具备适应能力的植被，而水往往就被掩盖在植物底下，且比地表水层的范围更广，这种有利条件会因土地的湿度而一直维持下去。此外，我们也看到了沙漠地区中形成的绿洲，绿洲覆盖区域的构成或布局使得地下深处聚集并留住一些水分。

如果我们能够这样来解释火星上斑纹的本质，同时不排除火星各个角落存在足够大范围的水资源的可能，那么这个星球上发生的许多变化的原因就找到了，至少其地形轮廓的改变得到了解释；同样地，我们也能更容易地设想有关火星运河的各种特征，尤其是它们在不同时期的可视程度问题。我们完全可以假设，我们看到的运河是火星在某些地质构造原理下呈现出的自然地貌，凹陷的洼地或是火星特殊的地表就沿着这样的地貌呈直线分布，并构成了沼泽环境。仅这一点就能解释前文提到的现象。有人好奇，为何这些线条总成对出现。这个

现象曾一度引起人们强烈的兴趣和广泛的讨论，此处就不一一赘述，但我们有必要试着确定这种地貌可能对应的现实情况。运河总是平行成对出现，或者当一条我们熟知的运河消失时，在它原始位置的两侧又会形成一对平行的带状物，所有这些变化似乎都是突然显现的。根据这些描述以及这种现象的规模，我们现在应该能够确切估算出火星表面的这些运河达到了何种尺寸。然而，在这一方面，没有什么能比直接引用 M. 安东尼亚第打的比方来得更直观：拿塞纳河打比方，我们看到它突然消失的同时，又有两条类似的塞纳河形成了，一条连接敦刻尔克和斯特拉斯堡，另一条贯通阿夫朗什和里昂……不言而喻的是，我们还无从得知这些我们无法企及的星球所不愿示人的秘密，至少我们应当承认，任何自然力量的作用都无法用来解释火星运河的这种情况；还有一个值得强调的重要事实：某个观测者看到的是一对运河，另一个同时进行观测的人看到的运河却只有一条。人们完全有理由认为其中的原因包括用眼疲劳导致的视错觉、衍射作用或透过地球大气层进行天文观测所固有的麻烦，所有这些都可以用来解释为何人们一度对火星运河的几何形状如此线条分明十分坚信。现在我们意识到，问题也许仍未被解决，因为我们已经注意到，火星运河不一定是一条棱角分明的细线，它往往只是一条模糊的痕迹，只是在某些环境下被我们的错视误判了；或者它只是某片色度特殊的区域的边界。根据火星上分布着各种呈直线聚集的成分这一观点（我们已

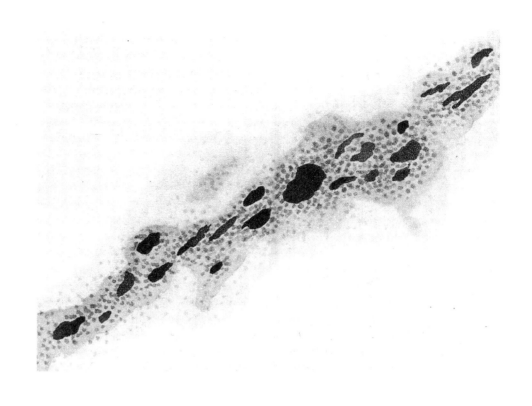

▲ 图中再现了火星上连续的水星斑痕，如斑块、凸出、灰色区域、斑痕族群、灰点。这些不断变幻的元素解释了在模糊视线下不规则且多变的"运河"整体印象。

经推测出了这些组成部分的特点或根源以及它们的变化情况），我们认为，当这些成分所占范围足够宽广时，某一时刻它们被观测到的可能就是更为明显的边缘，由此人们才会以为看到了运河成双成对出现的短暂现象。

在火星这一如此有趣的星球上，还有许多未解之谜，但我们只能基于最新获知的有效数据来研究[1]。现在，我们对火星有了可能比过去更为可靠的认知，因而也更加靠近真相。我们可以足够准确地想象火星在哪方面与地球相像，或在哪方面与地球不同——这与火星是否适于人类居住有很大关系。而在深入该问题之前，我们必须在其中一个影响因素，即陪伴着火星的卫星们上稍做停留。

◆ 现经由卫星探测和研究，可证明火星上环形山遍布，峭壁和大峡谷交错绵延，火星上最大的环形山奥林匹克火山高达 26 000 千米，而在火星的赤道等地区，弯曲的干涸河床密布，最长的河床长达 1000 千米。（数据来自《基础天文学》。）

火星的卫星

　　早期的天文观测者忽略了火星的卫星，因为只有用性能强大的天文仪器才能将它们识别出来。奇怪的是，有些观测者却相信卫星的存在，他们依据的就是在当时的科学史上难能可贵的逻辑推理。事实上，鉴于地球有一颗卫星，又根据伽利略的发现——木星有 4 颗卫星，克雷佩认为介于这两颗星球之间的火星应该伴有两个"月亮"。后来，人们发现土星四周有 8 颗卫星[1]，因此火星也有卫星这一观点被进一步巩固了。早在这一最新的天文发现公布之前，我们在斯威夫特的《格列佛游记》（大约写于 1720 年）中就读到了以下文字："拉普达国的天文学家们发现了火星的两颗小星球，或者叫作卫星，更靠近主星的一颗离主星中心的距离恰好是主星直径的 3 倍。""靠近的那颗 10 小时运转 1 周，外面的一颗则 21 小时运转 1 周。"若重读伏尔泰的《微型巨人》，我们会发现其中也说道：

➤ 如果宇宙航行成为了现实，那么当太空飞船接近火星时，坐在里面的太空游客就能欣赏到火星风光，但他可能要先飞越一颗卫星。

◆ 火星拥有两颗已被确认并命名的卫星，木星拥有 79 颗已被确认并命名的卫星，而土星拥有 53 颗已被确认并命名的卫星和 9 颗可能的尚未命名的卫星。（NASA）

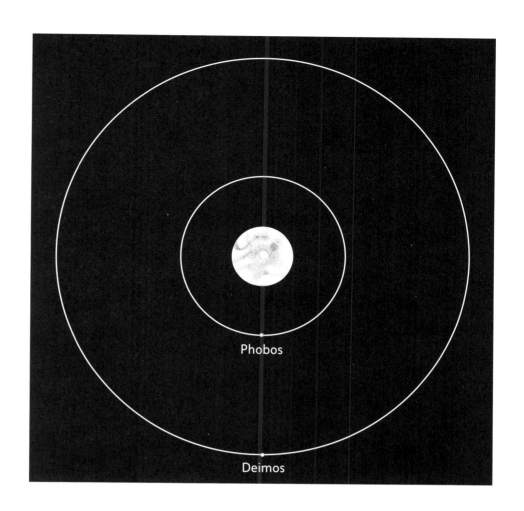

"在离开木星后，我们的游客穿过了近亿古里 [1] 才触及了火星。他们看到这颗星球有两个逃脱了天文学家法眼的'月亮'。我知道卡斯特尔神父要撰文反对这两个'月亮'存在的事实，但我会把这一发现托付给那些懂得以类比法得出推论的人。"

我们不得不承认以上这些作品的远见卓识，它们不只预见了这类"月亮"的存在，还预见了其基本要素。

威廉·赫歇尔想借助他的巨型天文望远镜研究火星卫星，但一无所获，直到 1877 年，阿萨夫·霍尔通过一架在当时是性能最强大的华盛顿天文台望远镜发现了这类天体的存在。之所以在此之前火卫总是能从最细致的研究中成功逃脱，是因为它们的尺寸极小，在望远镜的视野中缩小到了微不足道的地步，它们微弱的亮光被近在咫尺的主星的光芒所遮盖。我们看到，这些天体并非普通观测活动能捕获的，只有用足够强大同时质量无可挑剔的光学仪器才能观测到它们。

火星的这两个"月亮"被赋予了神话人物福波斯和得摩斯 [2] 之名。我们首先来考察一下它们的位置以及它们绕火星的运动。福波斯距火星 9000 千米，得摩斯距火星 23 000 千米，但这些距离是从火星球心而不是表面开始算起的，若从火星表面开始计算，那么福波斯离主星还要更近。在这种情况下，福波斯与火星的距离实际上能缩减到 6000 千米，而得摩斯与火星的距离则缩减到了 20 000 千米左右。

由于如此近的距离以及万有引力定律，这些"月亮"都沿着各自的轨道做高

◀▶ 古里为法国旧单位，有海陆之分，1 古海里约合 5.556 千米，1 古陆里约合 4.445 千米。

◀▶ 福波斯，英文为"Phobos"，即火卫一，平均半径 11.1 千米，现测定它距火星表面仅 6000 千米，并且还在以每 100 年 1.8 米的距离靠近火星；得摩斯，英文为"Deimos"，即火卫二，平均半径 6.2 千米，现测定它距火星表面 23 460 千米。

▲ 从福波斯上看到的火星视直径巨大，与之形成对比的是从福波斯上看到的得摩斯（顶部的小圆盘）的视直径，就如我们看到的地球上空的月亮的那般娇小。

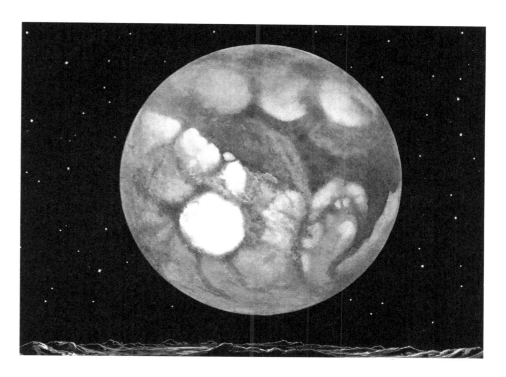

比较分别从福波斯和得摩斯上看到的火星视直径。

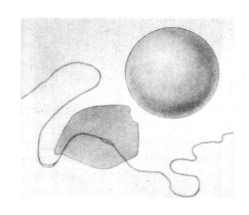

火卫一福波斯与巴黎的大小比较

速圆周运动，尤其是火卫一，它绕火星一周需要 7 小时 39 分钟，火卫二则需要 30 小时 17 分钟走完它的轨道。这样的运动周期使它们在火星上空形成了独特的景观，我们将在后文中做进一步论述。反过来，从火卫上看到的火星是一颗光辉无法估量的天体，因为这些"月亮"离主星太近了，我们的眼睛对从火卫上看火星所展现出的硕大身躯毫无概念。

关于火星卫星的外观及其构成我们仍然一无所知，因为它们的尺寸太小了，以至于看上去就像是没有面积的小点。通过光度测定，得出福波斯的直径为 12 千米，得摩斯为 10 千米。这两个天体各自的面积不会超出像巴黎这样一个大城市的大小，但我们将在下一章有机会见到比火卫更小的天体。

火星世界的景观

前文提及的所有事实以及随着认知的加深而不断获得的推论，让我们对火星的困惑变得比对金星要小。可能在这些推论中存在互相矛盾的观点，但这并不奇怪，因为我们缺少直接检验所需的一切要素。这些关于火星的讨论主要依赖对那些几乎能被所有人观测得到并记录在案的特殊环境的阐释，如果是针对金星的讨论，人们自然会意见相左。

目前确切掌握的有关火星特性的数据，比如火星的自转、季节变化的范围以及对火星地表形态和改变最合理的解释，都有助于我们准确构想出火星的整体外观，因而我们不再只凭纯粹的想象力来构想。

关于这颗与地球最为相似的星球，我们也许可以没完没了地讨论下去。火星宜居并不只是被当作假设提出而已，它已然成了一种现实，况且人们还自如地讨论着火星人，讨论着他们的体能和智商，可以说公众已经非常熟悉这些太空邻居了。有人认为著名的火星运河系统就是证明火星人存在及其活动的证据，因为这些运河是智慧生物的实用性创造——为了更好地运送火星上整体稀缺的水资源。甚至曾有假说认为，火星人可能给我们传送了信号，那些在火星相位边缘发现的亮点就是最好的解释！然而，我们现在知道这种现象毫不神秘，这些亮点毋庸置疑只是些被太阳照亮的云层。同样地，人工修建的火星运河这一说法经不起细致的研究，研究向我们揭示了运河的真实面目——火星地表形态

和元素所固有的自然特点。

说实话，我们没有任何实在的证据证明在这个类地星球上存在着生命——为了避免说存在着人类。然而，我们也不能因此就有权否认那些没有证据证明存在的东西。我们唯一能采取的科学立场是去研究火星上是否没有那些我们认为有利于生命尤其是高等形式的生命出现的有利条件。我们刚才也看到了，过去，人们对火星生命的存在非常确定，而现在，人们又对此非常动摇，甚至某些作家倾向于持完全否定的观点。那些用以反对早期观念的论据是火星上空气稀薄且缺乏氧气和水蒸气，这使火星空气在特性上高度类似地球上高海拔地区的大气。在通向天际的山峰上，生物由于缺少维持生命的元素而停止生长，而且我们知道，人类若要登上高海拔地区，得万分谨慎和全副武装。

▲ 红外线摄影下的海边景色。近景中白雪覆盖植被的"雪景"效果又出现在了地平线上的首塞岛（Chausey）上。

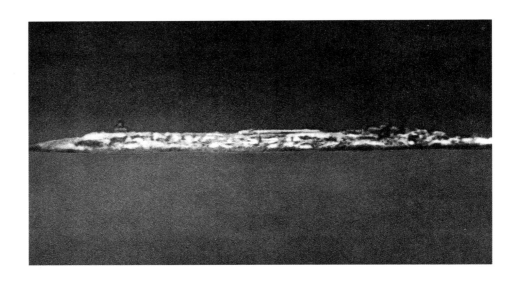

▲ 红外线下通过望远镜摄影得到的岛屿细节——在上图中只呈现为一条白线。

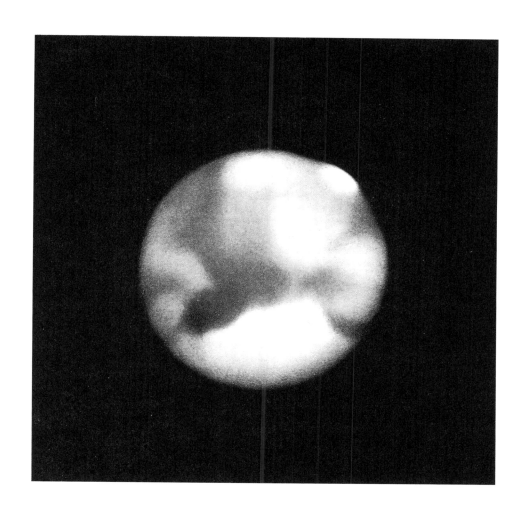

况且，火星除了环境严酷，光照强度还非常弱，毕竟火星距离太阳要比我们距离太阳更远。

然而，我们不能据此就妄下过于绝对的结论。人们完全可以想象火星上会出现能适应这类环境的有机生物，因为在地球上就存在无数这类例子。我们看到，数不尽的生命迹象以各异的形态以及用于自卫和适应环境的功能，生存于迥异的环境之中：那些原始的生命——纤毛虫和硅藻能在热源附近或者冰雪融化的水里出现；一些沙漠中的植被找到了抵御干旱的办法；有些物种只在湿润的气候里生长，但其他还能在极地或者冰峰上存活，只要留给它们一小片土地就够了，它们的结构与生长会根据环境的不同做出相应的改变。

回到火星这一特例中来，我们前面所有的扼要叙述可以总结为以下几点：火星并没有被完全剥夺供某些有机生命存活的条件，但火星环境与地球环境在成分比例上大相径庭，因此我们不得不承认，许多地球上的生命形式不可能在火星上得到复制。除非有新发现，否则任何想象火星生命体样貌的企图都是轻率的。所有将火星生命定义为树木或蔓生植物、初级或非初级动物，或定义为像我们人类一样的高等生物的观点，必然要被归于幻想范畴，因为我们没有任何验证的可能，人们自以为掌握的间接证据都是编造的，而其他看起来更加实际的证据，比如证明火星上存在植物的证据，也还是不够有说服力，因为这些证据只是某种被普遍接受的看似最为合理的阐释。

不过仅就火星上是否存在植物这一问题，我们完全可以做出各种推论，因为这是基于所见事实的，而不是简单的推理或头脑里的想象。为了证明刚才所述内容，即火星上的有机生命与地球上的如此不同，有一些观点需要注意。

植被假说是我们暂且认为最有利于解释火星特殊地貌的假说，但我们只能赞同其主要部分。显然，我们见证了无论是在范围上还是颜色上的或季节性或无规律的变化，即使我们十分确信——这正是这一假说成立的基础——火星上的一些现象与在地球上发生的类似，我们仍需谨慎，不要过分将二者等同化；换句话说，不要认为这些看似与地球上的植物同样运转着的火星植物，真的因此就多少等同于某些确定的物种，比如落叶植物或常绿植物：草、植物或树木。

▲ 红外线摄影下的夏季景色

采取这种谨慎态度不仅缘于科学的局限性，也鉴于我们在不同要素的对比中吸取的教训。

在概述研究方法时，我们要强调最新手段——通过筛选辐射线来进行记录——给摄影领域带来的宝贵帮助。在火星的例子中，通过红外线获取的图像能带来一些不容小觑的信息。其实我们都目睹过使用这种技术所取得的成果：在风景摄影方面，被拍摄的景观会呈现出人们意想不到或者至少是肉眼本难以分辨的样貌——借助这些特定的辐射线，夏日阳光下青葱的风景变成了一派冬天的景象，树木和草地就像覆盖了大雪，本来明亮的蓝天变成了墨汁般的漆黑一片。而且红外线很少或不会被大气层的厚薄程度所影响，因而能够将细节的图像定影，

而人的肉眼有时却难以分辨这些被云雾遮蔽甚至完全磨灭的细节，所以即便在有大气干扰的情况下，我们刚才强调的红外线摄影术的特点依然存在，并使我们本无法分辨之物凸显出来，比如我们用肉眼分辨不清的与土地融为一体的植被就会被清晰地分离出来，因为红外线下它们会呈现出类似雪花片片的白斑效果以彰显自己的存在。

用红外线技术拍出的火星样貌没有呈现出上述的任何特殊效果，这类照片上的斑纹就如其他普通摄影所拍摄到的那样，区别就是在红外线下斑纹对比更加强烈，但我们没有必要分析这样的差异。即便火星上的某种特殊元素不会在红外线下发生改变，我们仍趋向于认为导致这些斑块的火星植被并不类似覆盖我们地面的植被。

此外，有人会反驳我们发现的——我们已经在前文指出了——是所有细节的总貌，但单个的细节难以分辨，因此结论可能是无效的，也就是说，我们的结论是根据呈绿色的斑块来建立的，然而这样的视觉印象可能是一些蓝点和黄点混合在一起产生的。尽管如此，类似的迹象似乎能在各个角落被发现，细节的整体效果最后或多或少都产生了某些明显的改变。

总之，尽管对地貌事实的阐释必然会得出火星存在植被这样的结论，但另一方面，人们似乎对火星植被与地球植被之间的相似性越来越持保留态度。除非我们了解到更多的情况，否则我们不得不将火星上存在有机生命只视为一种可能的假设，同时避免刻画这些生命，因为即便火星生命以任何方式显示了自身的存在，

第六章 火星

其特性也超出了我们的认知范围。

人们对火星生命及其形式的问题热情不减，但我们仍然无法长篇大论或者给出更精确的信息。尽管如此，关于火星特殊的物理环境以及在上面可能望见的主要景观，我们至少能给出更多确切的数据。

根据前文的介绍，我们知道火星表面总体来说较为平坦，从而导致了某种单调的、通常在沙漠中较为常见的地貌。其上方通常是一片比地球天空更暗淡的透明天幕——火星上空气稀薄且含水量很低。即使火星特殊的含尘云雾没有搅浑整片天空，天空还是极其暗淡，这种呈深蓝色的天空多少类似登山者或探险家所描述的地球高处大气层的模样。人们也可以做以下猜测：一些更明亮的星在白天也能在火星的上空显现，何况太阳——在火星上看到的太阳要小得多——施与火星的光芒只有它施与地球的 2/5。

本书附的一幅彩色插图比较了分别在火星上和地球上看到的太阳大小。火星上空的这个小型太阳的运动与太阳在地球上空的运动十分相似。太阳在火星或地球同一纬度处的行程都一样，它在火星上空走得只比在地球上空稍慢一点，因为火星自转一周要比地球多 37 分钟，因此火星和地球的日夜交替现象实际上非常类似，都存在由季节导致的日夜时长不一的情况，日夜时长比例也一致，只是由于火星年更长，火星上的每个季节都要比地球上的更长。

而两个星球又有一些显著的区别。火星接收到的太阳辐射更少，且稀薄又洁净的大气层显然无法保存热量，因此热量辐射消散在太空当中，

以上的双重原因导致火星整体气温相当低。我们很难对此形成确切的概念，只能根据理论上的推测或某些物理方面的测量，估算出火星的平均气温大约为 -20 摄氏度，尽管在正午时分赤道附近的最高气温可能超过零摄氏度；在经历了极度冰冷的夜晚后，日出时的温度可能达 -60 摄氏度，极地地区的气温自然还要更低。然而在许多方面，所有这些估算似乎与众多观测到的有关火星环境变化的结果相矛盾。在有新的信息被披露之前，我们得承认，关于火星气候学我们依旧不得不采取观望态度。

尽管如此，在火星寒冷的白天与冰冷的夜晚之间，天空从明亮转到黑暗的速度非常快，因为低密度的大气层不利于产生明显的黄昏。一旦日落，夜幕便极快地降临，而星辰则熠熠生辉，因为它们在火星上空亮度被削弱得较少，不会像在地球上空那样被大气吸收光芒。在这些星球之中，有两颗行星争奇斗艳：地球和木星。在火星的夜晚或晨曦时分都能看到天空中壮美的地球，类似于我们在地球上看到迷人的金星。有人试图把地球形容成火星上的牧羊人之星，因为在 780 天左右的时间内，火星上空的地球类似我们在地球上看到的金星，会连续呈现出一整套完整的相位，地球周围还伴有时而走到地球前，时而转到地球后的月球，月球也同时呈现出相应的相位。当然，像这样的景观，以及地球和月球不时会像黑色斑点一样投射在日面上的现象，只能借助望远镜才能观测到。

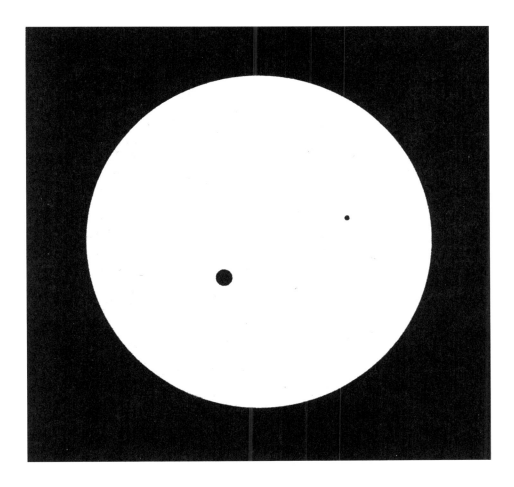

▲ 人们可能会从火星上看到地球和月球从太阳前面经过。

➤ 用望远镜从火星上观察地球和月球。左图中月亮从地球前经过，右图中月亮转到了地球背后。

更惊奇的画面还是火卫在火星上空的轨迹。火星的这两颗卫星完全就像我们的月亮，但它们在火星上空呈现的尺寸极小：福波斯的视直径不超过我们在地球上看到的月亮大小的 1/4，而得摩斯大约是 1/10 大小的月亮。且由于它们离主星过近，在不同视角下它们的星面大小也在改变：福波斯出现在天顶位置时，它的大小是在地平线上看到的两倍；得摩斯最大和最小的面积之间差 3 倍。这两个天体由于尺寸太小，驱散火星表面黑暗的能力十分有限；而且除了过小，火卫接收并反射的阳光没有月球多，因而其亮度也不及月亮。这两颗卫星的大小变化结合其不同相位，使它们会在某些时刻更加耀眼。我们回想一下新月相时月亮发出的灰白色微光——月盘剩余部分被来自地球反射的太阳光照亮。这一现象在火星上看会更加明显，因为更加靠近的距离使它的卫星尤其是火卫一在火星上空就像一面硕大的反光镜；又由于这两颗卫星本身的颜色，显眼的灰光会泛出迷人的橘色调。

这些迷人又精致的天象因为迅速的变换而显得更加奇特。事实上，

▲ Phobos：火卫一"福波斯"；Deimos：火卫二"得摩斯"
在地球上空看到的月亮与在火星上空看到的卫星之间的大小对比

由于这两颗卫星绕主星运动的速度较快，因此不像我们的卫星那样需要一天一夜才能呈现下一个月相，火卫每隔几个小时就能变换样貌。尤其是福波斯，它在太阳系中的运动就目前来说是独一无二的，它绕火星公转的速度比火星自转的速度还要快，似乎没有被天空的视运动所牵引（自转运动补偿），而是朝与其他星体相反的方向运行，比如我们看到，别的星体从东边的地平线上升起，而福波斯却在东边落下且消失得极快。"极快"一词并不夸张，因为对火星赤道上的某个点来说，从火卫一出现在西边的地平线上到它沉入东边的地平线，中间平均只隔了 4 小时 15 分钟。在火卫一快速行进的过程中，其视直径也在发生改变，结合它在轨道上相对于太

阳所处的位置，火卫一会经历一套完整的相位。也就是说，有时火卫一升起时会呈新月状，然后渐满再渐亏，直至它结束行程东落；或者它先在西边显现 1/4 个圆盘，运行到天空正中时呈满月状，再减小到后 1/4 个圆盘，随着东落星面越来越小。如果要举出火卫一所有位置及其相对应的相位，同时细致分析成因，那么我们就太过偏离正题了，且上面列举的例子足以让我们构想出火卫一在火星上空呈现出的景观特点。至于火卫二，情况则完全不同，它的公转速度只比火星自转稍慢一点，因而它会在地平线上停留很长时间。和其他星球一样，火卫二也是东升西落，中间的时间间隔为 60 小时。根据所有这些运动的组合，火卫二每隔 132 小时东升，当天空转动时，火卫二相对于地平线的位置而言稍有难以觉察的改变，因而火卫二就像是在原地变换着相位。

我们还要指出的是，由于火星的这两颗卫星彼此做相反的运动，因而它们经常会擦肩而过，火卫一会部分或完全遮住火卫二。同样地，这两颗卫星在火星阴影中发生偏食或全食的频率非常高，尤其是福波斯。火星上也会发生日食现象，此处的日食指的是这两颗卫星会像小黑圆点从日面前方经过。每个火星年内由火卫一导致的日食约有 1400 次，由火卫二导致的约 130 次。火星上的日食现象除了发生频率高，每次的速度还非常快：火卫一导致的日食只持续 19 秒，火卫二导致的日食能持续 108 秒。两颗卫星同时食日的现象的确会发生，但极为罕见，这两个做超高速运动的黑色圆点在日面上形成了或互相分离或互相连结的奇观。

➤ 假设在望远镜中看到的火卫二被火卫一偏食的现象

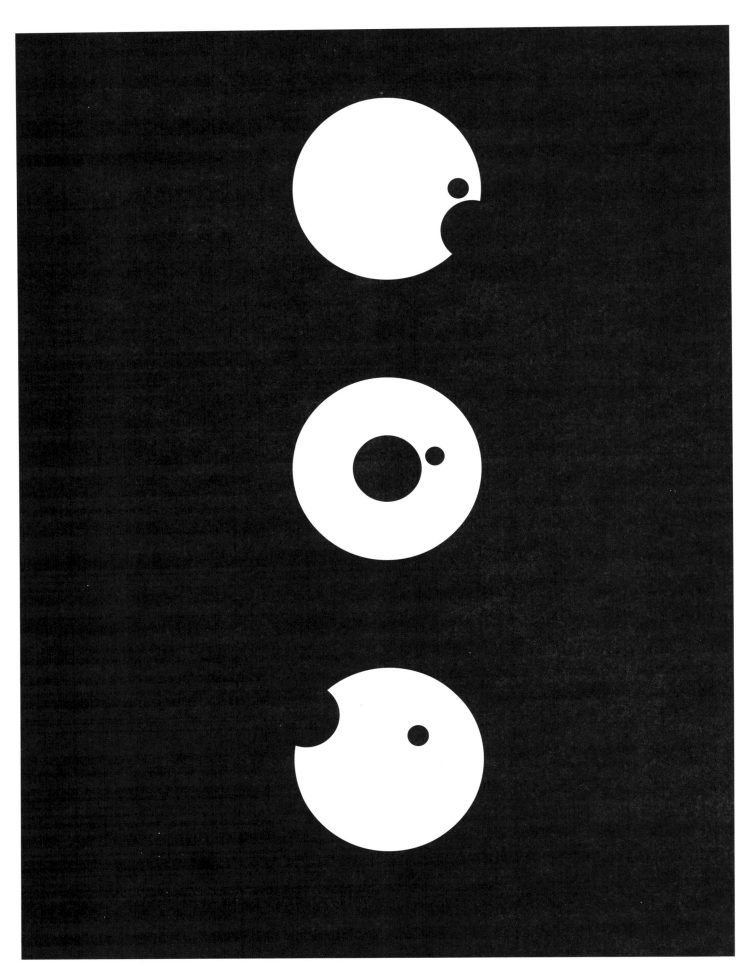

▲ 由于火星卫星而产生的迅速的日偏食现象。每一幅图之间间隔 10 秒。

火卫散发的微弱亮光以及上述迷人而有趣的天象，在火星的大部分地区可见，鉴于火星的尺寸和它与卫星的距离，火卫在某些视角下会被完全遮住，对极地周围的某些区域来说，就从来看不到这两颗卫星从地平线上升起。从南北纬 67 度 30 的地区开始便看不到火卫一，从南北纬 82 度 30 开始火卫二就被永远埋在了地平线下面。

　　我们现在离开火星表面，去到它的两颗卫星上看一下这颗主星的样貌。鉴于火星的外观和尺寸，火卫上看到的火星必然宏伟且壮丽，我们在上文中就通过火星反射的光芒埋下了伏笔。

　　从火卫上看火星的运行类似从月球上看地球的运转。在两颗火卫上都能看到主星相位接替的全过程，其与从火星上看的火卫相位接替同步，但最让人震惊的还属火星圆盘的庞大尺寸：从福波斯上看到的火星张角为 42 度，也就是说，如果火星在火卫一空中下缘接触地平线，那么它的上缘便介于地平线和天顶的正中间。这比我们在地球上看到的月亮还要大 80 倍！从得摩斯上看到的火星尺寸没有从福波斯上看到的那么硕大，但还是达到了 16 度的张角，也就是月球视直径的 32 倍。

　　如此近的距离使得这颗星球在火卫上空呈现出的样貌十分鲜明，甚至可以就此还原出它的球体，但在火卫上是看不到火星的极地地区的，因为正如我们前文所述，在火星的极地地区也见不到它的卫星。

　　此外，由于福波斯的平移运动与火星自转运动的结合，从福波斯上看到的火星自转周期似乎只有 11 小时 6 分钟，并且与火星真正的前进方向相反——就像一辆车与另一辆比它速度更快的车朝同一方向行驶时，对超过慢车的快车来说，慢车就像在倒退。相反，从得摩斯上望去，火星自转的速度看上去变慢了，需要 132 小时才能连续看到火星上的所有点。

　　可见，火星世界以它独有的特点和奇观，成为我们星际之旅中最有趣的站点之一，我们在火星这一站逗留了不少时间。似乎一眼望去我们就能得到非常丰富的火星细节，毕竟这颗星球如此靠近我们，为我们的研究呈现出最为完整的自己，因而我们对火星的认知要比对其他任何行星的认知都要更加深入、确定。

　　以上的所有数据可能会引发好奇的人类无数大胆的猜想。确实，火星世界允许我们进入迷人的想象空间，但是我们之所以认为应当谨慎地持保留态度，是因为这是科学的严谨性所要求的，且现代研究成果越来越精确，也越来越大地改变了我们对这颗类地行星的固有观念……

第七章 小行星

如果跳过火星——也就是我们的上一站——与我们的下一个目标地木星之间的部分，那么我们这趟穿越太阳系的旅程就不算完整。在离开火星的途中，我们会被无数微型的星球所吸引；实际上，有些小行星已经出现在了地球附近，也有些小行星的活动范围超出了木星所在。鉴于小行星的数目过于庞大而无法考察每一颗的情况，我们将这些天体作为一个整体来看待，并从目前所获得的有限认知中得出一些普遍推论，毕竟它们过于渺小，所以望远镜无法捕捉其细节。尽管我们在这一领域缺乏足够的基础知识，无法像对书中其他天体那样对小行星展开精确的论述，但至少这些小行星有可能为太阳系环境的多样性提供新的例证。

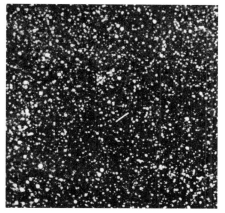

▲ 小行星的发现工作十分艰难，因为这意味着要去发现某个后来移动到位置 B 的微弱光点上（见上图），但某颗小行星的位移会在曝光的照片中呈现为一条线（见下图中央）。

小行星在太阳系中的位置及其数量

小行星不仅不为早期的天文学家所知，连那些近一个世纪以来借助望远镜专注于天象观测的天文学家也对它们非常陌生；并非是因为他们所用的光学手段——我们已经在上文中见识到了光学领域在主要行星的研究上所取得的成果——还不足以发现它们，而是因为这些沦为普通光点的小行星在由各类星辰组成的大军中间黯然失色，除了碰巧我们在先前从未发现过星体的位置之上发现某一微弱光点，或者与此相反，通过参照其他固定的天体，我们发现某一光点离开了我们刚为它确定的位置，接连出现在其他地方。第一颗小行星是由皮亚齐于 1801 年 1 月 1 日在巴勒莫发现的。

有点类似我们在前文提到的人类对火卫的猜想，有人在小行星被发现之前就推测一定有颗行星在这片空间内运行。提丢斯在 18 世纪提出的经验式——它更广为人知的名称是"波得定则"——建立的数列如下：

4 7 10 16 28 52 100

这串数列极为精准地再现了行星到太阳的距离，这些距离可以如下按比例排列：

水星	金星	地球	火星	（……）	木星	土星
3.9	7.2	10	15.2	28	52	95

根据以上似乎极为确切的规律，我们发现数字 28 无法对应任何已知的行星，因此这里应该对应一颗尚未被人类发现的行星。

小行星的数量庞大，距离太阳的远近不一，但神奇的是，皮亚齐偶然发现并命名的第一颗小行星刻瑞斯，在距离和公转周期上与被认为必然存在的那颗行星完全对应上了。

这个著名的空缺被填补上了，一切似乎都进入了正轨，但很快德国天文学家奥伯斯在 1802 年 3 月 28 日发现了更远处的一颗后被命名为帕拉斯的小行星，它的公转周期为 1684 天，而刻瑞斯的公转周期是 1681 天。

这一意想不到的发现引起了当时天文学界的关注，许多人开始仔细向天空纵

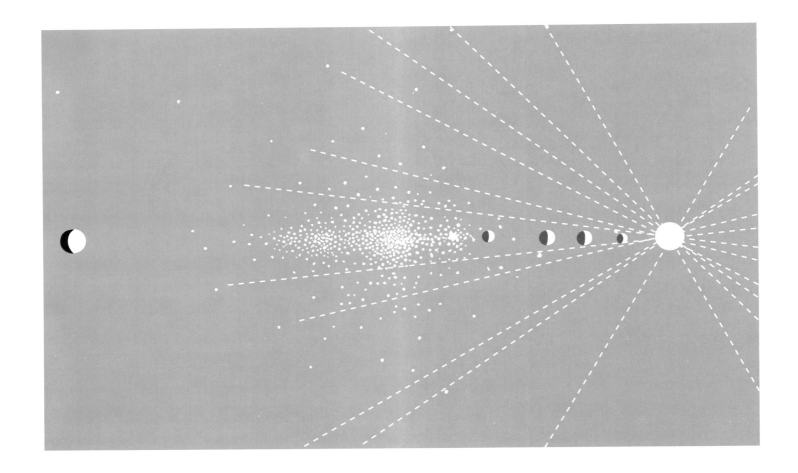

深处探索，同时修正以往的星名录与星图。1804 年 3 月 1 日，哈丁在第一和第二颗小行星的附近发现了第三颗后被命名为朱诺的小行星。第四颗小行星维斯塔是由奥伯斯在 1807 年发现的——这是目前发现的所有小行星中最亮的一颗，奥伯斯在冲日的最佳观测条件下发现了它，而我们用肉眼就能看到它发出了六等星的亮度。在仔细研究天穹时，即便是一个没有任何观测工具的天文学家，也能因某种巧合发现这颗小行星。

继这些接踵而至的发现之后，却是一段很长的停滞期。直到 1845 年，埃克才发现了第五颗小行星，两年后又发现了第六颗小行星，从这一阶段开始，小行星研究又恢复了热度，每年都会有新的小行星被发现，且发现的速度越来越快。在那些极富耐心的

研究者当中，我们要提一下天文爱好者歌德史密斯，据说他在 1852 年至 1861 年间用简易的设备发现了 14 颗小行星。到了 1868 年，人类发现的小行星数量达到了 100 颗，1879 年 200 颗，1890 年 300 颗；由此我们可以看到这一领域的进展速度有多快。自 1890 年起，马克斯·沃尔夫博士在海德堡天文台巧妙利用摄影术又为小行星名录增补了大量成员，在此之前，给小行星定位以及辨认那些过去没有出现和后来移动位置的光点并修正星图，依旧需要漫长的时间和可敬的毅力。

摄影术改变了事物的样貌。人们最多只需拍摄几小时就能获得一幅天空任意角落的完整星图，无论星辰如何浩繁，也绝不会遗漏其中任何一颗。如果一颗小行星被群星包围，它会立即暴露出与其他恒星不同的样貌：事实上，在曝光期间，恒星会在底片上留下完美的圆点，而一颗小行星（由于其自身在运动）被记录下的形状则是一条或长或短的线段。与之类似的方法是将每次短暂曝光（物镜光线要非常充足）的底片放在立体镜下观察，无穷无尽的星体好似都位于同一个平面上，而小行星所做的最小位移也能使它在底片中的位置发生改变，这一移位在视觉上获得了立体感——小行星被置于所有恒星留下的光点之前，因而人们一眼就能发现这颗微小的星体。

在追寻小行星的道路上我们已经硕果累累，许多天文学家，例如帕利萨、美

特卡夫、卡洛斯、雷姆斯、诺伊明就发现了上百颗小行星。目前，人们猜测这类神奇的星球有将近 2000 个；我们之所以说"将近"，是因为小行星的队伍正在以惊人的速度壮大，而为了得到确切的数目，建立事实真相，我们还需要漫长和细致的研究 [1]。人们最初碰到的难题被推倒了，探测天空以找寻那些总是逃脱我们视线的光点并不难，但是为它们一一进行官方认证却是一项异常艰巨的工作。事实上，我们得经过一系列计算来确定轨道及其位置，为的是确认底片上记录下的行星是否是那些一开始被人发现，后又消失在视野中的行星，做完这些步骤之后我们才完成了对每颗小行星的最终定义。可见问题越来越棘手，似乎我们对这些小型天体的了解只是很有限的一小部分而已。根据理论上的推测，曾任布鲁塞尔于克勒（Uccle）天文台台长的史托邦特估算出的小行星数目在 60 000 个到 100 000 个之间。现任台长德尔波特先生的专攻领域是小行星，他发现小行星的偏心轨道并不如人们一开始公认的那样统一，它们并非是如星尘般分布在火星和木星之间的环状物。我们会看到许多小行星脱离了这一区域，甚至跑到地球或者水星的附近来回运动；还有一些小行星则是越过木星去了更远的地方，它们离太阳的距离几乎等同于土星和天王星离太阳的距离。另一方面，不是所有小行星轨道都位于主行星运行所在的平面上；相反，我们发现，大部分小行星轨道都倾斜于这一平面，有些轨道的倾斜角度达到了 30 度或 40 度，甚至是 60 度。

从这一观点来看，小行星问题应该属于天体力学的研究范畴，而我们在这几页的论述中不得不仅限于考虑其最基本的内容，从而总结出这些小行星在太阳系中的概况。

小行星与施与它光和热的太阳之间的距离差异很大。对许多小行星来说，它们离太阳的距离是相同的，比如在小行星带中我们就发现了一些如此分布的小行星组，其中最大的那颗正好就在根据波得定则理论上应该存在的那颗著名行星的位置上；其他小行星中有些靠得较近，距日大约 3.5 亿千米，另一些则较远，约为 4.47 亿千米。我们还需指出的是，一些小行星例如厄洛斯，由于其轨道的偏心率，它离太阳的平均距离比火星的距日距离还要小；而其他一些小行星因为各自轨道的椭圆率过大，当它们运行到近日点时会非常靠近金星或水星，运行到远日点时则比火星还要远；还有一颗小行星伊达尔戈，近时靠近火星，远时和土星离太阳的距离一样，也就是说伊达尔戈与太阳最近和最远的距离差达到了 10 亿千米。

因此，如果要以最精炼的形式陈述所有情况，即便每颗小行星与太阳的相对位置分别只用一行列出，我们也得附上一张不少于 2000 行的表格。

◆ 根据 NASA 的数据（截至 2019 年 5 月 17 日），目前已知的小行星共 795 076 颗，这一数据还在不断更新中。（可参见 https://solarsystem.nasa.gov/asteroids-comets-and-meteors/overview/。）

小行星的尺寸和特性

根据上文有关这些看上去只是些微小亮点的星体如何被发现的叙述，我们就能明白，"小行星"是对它们完全合理的称呼；当然这是相对于地球和其他主要行星而言的，我们很快会在后面的章节中研究那些可被称为"巨行星"的行星。

总体来说，鉴于小行星的尺寸不在我们的可视范围之内，就算动用巨型天文望远镜，我们所能看到的小行星的视直径也十分有限。至于下面这些可视小行星，我们能够直接获取关于它们大小的令人满意的数据，巴纳德在叶凯士天文台借助大型望远镜得到的数据如下：

刻瑞斯的直径　　767 千米

帕拉斯的直径　　489 千米

维斯塔的直径　　386 千米

朱诺的直径　　　193 千米

月球在地球旁边已经显得非常渺小了，但这些小行星即便在月球面前也依旧微不足道。既然以上的这些小行星似乎算同类中的庞然大物，那么我们该怎样形容剩下的小行星呢？大部分的小行星尺寸极小，最新发现的小行星的直径几乎不超过 4 ~ 5 千米。

我们很难用"星球"一词来形容这些微不足道的球体，甚至称它们为"球体"都不见得恰当。那些我们在前文中已经给出尺寸的小行星的确是球体，但并不完全规则，也就是说，小行星并不能被一概形容成大到霰弹，小到铅灰的弹丸。事实上，人们试图另辟蹊径来估算它们的直径，即通过光度法建立比较。

然而，这些观测活动揭示了某些小行星在亮度方面十分奇特的变化，要对这些呈曲线的变动给出阐释很难，人们当然可以推测，原因是这些小行星像其他所有星体一样以不同的倾斜度做自转运动，其连续转动的星面所反射的日光并不均

➤ Cérès：刻瑞斯；

Vesta：维斯塔；

Junon：朱诺；

Pallas：帕拉斯；

Lune：月球

目前已知的那些最大的小行星与月球尺寸的比较

匀。有些畸形小行星的形状很不规则，有的就像巨大的岩块，每一面都形态迥异。我们同样对此只一笔带过，因为唯有通过一系列漫长的观测活动以及借助更强大和专业的研究手段才能获得小行星的精确参数。

我们对小行星的地貌特征还知之甚少，我们也不知道它们是否被大气层包裹着，但不管怎样，这层大气一定非常稀薄，即便是那些体型较大的小行星也是如此。由于小行星的体积微不足道，因此它们的引力可以说为零，构成大气层的气体分子只可能非常稀薄。

有人会有疑问：这些淹没在浩瀚星辰之中、从自身来看又足够庞大的天体究竟是什么？这一问题引出了人们对小行星起源的广泛讨论，不少假说应运而生。某些迹象表明，这些小行星似乎同源：要么是在太阳系形成的过程中，一些干扰因素使它们无法集结成一个星体，要么就是某颗行星毁灭后四散的碎片。后一种猜想在某种程度上解释了小行星可能的不规则形状。

不管怎样，就算它们拼在一起，大小也不会超过地球的 1/1000，由此更可见，即便是那颗假设行星，其大小也是多么不值一提。最后，根据某些小行星轨道的特征，有人认为它们可能是过去的小彗星所留下的核。这些宇宙学领域的难题引发了如此多不同的假说，但我们不会在此逗留，相反，我们将在本章最后推演小行星上因绕太阳公转的位置和运动而形成的一些特殊景象。

小行星的外貌

我们不得不对小行星的外貌进行概述，因为我们无法一一列举每颗小行星的情况，尽管它们的许多情况都相似。我们仅限于提取小行星的主要特征，同时提请注意某些小行星的特殊之处。

或许站在这些星体上所能看到的唯一不同之处就是无规律可循的岩石地表。每一颗小行星必然处处不同，但无论它们贫瘠的地貌如何——因为毫无疑问水不可能存在于这些星体之上，对于有幸亲临一睹小行星真容的人来说，可视范围依旧非常有限。由于尺寸渺小，无论小行星是球体还是别的形状，视野都极为狭窄，地平线就在眼前几百米的地方，或者还要更近，因此当站在小行星上的人眺望远方的一处起伏地面时，只能看到顶峰以及脊部——如果真有这样的建筑立在那儿。在那些最小的小行星上，即使相隔不远，人的双脚也会很快在视野中消失，只有稍微高出地平线的头部还能看到。

这是我们对那些形状相对规则的球体小行星的猜测，至于那些形状不规则的碎片小行星，上述情况只会更加夸张。它们就像孤立存在于太空中的山脉碎块，人在上面行走会异常艰难，不是因为脚下遇到的障碍物，而是因为缺乏稳定性——小行星上几乎为零的重力强度使得人类的体重可能降到只剩几克而无法在地面上站稳；肌肉用最小的力道就可以让主体慢慢在空间中飘得越来越高或越来越远，重新落到地面也许比飘在空中的羽毛还要缓慢；人类像在地球上拿起橘子或核桃一般轻易搬动硕大的岩石。

小行星上似乎没有任何可用来实现生命活动的条件：空气、水以及由它们构成的物质。尽管我们无法准确想象出这些小行星本身的地貌，但我们至少可以构想出从小行星上能看到的天象。

首先，在每颗小行星上能看到的太阳大小一定与它们之间的距离相关，但对于大多数小行星来说，我们可以仅考虑它们各自的轨道大小，为了避免长篇大论，

▲ 小行星阿多尼斯的轨道偏心率极大，从阿多尼斯上看到的最大与最小的太阳视直径如图所示。

▶ 如果说某些小行星是不规则状的，那么在这颗小行星上的人会以为自己站在一块于空间中飘浮的山石上。当这些小行星运行到非常靠近地球的位置上时，从上面望向地球，有时会看到后者如同一轮小型月亮。

我们只以位于火星外围的主要小行星作为观测基地。当我们退到如此偏远的地带观望星空时，所能看到的太阳视直径是我们在地球上看到的 1/3，太阳发出的光、热辐射几乎减小到了地球所接收到的 1/9，因此小行星地面的光照度应该十分微弱。不过，即便大部分小行星都有这类情况，但从小行星带的一端到另一端，差异仍非常明显，从位于火星外围的小行星上看到的太阳只比在地球上看到的小一点，而从那些更靠近木星的小行星来看，太阳的视大小缩小到了地球上看到的日面的 1/4 甚至 1/5。

下面我们将对特殊情况进行考察。从在偏心率非常大的轨道上运行的小行星上看到的太阳大小不一，因为它距离太阳的远近不一，且近日点和远日点差得极大。阿多尼斯便是这类小行星，它可以运行到水星附近，也可以运行到远离火星的地带，因此从它上面看到的日面大小可以相差 60 倍。对于其他远日点距日几乎等于土星到太阳的距离、近日点距日等于火星到太阳的距离的小行星来说，分别从这两个位置看到的太阳面积比为 1 比 50……

关于小行星上日夜交替的速度，我们无从得知，因为这取决于每颗小行星的自转运动以及它的自转轴方向。由于小行星上没有大气，因此日夜的交替都是骤然发生的。此外，少了一层云雾使得在任何时候都能在小行星的上空分辨出恒星与行星，就像我们在前面探讨过的月球上的情况。总之，小行星上的这些天象值得我们注意。

恒星总是能被看到，就像我们在地球上能看到恒星那样——关于这一点我们已经在前文展开过详细解释，而行星呈现的面貌不同于恒星。从大多数小行星上望去，水星因为太过靠近太阳难以被看清，离太阳稍远的金星也失去了我们在地球上看到的光辉。从小行星上看到的地球没有在火星上看到的明亮，而总是位于太阳身侧的火星，由于与小行星相对更近，在小行星上空显得又大又美。木星变成了空中最明亮的星，土星在小行星的上空也比在地球的上空更为耀眼。然而从小行星上望到的太阳大小千差万别，在那些可能来到了地球附近的小行星上看，地球从一个简单的光点变成了一个小型月亮，金星或水星的情况也一样。对于那些在木星或土星附近游荡的小行星来说，木星和土星能构成极佳的天文景观，就算是用天文望远镜看到的图像也不会更胜一筹。

最后，还有不少小行星是我们尚未得知的，人们有理由认为这些小型星体彼此靠近，甚至就像同航线航行的船只般互相近在咫尺。这些小行星的大小迥异，它们的存在壮大了洒满天空的星辰队伍。

从人类的角度来看，我们可以断言的是，肉眼不可能观察尽所有小行星，我们在此只是论述了那些最主要的小行星。事实上，一切迹象都表明，这些奇异的小型天体是没有生命存在的世界，它们死气沉沉、空空如也，在太空中做着一圈又一圈的圆周运动。

▶ 从在木星附近运行的小行星上可以看到的硕大的木星，堪比我们在地球上只能用望远镜看到的景象。

第八章 木星

在前一章的论述中，我们几乎已经到达了这颗行星的附近。它是所有围绕太阳运转的行星中体积最大的一颗。我们此刻就直接登陆木星，来认识一下这个可以被称为"太阳系巨人"的星体。它与地球或邻近的星球彼此之间存在着深刻的相似性，而在所有方面又与它们大不相同。因此，我们将要继续的探索之旅是可真实发生的话，那么木星就是这趟旅程的转折点，因为我们不再有办法登陆这颗巨型星球，而你们将很快知道其中的原因。

木星的轨道及其运动

我们现在已经距离太阳非常遥远了，至少与地球在太空中所占的位置相比；木星公转的轨道十分庞大，对于木星来说，地球几乎与太阳毗邻，且做着相当小的圆周运动。

由于木星轨道较大的椭圆率，木星到太阳的距离不一且相差极大：木星在近日点时离太阳 7.38 亿千米，其远日点距离太阳 8.03 亿千米，木星与太阳之间的平均距离为 7.77 亿千米 [1]。当木星冲日时，它离我们只有大约 5.8 亿千米。

木星的轨道非常庞大；木星公转速度小于地球，以匀速走完一圈路程，木星要花大约 12 个地球年，精确的数字是 11 年 314 天 8 小时 [2]。鉴于此，木星运行得似乎比其他星体都要更加缓慢。我们看到，木星在很长一段时间里都稳居天空的同一位置，木星与地球运动的组合使木星平均每隔 398 天冲日。

木星离太阳如此遥远，相比之下，地球几乎就贴着施与它光芒的太阳，因此我们总是能看到木星像一轮满月状的光亮圆盘悬于天空；理论上来说，在出现木星相位的极端角位上，人们可以看到木星边缘如同光晕般暗淡的光芒。

木星的尺寸和要素

尽管木星距离很远，但木星圆盘的大小即便是用最简易的光学仪器也能了解到。

因为这颗星球太过庞大了——它的直径长达 142 102 千米，也就是地球的 11.14 倍 [3]。如果据此我们将二者的体积进行对比，会得出前者的体积是后者体积的 1295 倍，但这颗巨型球体相对较轻，因为构成木星的物质密度很小，只有 1.36（地球 =5.52），因此质量只是地球的 318 倍。

由于木星在我们眼前呈现出了某种特殊的形态，人们从最开始就发现木星和地球有着本质上的不同。

事实上，使用最基础的天文望远镜得到的观测结果就能最直接揭示木星的形状：木星并非完美的圆形，而是呈明显的扁圆形状，从而导致了通过两极的直径与赤道直径之间存在 1/15 的差量（此处依据的是平均直径）[4]。这种形状与木星球体本身的性质有关——它受到由自转带来的离心力作用的驱动，我们将有必要在下文提出关于木星球体性质的假说。由于木星以高速自转，所以它的自转周期只有 9 小时 50 分钟 [5]，在太阳系的所有成员中，木星是昼夜交替最快的星球。然而，尽管木星日如此短暂，其日夜时长却不像地球上的那么不均，因为木星的自转轴与公转轨道平面只有 3 度的倾角 [6]，像这样的方位不会造成任何明显的

◆ 现测定木星的平均距日距离为 778 330 000 千米。（《基础天文学》）

◆ 现测定木星公转周期为 4332.71 天，即 11 年 317 天 17 小时。（《基础天文学》）

◆ 现测定木星的赤道半径为 71 500 千米，即直径 143 000 千米，约为地球直径的 11.2 倍，其体积则约为地球的 1400 倍。（《基础天文学》）

◆ 现测定木星的极半径为 66 900 千米，即两极的直径为 133 800 千米，比赤道直径小 9200 千米。（《基础天文学》）

◆ 木星存在较差自转，即自转时不同纬度部位的角速度不同，较差自转说明星体并不完全是固星体。太阳系内，太阳、木星和土星存在较差自转。这里的木星自转周期取其赤道自转周期，下文亦有说明。

◆ 现测定木星自转轴倾角为 3.12 度。（《天文学新概论》）

▲ 巨大的扁圆形状的木星与地球的对比

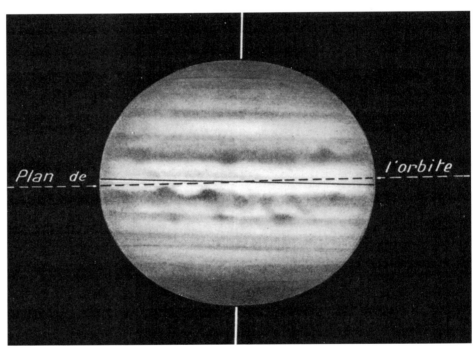

▲ plan de l'orbite: 轨道平面
木星自转轴与轨道平面之间极小的倾斜角度

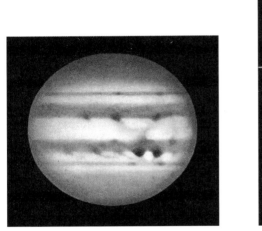

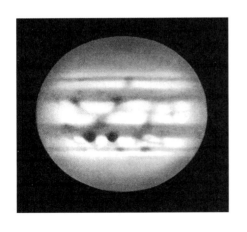

▲ 木星自转速度。以上两个图像的拍摄时间间隔为 1 小时。

季节变化。

　　最后，根据以上所有木星要素，有人计算出了这颗巨行星上远大于地球上的重力强度，这对人类来说可能难以忍受，因为人在木星上的平均体重会升高到将近 200 千克[1]。

◆　木星的表面重力加速度为 24.79 米 / 平方秒，地球的表面重力加速度为 9.80 665 米 / 平方秒。（NASA）

木星的外貌

如果把在某些相位下如新月般又细又大的金星排除在外，那么木星就是我们用肉眼最容易辨认的星体，它似乎拥有闪亮的恒星才会呈现出的特殊外貌。事实上，木星的视圆面只比我们看到的天空中的月亮小 40 倍，只需动用强大的航海望远镜就能清晰辨认出这颗巨型星球的轮廓。借助这类简易工具还能观测到木星的主要卫星——我们将在后文对此进行专门论述，但我们已经在前文提到，这些绕木星运行的卫星是伽利略用自制望远镜最先发现的。

即使是如此简易的工具都能让伽利略获得在当时看来如此惊人的发现。尽管伽利略的望远镜只能向他展示木星是颗巨大的星球且被其他小型天体——它们的运动是伽利略后来致力研究的方向——所环绕，有些人认为木星上的特殊带纹也是伽利略发现的，但据其他学者称，伽利略从未提及木星的这一外貌特征。总之，根据那些借助已比较完善的观测工具绘制并发表的早期图像，我们会发现这只是一个很基础的观测结果，这些神奇带纹（我们将会看到，带纹是这类星球的特殊标志）似乎可以追溯到 1630 年 5 月 17 日塞奇神父的发现，同时还有巴托利的发现，自 1633 年冯特纳也开始发表相关的研究成果。尽管他们的制图都较为初级，但已能证明木星外貌的持久稳定性，至少木星表面被饰以平行于赤道的或明或暗的条纹这一特征是永久性的。即使是在不那么完善的观测条件下，木星表面的布局还是如此突出而明显，以至于我们会看到赫维留绘制的夸张木星图（我们在后面附上了图示）。木星上的斑点在赫维留看来与月球上的类似，但木星还是呈现出了其带纹在数量和密度上的奇特变化，人们对此还没有找到合理解释。

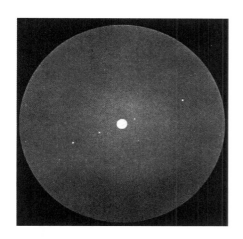

▲ 借助最简易的望远镜就能观察到的木星星系

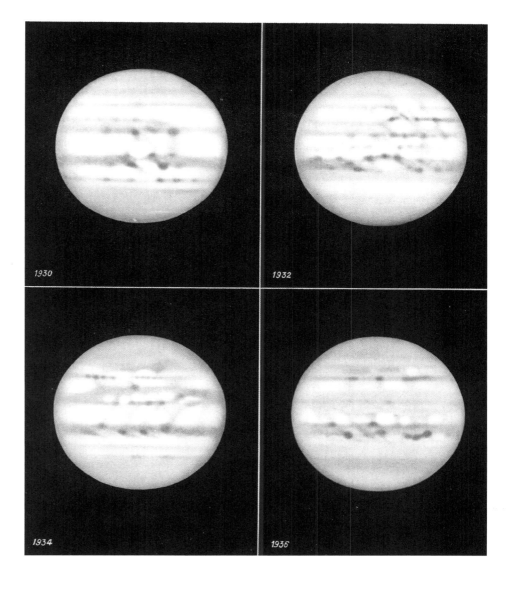

► 木星的特殊外貌。木星被一圈平行于赤道的带纹围绕，不同时期条纹图案也不同，人们会看到带纹的数量、大小、密度以及球面上四散的斑点在不断变化。

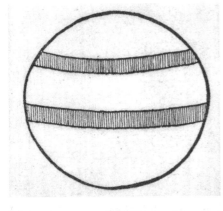

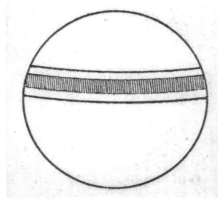

（上图）祖奇与巴托利观测到的木星（1630年5月）；（下图）格里马尔迪观测到的木星（1634年10月）。

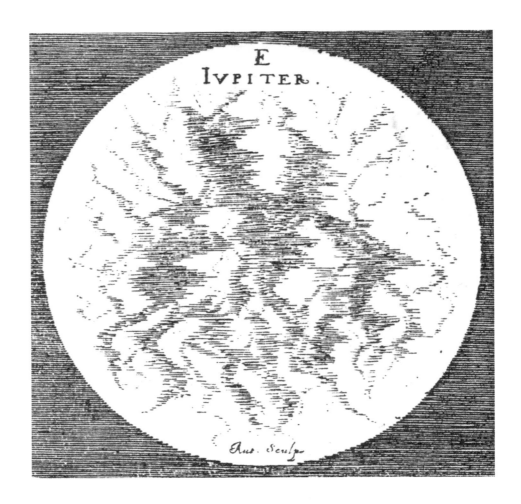

▲ 赫维留观测到的木星

随着观测仪器的光学质量的改进，人们很快就注意到带纹的这些变化。这些相互平行的带纹被发现后，1664年英国科学家胡克又有了新发现，他指出在一条暗带上有一块颜色更深的暗斑。这个斑点自东向西的位移证实了木星的自转运动；但是胡克似乎并不致力于确定这一在当时没有任何迹象能表明的运动，因为这些平行于赤道的带纹，也就是沿着自转方向的带纹没有因此而改变位置。

对木星真正的研究始于 G. D. 卡西尼。认识到木星为扁圆球体、确定木星的自转周期在不同纬度上的变化、对木星特征，比如带纹的不连续性、数量和位置的变动以及散布在上面的白斑和暗斑等做出描述都要归功于这位杰出的天文观测家。现代所有观测活动几乎只是对卡西尼所完成的出色工作做更为精确的补充。

况且我们仅限于介绍自这一时期以来人类获知的木星概况，而非事无巨细地回顾人类对木星的所有观测活动，下面我们将根据现代数据对木星世界展开描述。

如今，人们已经可以构想出木星的面貌了，我们面对的不再是既保持固定布局又同时千变万化的星球外表。总之，我们无法像制作火星地图那样也画出一张木星地图，但我们的确可以根据大量的观测活动进而获得完整的木星圆面，且这些观测活动不用持续很久，因为只需连续观察木星10小时，就能得到木星在我们眼前掠过的所有圆面。而在某些时期，我们会看到木星很长时间内一直处于地平线上方，所以冬季长夜的那几个小时足以让人们完成一次重大的木星观测。然而，用这一方法获得的木星图只在一个固定时刻有效，人们逐渐发现整个木星都在变化，要么是细节在数量上发生着改变，要么是各细节的相互位置发生了改变。

木星外貌所呈现出的这些整体变化有时非常显著，只需看看在不同年份绘制的一系列木星图就能发现这些改变有多深刻：木星上本没有带纹的纬度区出现了一条宽度或色度相当明显的带纹，在别的区域带纹反而从有到无，或者是带纹的大小或色度发生了改变。除此之外，还有那些或明或暗的斑块，它们沿着明暗带纹区域的走向分布。最后人们还发现，有一些倾斜的条痕似乎将暗带连接了起来。

▲ 冯特纳于 1646 年 1 月 22 日观测到的
木星

▶ 卡西尼绘制的木星（1691 年）
meridies：南；occidens：西；oriens：东；
septentrio：北；December：12 月

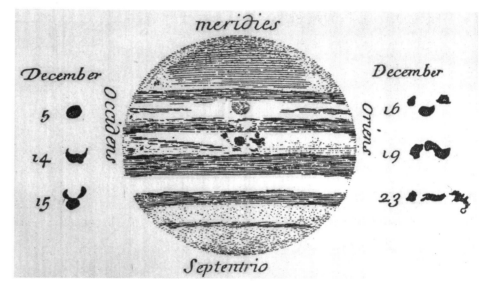

在所有这些不稳定的细节中，或者说在这些至少会在某个时刻从我们的视线中消失，然后又在另一个时刻出现的细节中，卡西尼于 1665 年发现的一处细节却不断被后人观测到，因此我们可以说该细节似乎就是稳定不变的，但它的持续性只限于范围和轮廓方面——因为这一长达 50 000 千米的斑块的经度位置发生了改变，就像大海上漂浮的小岛，时而向东，时而向西，这也成了最令人费解的现象。除此之外，人们还看到它的颜色也发生了改变，尽管这一斑块早在卡西尼的木星图中出现了，但直到 1879 年它才因其鲜明的色彩而声名大噪，人们称之为红斑 [1]。这个名称被一直保留了下来，纵使这块木星斑有时几乎不可见，且它的颜色通常泛白或泛灰，然后又会恢复鲜明的色度，此时即便用性能不佳的望远设备也能观测到。1936 年，这块红斑的典型颜色突然变本加厉，在更利于分辨色彩的大型观测仪器下呈现出极为鲜艳的朱红色。

红斑的这些奇特变化似乎与在它下方形成的带纹的变化有关。大红斑似乎嵌在了这条更靠近赤道的带纹（热带带纹，参见所附图示）中，就像大海湾里的一座岛屿。当带纹变弱，变得几乎看不见时，红斑就会显出更鲜艳的颜色。

◆ 即著名的木星大红斑。大红斑是一个位于木星赤道南部的巨大反气旋风暴（逆时针），如果 1665 年观测到的斑纹就是这个大红斑，那么可以说大红斑至少已经存在 354 年，至于这个位于木星上的风暴为何能持续这么久，科学家目前也无法给出确定的答案。而根据《国家地理》2018 年 3 月 9 日的一篇文章，大红斑的形状一直在改变，目前的监测显示大红斑在不断缩小，在未来，大红斑或许会消失，或许会继续存在。（可见 https://www.natgeomedia.com/explore/article/content-5794.html）

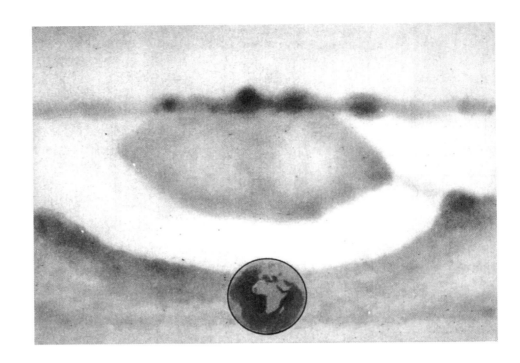

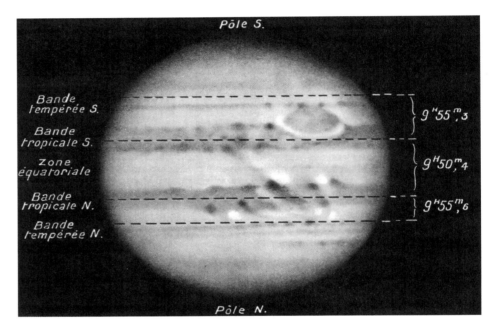

红斑里发生着什么神秘的现象？我们还无法对此做出猜想，除非有新的发现，否则我们不得不仅限于所看到之物。至于红斑在经度上飘忽不定的原因我们也不敢妄断。这一介于其他不稳定斑块中间的形貌稳定的红斑的位移的速度也不一，以至于造成了木星各地貌似乎在滑动、扭曲变形或者彼此接触时融为一体的表象。

最后，当我们仔细跟随着这些奇异外观的运动时，会发现木星不同纬度的自转速度似乎不一，我们前面给出的 9 小时 50 分钟是赤道平均速度，赤道的南边是所谓的温带区，接近红斑，木星的这一部分自转一周需要 9 小时 55 分 03 秒，赤道以北的温带区域则要 9 小时 55 分 06 秒。

我们观察到的木星没有显示出任何坚实地表应该具有的特征，因为如果地表像地球或火星的那样坚实，其自转运动一定是整体同步的。

▲ 人们很容易根据木星还未冷却、正处于形成过程中这一假说，想象木星会呈现出如图所示的景象。

木星的构成及其物理环境

我们刚才所概述的木星特征以及木星表面总体呈絮片状的不稳定的带纹和细节，都显示了这颗星球极为特殊的状态，我们很难对此做出精确描述。我们最多可以认同，木星的形态绝对不是一个固体会有的形态，因此我们倾向于假设这是个液态的星体，或是由在超强高压下多少液化了的气体组成的星体，这样的构成也解释了木星的扁圆形状——木星以硕大的体积高速自转，离心力作用使其在赤道处隆起，两极越来越扁平，变成了我们观察到的椭圆体。

总之，我们所描述的木星表面——无论如何都不可能来自一个固体核——只是木星最外面的一层厚厚的大气，它挡住了我们想要探索大气底下世界的视线。通过光谱研究，我们知道，在这层大气中除了有我们尚未辨认出的物质，还有很大比例的甲烷和氨水。关于木星大气层的构成、状态以及在其中发生的现象的本质，人们还不能给出精确的解释，而要想一睹大气底下更深层区域的真容更是难上加难。

称木星为一颗"正在形成中的星球"似乎是很合理的，但我们可能难以确定它究竟处在哪个阶段。总之，正如我们一开始认为的那样，尽管木星的某些部分

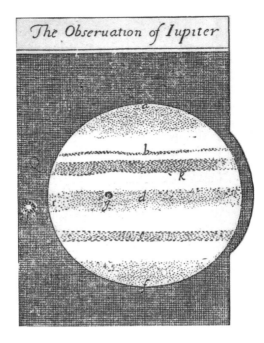

▲ 胡克于 1666 年 6 月 26 日观测到的木星

很明亮，但它不是一颗高温星球，由绕木星运动的卫星所带来的天象就能证明这一点：当这些星体介于木星和太阳之间时，我们看到它们的黑影正好投射在主星的亮面上，而木星看起来会发光，只是因为它被太阳照亮了；与此相反的现象是，卫星由于被木星的阴影遮挡而消失不见，如果木星自身还能散发出明显的光亮，那么就该照亮它的卫星。最后，各种猜测倾向于认为，木星的温度非常低，介于-135 摄氏度到 -155 摄氏度之间。

以上所有事实都证明了我们应该摒弃以下想法：根据某些宇宙起源学说，认为木星与其说是行星，不如说是一颗能与太阳类比的恒星，且正在经历固化的过程。过去有人提出，木星是与地球类似的星体，且木星地貌被厚厚的条状云带缠绕和遮蔽，这一假说同样不可信。

总而言之，以我们目前的认知水平，没有任何假说能声称自己完全正确，唯一看似被证实且该被重视的推测是，木星上看不到任何我们在前面的章节中讨论过的那些行星所具有的环境，因为木星没有坚实的地壳。木星上不存在任何稳定的表面，我们无法设想某个外星游客能在木星上着陆。木星上孕育着某种有机生命在我们看来同样是不可能的事。

因此，我们要对关于木星地貌的说法保持警惕，我们唯一可做的是再现并描述天象即能看到的木星上空的景观，以及在木星浑浊的大气层内部穿梭时能欣赏到的景象。

事实上，木星的夜空会被好几个"月亮"照亮，因为这颗巨行星坐拥好几颗卫星。下面我们就来关注一下这些卫星，它们的作用不只是给木星的黑夜照明，它们还是供近距离欣赏木星的极佳观测站。木星的卫星反倒是我们有可能登陆的星体，从任何一颗木卫上望其主星，都能领略到无与伦比的天象奇观。

➤ 一颗卫星投射在木星上的黑点

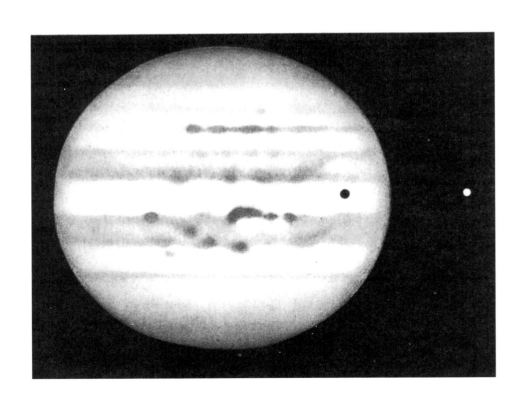

木星的卫星

目前已知的木星卫星数量为 9 颗，但只有 4 颗体积较大，这 4 颗正是由伽利略发现的[1]。我们在前文已指出，这 4 颗卫星即便用最简易的天文望远镜也能观测得到，而对其他卫星只有用强大的现代仪器才能揭露它们的真实面目，甚至有的需要借助摄影感光技术才可以。

以下列举了木星星系的各成员。卫星的编号似乎没有什么规律可循，编号为 I、II、III、IV 的卫星（由伽利略最早发现）是根据卫星与主星之间的距离编号的，其他卫星则是按它们被发现的时间顺序来被编号的。

编号，名字	直径（千米）	距离（百万千米）	自转周期	发现者，发现日期
V.	160?	181	0 天 11 小时 57 分钟	巴纳德，1892 年 9 月 9 日
I. 伊奥	3800	420	1 天 18 小时 27 分钟	伽利略，1610 年 1 月 7 日
II. 欧罗巴	3100	670	3 天 13 小时 13 分钟	同上
III. 盖尼米德	5600	1068	7 天 3 小时 42 分钟	同上
IV. 卡里斯托	5200	1880	16 天 16 小时 32 分钟	同上，1610 年 1 月 13 日
VI.	130?	11 400	250 天	佩林，1904 年 12 月 3 日
VII.	50?	11 750	260 天	同上，1905 年 1 月 2 日
VIII.	50?	23 500	739 天	梅洛特，1908 年 1 月 27 日
IX.	25?	24 100	745 天	尼克尔森，1914 年 7 月 21 日

由于某些卫星离木星太过遥远，木星星系成了一个非常庞大且特征明显的体系，木卫五、木卫一、木卫二、木卫三、木卫四几乎在同一个平面上转动，且该平面与木星的赤道平面非常接近，而最新发现的木卫八与木卫九与其他卫星的运转方向相反。

最后，根据表格中所提供的有关这些卫星大小的数字，我们可以看到，最主要的四颗小卫星比我们的月亮还要大，甚至堪比某些主要行星的尺寸：木卫三的直径超过了水星的直径，几乎达到了火星的直径长度，且水星也没有木卫四大。因此，这四颗卫星算得上真正的星球，在其余的木卫中间享有特权。这四颗卫星都有足够稠密的大气。我们很难有效探测到它们的表面，它们距离我们如此遥远，即便再放大，它们还是微不足道的圆面。可以看到上面的一些模糊的灰斑，这也证明了其地貌的多变性。我们可以像登陆月球或登陆与地球相邻的行星那样，在这些木卫上着陆，但我们要踏足的是片什么样的地方呢？上面都有些什么样的景色？是变化多端还是单调乏味？是贫瘠不堪还是肥沃富饶？我们在这些方面还不可能有准确的答案，但我们可以确定的是，木卫上空有美轮美奂的天象，我们将在下文做一番描述。

7 janvier

8 janv.

10 janv.

11 janv.

12 janv.

13 janv.

▲ 伽利略于 1610 年 1 月最先对木星卫星进行了观测。

图左侧日期翻译：1 月 7 日；1 月 8 日；1 月 10 日；1 月 11 日；1 月 12 日；1 月 13 日

◆▶ 现木星已被确认并命名的卫星共 79 颗，这使得木星成为人类目前发现的天然卫星最多的行星。（NASA）

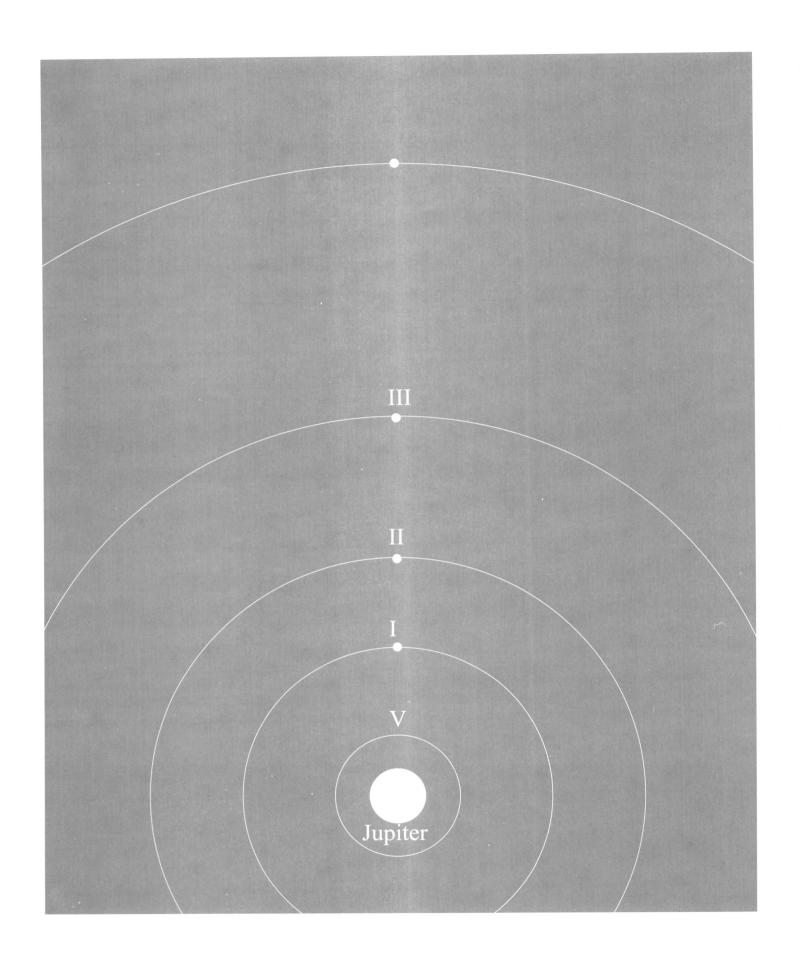

III

II

I

V

Jupiter

▲ Jupiter 木星

木星的主卫星轨道（要想再现那些更遥远的卫星就得超出图示范围）

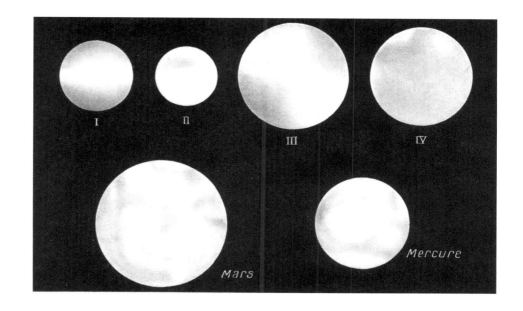

木星世界的景观

我们对有关木星本身性质认知的
不确定，导致我们不得不对下文描述
的天象持保留意见。

我们不会讨论木星上可能有的景
色；即便我们假设木星有足够坚实或
大密度的表面可供我们暂时立足于此，
我们对它的本质或面貌的再现也纯属
幻想，所以我们只能天马行空地想象
置身于木星会看到的天象。

对木星来说，太阳因太过遥远而
沦为一个极小的光源，从木星上看到
的太阳视直径只有我们在地球上看到
的 1/5，木星得到的光和热只有地球
上的 1/25。这颗微型太阳似乎只会照
亮木星上那层充满水蒸气和浑浊物质
的大气。木星的高速自转备受瞩目：
对它的赤道区域来说，在 4 小时 25
分钟之内就可以看到太阳在地平线上
完成的升落。我们所说的地平线，指
的只是一条划分可视范围的过渡线，
当日夜交替时，太阳会在这条线上出
现或消失。总之，在木星上日夜过渡

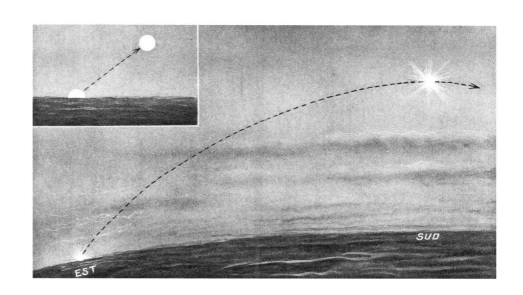

▲ 木星上的白天十分短暂。日出后再过 2 小时 12 分钟，太阳已经抵达它在天空中的整个运动
轨迹的最高点，接着又用同样的时间落入另一边的地平线。左上角的图示是一分钟内太阳经
过的路程，距离根据日面的直径按比例标示。Est：东；Sud：南

得非常快，因为由于光照强度的减弱，木星上的黄昏不明显，可能只会持续几分钟。

木星上最美的天象一定是它的夜景，因为有大量的卫星在绕着它旋转，它
们似乎就在被它自己照亮的云层中间互相追逐。而这一景象主要是由那四颗主
卫星造成的，它们的视直径达到了我们在地球上看到的月亮的大小，其中一颗看
起来会非常大，有两颗略小，剩下的那颗更小一些。至于离主星最近的那颗木卫，
它的大小与火星的卫星大小相仿，而那些离木星非常遥远的卫星的大小则可以忽
略不计。我们从未看到这四颗主卫星的满相，因为它们每一颗在公转时都会被主
星的阴影遮挡。它们也会在每次"新月"时遮住圆面极小的太阳，使木星在不同

▲ 木星天空的夜景

区域看到日食现象。如果我们用木星日（比地球日短 2.5 倍）来计算，这四颗卫星的视运动以及它们相位接替的速度非常快。木卫一（外观上最大的木星卫星）在朔望月相开始后的第一天可以看到 1/4，第二天被食，第三天看到最后的 1/4，第四天回到满月相。对另外 3 颗在木星空中还算足够大的卫星来说，完整的相位循环一次分别需要 8.5、17 和 40 个木星日。

我们必须亲临这些卫星的表面才能够欣赏到类似我们在讨论火星时见识过的壮观场面的景观。从最近的木卫观察主星，木星就像美轮美奂的月球，呈满月或其他任何相位，雄踞于地面上方（我们此处之所以把木卫表面说成类似多岩的地面，是因为找不到更好的表述了）。

木星的巨大圆盘似乎撑满了天空的绝大部分，当它只呈现为细窄的新月状时，

◢ 靠近木星的卫星上看到的木星相位呈硕大的新月形。

➤ 在远离主星的卫星上看到的木星比在靠近主星的卫星上看到的要更小，但能看到木星有其他近距离的木卫相伴。

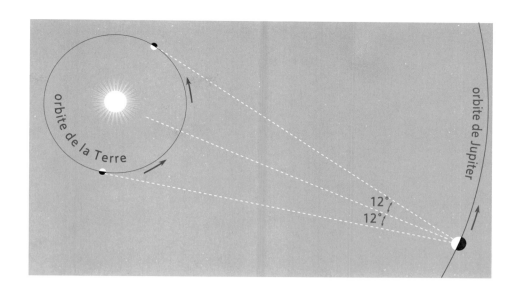

或者变得像不透光的屏风遮住太阳时，都呈现出惊人面貌。

从其中的某颗木卫望去，可以看到其他卫星在绕着木星公转，有时转到主星前面，有时转到主星后面，由此产生了木星上空不断变化的天象，如果我们要对所有天象一一描述，就难免要在此地耽搁过久。

那么，从木星世界看到的地球会呈现什么样貌呢？地球只是一个在太阳两侧摆动的小光点，最大的夹角也只有 12 度而已。无论在夜间还是白天，它都是一颗虚弱的星，就算能被肉眼看见，也是极为勉强。对木星来说，观测地球的最佳时刻是太阳被某颗卫星遮挡的时候，或者对木星的卫星来说，木星遮挡太阳时是观察地球的最佳时刻，但我们的地球此刻只是一个无足轻重的星体，而在我们接下来要造访的星球上，地球更是彻底消失了，仿佛不曾存在过一样……

第九章 土星

遥遥甩开木星后，我们现在到达了土星。土星离太阳的距离接近木星与太阳之间距离的两倍。对过去的人而言，此地就是星际旅程的最后一站。事实上，土星是我们用肉眼可能观察到的最后一颗行星，似乎在很长一段时间内，它都标志着太阳系的最终边界。

尽管土星距离遥远，我们还是能够看到它在空中熠熠生辉，因为土星是一颗巨行星，在行星尺寸的排名中，土星占据了第二的位置；但是，更为重要的原因是，有一圈著名的土星环围绕在它的周围，即便有人从未目睹过土星环的真容，也必定听闻过它的大名，这在人类目前的认知中是独一无二的特征。土星所展现的景象值得世人给予更多关注的目光。

▲ 土星世界

土星的轨道及其运动

土星在平均距日 14.25 亿千米 [1] 的位置绕太阳公转，土星轨道的偏心率使得近日点与远日点之间存在超过 1.5 亿千米的差量，该数值相当于地球公转轨道半径的长度。对比之下，土星公转轨道的规模才称得上庞大，而地球就像紧靠在太阳身侧，其轨道半径显得尤其微不足道。

土星的轨道庞大到土星走完一圈路程（在距离太阳如此遥远的地方，土星的运动的确会有一定的迟缓）所需时间不少于 29 年 168 天 [2]，若以地球上的时间

◀ 现测定为 14.4294 亿千米。

◀ 现测定为 29.4 年，即 10 756 天。（NASA）

▲ 土星与地球的大小对比

来计算，在土星上度过一年对我们人类来说就太漫长了……土星极为缓慢地在星空背景上进行视运动，过了一年，我们看到它几乎还是待在天空的同一片区域里。正因为土星的位移距离如此之小，所以每次土星冲日日期只会比上一次的冲日日期延迟 12 到 13 天 <1>。

我们可以看到，土星回到轨道上的原初位置需要很长时间，这也带来了各种各样的天象，解释它们的成因时就得援引土星将近 30 年的公转周期，即需要经过 30 年，同一种天象才会再次发生。

土星的尺寸和要素

正如我们在前文所述的，土星是巨行星中第二大的星球，它的直径为 119 900 千米，是地球直径的 9.4 倍，因此体积是地球的 745 倍 <2>。和木星一样，这个庞然大物的密度很小，轮廓非常扁平，其扁率为 0.1 <3>，同样受做高速自转运动时离心力的作用被拉成了椭球。土星的自转周期为 10 小时 15 分钟 <4>，转速要比木星慢一些，但由于组成土星的物质非常轻，其密度相对于水只有 0.7，是太阳系所有星球中密度最小的星球。根据土星的庞大体积和偏低密度，人们计算出了土星上的重力强度——几乎等同于我们在地球上承受的重力强度。

土星的自转轴与轨道平面的夹角为 26 度 49 角分 <5>，如此倾斜的角度导致土星根据其球体被太阳照亮的情况而呈现出的外貌交替出现；我们的眼睛所看到的土星景象不会产生偏差，因为相对于土星来说，我们离太阳太近了，因而太阳

◀ 土星冲日的周期约为 378 天，上一次土星冲日发生于 2018 年 6 月 27 日，最近一次土星冲日预计发生于 2019 年 7 月 9 日；上一次土星大冲见于 2003 年 12 月 31 日，而下一次土星大冲则需要等到 2031 年。

◀ 现测定土星赤道半径 60 168 千米，即直径 120 336 千米，是地球直径的 9 倍，其体积是地球体积的 745 倍。（《基础天文学》）

◀ 现测定其扁率为 0.09，是太阳系大行星中扁率最大的。扁率，即椭球体的扁度，扁率越大，椭球体越扁。（《基础天文学》）

◀ 土星也存在较差自转，其自转周期取其赤道自转周期即 10 小时 14 分。（《基础天文学》）

◀ 现测定土星自转轴倾角为 26.73 度。（NASA）

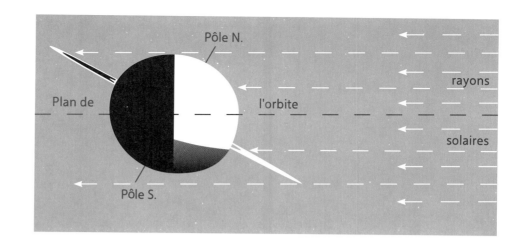

光线的方向和我们视线的方向几乎没有差别。

　　土星朝向太阳的不同方向与土星上的季节相对应，我们在上文已对其中原理做过解释，故此处不再赘述。由于土星年的漫长，我们会发现土星上每一个季节平均要持续 7.5 年。我们在解释土星以及沿赤道平面形成的土星环所连续呈现的奇特面貌时，就需要考虑这些相同的时间段。土星环的总直径达 278 000 千米，尽管它独立于行星，我们仍不能将二者分开讨论，因为土星环的样貌决定了一个整体的特性 [1]。

　　因此，从现在起我们就将重点放在土星这个神奇星系呈现在我们眼前的多变样貌上，特别是对有关其特殊环形结构本质的话题，我们将在下文做专门论述。

我们如何观测土星

　　尽管土星有着庞大的身躯，但它和地球之间隔着如此遥远的距离，导致土星的视大小被大大减小了，即便土星运行到距离地球最近处，二者的间距都要超过 10 亿千米，因此土星的张角最大也只有 18 角秒，而此时土星环的张角接近 43 角秒。为了更好地辨别土星多变的样貌，强大的光学助力很有必要，这也为早期观测给土星蒙上的神秘色彩祛了魅。

　　那是 1610 年的夏天，土星第一次不再只以一颗明亮星球的普通形象出现在人类视野里。伽利略用他自制的天文望远镜进行天体研究时，惊讶地发现土星变成了 3 颗——土星两侧各有一个发光的附属物，因此他写道："中间的星体看上去最大，另外两颗——一颗在东，一颗在西，二者的连线不与黄道方向重合——似乎紧靠着中间的那颗，就像两个一直分立两侧的仆人在侍奉年长的主星。"至于最后一句描述，伽利略后来认为是自己搞错了，因为他发现主星两侧较小的星体慢慢变弱，在 1612 年竟消失不见了。由于无法得知这一现象的真正原因，伽利略惊呼道："土星吞掉了它的孩子。"他觉得自己是被某种幻象愚弄了，以至于后来停止了对这颗让人困惑不解的星球的研究。然而，他的竞争对手以及之后

▲ 惠更斯是第一个在土星图上画出土星环的人（1656—1657）。

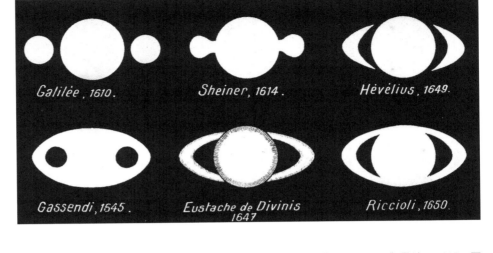

▲ 图上人名和时间翻译：伽利略，1610；申纳尔，1614；赫维留，1649；伽桑迪，1645；厄斯塔什·德·迪威尼，1647；里乔利，1650

早期观测到的土星样貌

▼ la Terre：地球；

Pôle N.：北极；

Pôle S.：南极

太阳、地球和土星的相对位置图示。土星在公转过程中到达二至点时，我们在倾斜的视角下分别看到了土星环的北面和南面；当土星到达二分点时，土星环所在平面穿过太阳，我们正好能看到土星环的截面。

的仿效者都看到了呈三体状的土星，土星的样子依旧是个谜，尽管他们中的一些人已经观察到较为理想的土星样貌（尤其可以参考里乔利和厄斯塔什绘制的土星图）。

直到 1659 年，土星谜团被惠更斯解开了；这位能干的天文学家从 1656 年就开始研究（使用的是他自制的一架口径为 7 米的天文望远镜）这颗奇异的星球。他后来写道："它被一圈任何部分都不与土星相接触的薄环围绕，光环平面与黄道平面斜交。"可见，惠更斯准确意识到了土星面貌对之前一众观测者的困扰是由视角的不同造成的，根据上文介绍的土星基本要素可知，这一环状系统在不同的视角下会接连被观测到。

下方图示比任何冗长的文字叙述都能更好地解释土星上的季节以及与之对应

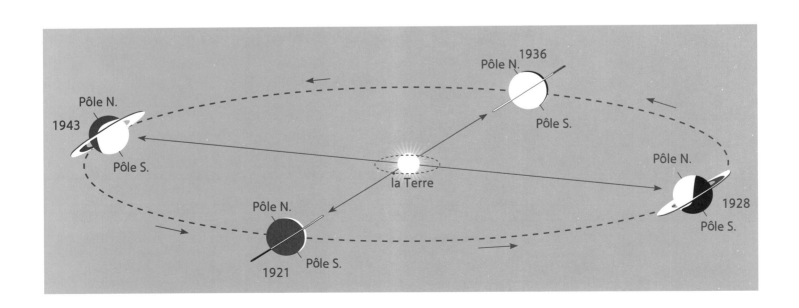

▲ 当地球经过土星环所在的平面时，我们看不到土星环。参见中间的土星图。左右两侧的图示是地球经过前后看到的土星样貌。

的土星外貌在我们眼前的呈现情况；与遥远的土星相比，我们距离太阳如此近，所以我们观测土星的视角与土星接受太阳照射的角度几乎相同，因此当土星到达二至点时，朝向太阳的——也就等同于朝向地球——要么是土星的北半球以及土星环的北面，要么是土星的南半球以及土星环的南面。由于我们倾斜的视角，土星的环状结构呈椭圆形，其短轴稍微超过长轴。此外我们还注意到，只有沿着土星赤道平面看去，土星环的形状才为椭球形；当土星的极点向我们倾斜时，椭圆度明显减小，土星环也会看起来越来越圆。

随着土星越来越接近二分点，土星环平面露出的角度也越来越小；最后当土星到达二分点时，土星环所在平面穿过太阳和地球，此时的环状结构看上去只是个呈直线状的截面。由于这条直线非常纤细，便造成了土星环消失的表象（下文会详细讨论这一点），尤其是在观测工具还不够完善

的情况下。我们由此可以想象伽利略当时的沮丧心情。他用自制的望远镜只能看到远景中土星两侧的光斑；我们已经知道所谓的光斑会逐渐变小直至无法被观测到，而伽利略观测土星正是在土星环在视野中越来越倾斜，最后只剩一个截面的时期。

正如前文所述，土星的这些不同外观周期性出现，这一周期也就是土星季节交替的周期。当土星运行到至点时，我们能看到土星星系最完整的样子，此处假设我们见到的是土星的北半球；经过至少 7 年之久，土星到达分点，此时我们只能看到土星环的截面，也可以说几乎看不到这个极薄的环状物。从该分点到我们能看到土星的南极又要等到 7 年以后，接着土星到达下一个分点，土星环又会从我们的视野中消失，中间的时间间隔同样是 7 年多。总之，每隔 14.5 年，土星环就会消失一次，在这十几年间，要么是土星星系的北面，要么是它的南面朝向我们视线方向的倾斜度最大，在这两个至点位置之间，我们会看到土星与土星环作为一个整体逐渐经过所有对应不同能见范围——土星投射在土星环上的阴影以及土星环投射在土星上的阴影的大小和方向不断改变——的视角。通过望远镜观测到的这些有趣的土星外貌，向我们展示了一个土星年内主导土星表面的不同环境，这些环境也为这颗星球的上空带来了天象奇观，我们将在下文尽可能确切地概述这些不同的天象。

在此之前，我们必须了解土星以及土星外围的环状物的物理特性。

土星的外貌与构成

土星的视直径过小，且它的亮度不及那些更靠近太阳的行星的亮度，这两点使得土星观测活动非常棘手：必须要有足够好的可见度以及光学放大条件才能清晰辨别土星所呈现的细节。土星上有一些平行于赤道分布的带纹，类似木星的带纹；或因为土星总体就很微弱的亮度，或因为这些带纹本身就较浅，总之土星带纹看起来没有那么明显，但我们同样能模糊辨认出这些带纹区域上的各种亮斑或暗斑。

卡西尼于 1676 年首次发现了其中一条带纹。

同木星一样，土星上的可见细节也在不断地变化，这意味着两颗行星在本质上明显类似，且它们在斑纹方面的相似度更甚。通过观察斑纹，我们得以确定土星不同区域的不同转速——转速从赤道向两极递减。赤道的自转周期为 10 小时 12 分钟 53 秒，介于纬度 17 度与 37 度之间的区域的自转周期减慢到 10 小时 14 分钟 45 秒，位于纬度 36 度的一处亮斑被测到的自转周期为 10 小时 38 分钟，所以我们不得不面对土星极不稳定的可视面积，这也意味着我们对土星各种现象的细致研究还有待继续推进。

此处就不再赘述前一章对木星提出的所有推论，但我们应该也能对土星做出如下假设：土星上找不到任何具备坚固表面的星球会呈现出的特征，土星多少是由液态或胶态物质构成的团状物，在它上面遇不到任何固体成分。

所有这些由天文望远镜观测而来的推论又得到了光谱分析或物理学各类研究的佐证。相较于木星，土星的温度更低，在可供光谱分析的土星大气层中，我们发现了氨水、甲烷以及一些尚未被得知的气体。

同木星一样，我们依旧无法构想出土星上的环境。任何可被人类目前的认知所证实的数据，都不足以使人们尝试过去的一贯做法——以确定的方式再现土星世界，谈论它的地貌或居民。

▼ 卡西尼于 1676 年绘制的土星图。图显示了土星球体表面的一圈带纹以及土星环之间的缝隙。

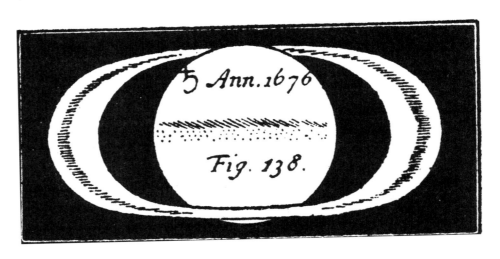

土星环的外貌与构成

土星环不止一环，这一环绕在星球四周的神奇构成呈现为一系列亮度不一的同心圆，其中有些土星环之间明显互相分离[1]。

早期的观测活动最开始看到的只是一个整体——远观下的一个匀质圈，是卡西尼发现了土星环中的一个主要缝隙，如今被称为"卡西尼缝"——介于灰色的外环与明亮的内环之间。即使用简易的设备也能发现这个缝隙，尤其是当观察土星环的视角倾斜度最小的时候。

随着观测手段的完善，邦德于1850年发现在明亮的土星环内侧还有一环，要观测到这个暗环，就需要设备具有足够强大的光学性能。该环呈透明状，透过它仍能看清土星的面貌，因而人们称它为黑纱环[2]。

这就是土星环的三个主要构成部分，这些环同心但明暗色度不一，同时圆环之间有一些或明显或隐约的空洞空间。

那么土星环所呈现的这种表象对应的是什么本质呢？

人们对土星环的第一印象是它是个连续体，就像一个环绕着球体的没有支撑的固态圈，但天体力学告诉我们不可能存在此类结构，因为固态的环带在受主星及其卫星相反的引力牵引时，这些反向牵引力会不停变换强度与方向，这条腰带注定要遭受高速和彻底的分崩离析，但我们也不能就此猜想这一带状结构是由液体或气体构成的。

唯一可能的解释是土星环由固体颗粒构成，但单个的固体颗粒超出了

▲ 从地球上看到的土星星系的不同样貌

我们的目力可及范围。这些颗粒形成了密度不均的尘埃环，就像是具有连续性的溶液。那时卡西尼已经对土星环有了这样的概念，他于1705年写道："这个环似乎是由大量小卫星构成的，它使土星看上去类似由无数小星体组成的银河。"

实验证实了天体力学的结论，多亏了土星环的光谱线位移（多普勒 - 菲佐原理），我们才得以揭示土星环不同区域的自转速度，这些区域遵循万有引力定律，

◀▶ 现土星环主要环状带就分为了13个，部分主环下面还细分为不同环状带。主环从内到外分别为D环、C环、B环、卡西尼缝、A环、洛希环缝、F环、杰纳斯 / 艾皮米修斯环、G环、美索尼环弧、安德列环弧、帕勒涅环和E环。

◀▶ 即现在被称为C环的环状带。

离行星中心越远，转速越慢。根据定律，内环公转一周要 4 小时，外环则要 14 小时。另外，我们通过某些不规则表象也能注意到这些位移，威廉·赫歇尔便是借此确定了土星环的平均自转周期为 10 小时 32 分，因而以上所有数字并不矛盾。

上文对土星环构成的论述极有力地解释了环内隐约的空隙、环与环间明显的分隔以及各区域的微粒数量不一或亮度不一等特性。所有这些微粒在做圆周运动时互相作用，以不断实现在某个特定时刻的稳定；它们集合后必然会于某个时期使土星环"消失"——这时我们望见的是这个整体的截面。

这些连续的颗粒散布成一片围绕在土星周围的巨大圆环，我们由此可知整个土星环的尺寸。上文已提到土星环的总直径长达 278 000 千米，厚度相较之下显得尤其微不足道。事实上，有人估测过土星环的厚度不超过 60 千米，甚至还有人认为只有 15 或 20 千米，这也解释了为什么从侧面看去土星环就会消失不见：人们只能看到一条难以觉察的细线[1]。在这些前提条件下，观测土星环的意义空前重大，因为我们有可能会面对土星星系的各种可视情况，不规则的可视区域意味着尘埃团本身的非均质结构。

尽管我们了解了土星环的整体构成，但对于其他信息要素我们仍不得而知：这些颗粒内在的本质是什么[2]？各自的尺寸是多少？它们紧挨在一起或互相远离彼此到了何种程度？在这些问题上，调查研究的手段还有所欠缺，我们无法有效获取信息，唯有将观测站建在土星系统的附近才能解决

问题。至少我们可以断言，这一颗粒汇聚之物形成了一个相当不透光的整体，因为我们会看到土星环在土星表面投下的明显阴影。

土星的卫星

现在我们从土星环转向土星的卫星，后者在某种程度上属于前者的延伸。土星卫星是土星世界迷人外貌的一部分，目前已知土卫的数量为 10[3]。土星卫星的体积不如木星卫星，且离我们更加遥远，因而不如后者容易分辨，大部分土星卫星的观测都需要借助性能强大的观测设备。

惠更斯在 1655 年用十分简易的望远镜发现了最大的一颗土星卫星，这比他确切了解土星环的本质还要更早。最新的两颗土卫是通过摄影术发现的。就像人们对木星卫星编号一样，我们下面给出的土卫要素表中的编号依据的并不是卫星离主星的远近。

在这些卫星中，土卫一至土卫七的轨道几乎就与土星环在同一平面上，土卫十和土卫八的轨道非常倾斜，土卫九更甚，且它与其他卫星的运行方向相反。

根据表中的这些数据，我们会发现，土星卫星没能达到木星卫星的尺寸，只有泰坦可以与木星卫星一较高下，其他土卫的尺寸只是近似值。

▼ 卡西尼于 1672 年 12 月 23 日发现了土星卫星雷亚。

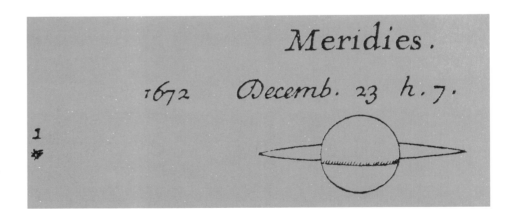

◆ 根据康纳尔大学和 NASA 合作研究探明，土星环的厚度很薄，平均在 10 米左右。（可参见 https://www.sciencedaily.com/releases/2005/11/051110220809.htm。）

◆ 现代研究和卫星探测表明，土星环主要成分是水冰。

◆ 土星已被确认的卫星有 62 颗。（NASA）

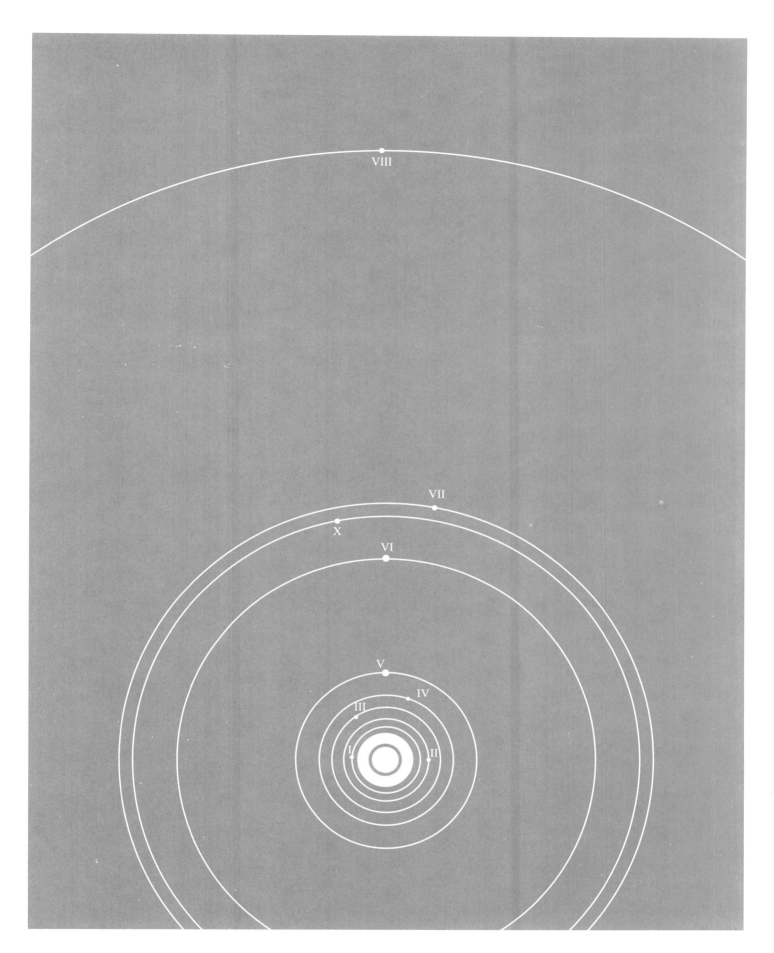

▲ 土星卫星的运行轨道。由于土卫九（菲比）在极远的地方绕土星运转，因而无法在图中标示出来。

名称	直径 （千米）	距离 （百万千米）	轨道周期	发现者，发现日期
I. 美马斯	600?	186	0 天 22 小时 37 分钟	赫歇尔　1789 年 9 月 17 日
II. 恩克拉多斯	700?	238	1 天 8 小时 53 分钟	赫歇尔　1789 年 8 月 28 日
III. 特提斯	1200?	295	1 天 21 小时 18 分钟	卡西尼　1684 年 3 月 21 日
IV. 狄俄涅	1100?	377	2 天 17 小时 41 分钟	卡西尼　1684 年 3 月 21 日
V. 雷亚	1700?	527	4 天 12 小时 25 分钟	卡西尼　1672 年 12 月 23 日
VI. 泰坦	4100	1220	15 天 22 小时 41 分钟	惠更斯　1655 年 3 月 25 日
X. 忒弥斯	250?	1450	20 天 20 小时 24 分钟	皮克林　1904 年 4 月 16 日
VII. 许帕里翁	450?	1480	20 天 6 小时 38 分钟	邦德　1848 年 9 月 16 日
VIII. 伊阿珀托斯	1700?	3558	79 天 7 小时 56 分钟	卡西尼　1671 年 10 月 25 日
IX. 菲比	200?	12 930	550 天	皮克林　1898 年 8 月 16 日

我们对这些卫星的物理状态知之甚少，通过它们呈现出的一些亮度变化，我们有理由推断这些土卫表面的自然属性各不相同，我们也可假设体积较大的卫星被一团相当可观的大气所包围。总之，这些卫星是可供我们登陆以观赏土星美景的天体。

土星世界的景观

根据上述我们已知的全部信息，可以发现土星上复制了木星的环境条件，也就是说我们又一次面临无法置身于星球表面以观赏它任何一处风景的窘境，因此在讨论土星世界的景观时，我们要避免一切凭想象得出的虚妄假设。相反，我们可以预想一个理想环境，并了解在这一前提下土星在白天和夜间接收到的光照情况以及土星上空的各种天象，基于有用信息计算得出这些数据。

从土星上看到的太阳十分渺小，日面缩小到了我们在地球上看到的 1/10，太阳施与土星的光芒比我们所享受到的弱了近百倍。总之，与其说土星上看到的太阳是个圆盘，不如说是个以高速横穿天际的大圆点，但相较于在木星上看到的太阳，升落的速度还要更慢一些。由于木星近乎垂直的自转轴，其白天的时长几乎始终如一，这与土星上的情况截然不同。

若只考虑由土星自转轴倾角导致的情况，那么土星上白昼与黑夜的时长随着季节不同会交替变化，且比地球上的昼夜时长差更加夸张，尤其是土星上的一季

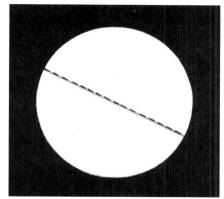

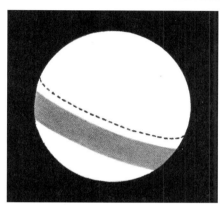

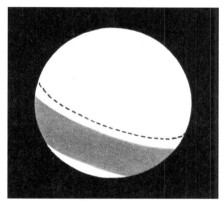

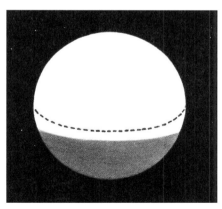

▲ 土星年中的不同时期土星环投在土星上的阴影。第一张图为春秋分时土星环阴影与赤道重合。另外三幅图示中的虚线即赤道。

是地球上的7年，以至于土星两极见不到太阳的时间长达14年之久，而接下来的14年里则面临永恒的白昼。

在赤道至纬度63度的区域内见到的土星环样貌非常复杂。事实上，土星的不同区域会在不同季节陷入土星环倾斜投下的阴影里，阴影随着土星环挡住阳光的方向不断变化。在二分点时，投在赤道上的土星环阴影变薄至细线状，接着这一阴影朝着向夏至点前进的极点方向移动，同时阴影覆盖的纬度越来越大，且阴影宽度也在增加。冬至过后，阴影又退向赤道，与冬至前的移动方向相反，如此循环往复。我们在此处附上了几幅不同位置和不同大小的土星环阴影图示。——列出所有投影情况会是项枯燥冗长的工作；但有人设想过这对土星上一处与巴黎所在纬度相对应的位置所造成的影响：土星上这一区域的周期性日全食每次要持续5年……对赤道区域来说，每隔14年就会发生一次短暂的日全食。

光是从土星表面不同区域所接受的太阳辐射这一点，便可知土星是一个与我们的星球截然不同的奇异世界。我们已经了解到土星上的阳光有多么微弱；即使这是一个能让某种生命迹象存续的世界，我们也无法构想出是何种生命，其生存环境的特征和更迭让作为人类的我们完全摸不着头脑。

如果说土星各区域的白昼情况是如此奇特和多变，那么土星夜间的天象则有过之而无不及，因为届时土星环不再遮天蔽日，它反而会被太阳照亮，我们将为土星环在不同视角下所呈现的面貌献上毫无保留的惊叹。由于倾斜角度的原因，当太阳照亮与这一半球相对应的土星环的正面的时候，才能见到这番天象。

从土星赤道，也就是沿着土星环所在平面的某处看去，土星环只会在空中呈现为一条从东到西过天顶的垂直细线，天顶这一点上的细线比地平线上的细线更宽，土星与土星环在尺寸上的大比例差决定了这样的视角效果。随着观测点所在纬度越来越远离赤道，看向土星环的倾斜视线反而使土星环呈现为中间总是比两边宽的拱形，但当接近极点时，这一拱形越来越贴近地平线，并失去延伸部分，似乎它在不断下沉，以至于只能看到拱形的顶点。

最后，在北纬或南纬63度以上的区域再也看不见土星环，因为它被挡在了地平线之下。

无论是何种视角，总有一段空隙——土星对着太阳在土星环上投下的阴影——会打破土星环的连续性，这一阴影的宽度和形状随着季节的更替而不断变化，由此决定了土星环的不同样貌。春秋分时，土星环正中间被截断，只留下了左右两段继续悬于地平线之上；夏冬至时，土星环最高点是完整的圆环，从土星环中间直至下环边缘呈凹形，就像过去的刮胡子盆……由于土星做高速自转，土星环相对于地平线的方向变化地非常快，当土星环在土星上空升起时，陷入阴影的部分非常倾斜并会逐渐直立起来，当它经过子午线时（子夜）与地平线垂直，接着就朝相反的方向倾斜直至消失在地平线上。

如果我们能重构所有这些景象的几何布局，我们反而会在这一光亮拱形的构成物本身所呈现出的特征上出差错。我们已经知道了土星环是由固体微粒构成的，这些微粒就像是绕主星运转的无数卫星。再靠近一些，也就是从土星表面看

▲ 在土星赤道区域看到的土星环食日现象

▲ 在土星赤道区域的天空中看到的土星环

➤ 对一个置身于土星上的观测者来说土星环的可视情况。当他处在赤道 A 点上时，正好沿着土星环平面，故他看到的是土星环的截面。处在 B、C、D 点时，他分别以 a、a'、a" 的斜视角度观测到土星环。从 E 点开始则再也见不到土星环高悬于地平线之上。

Pôle：极点；équateur：赤道；Anneau：土星环；horizon du point E：E 点的地平线

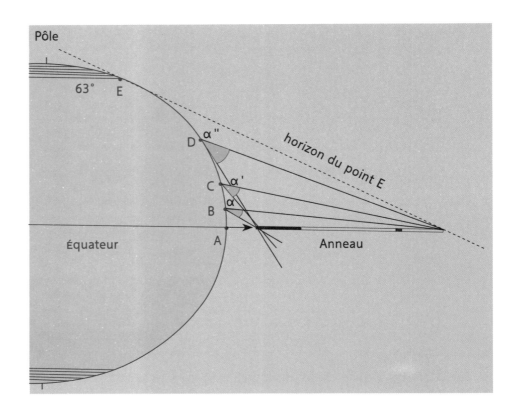

◄ 土星年中的不同时期土星投在土星环上的阴影。上图为春秋分期间，下图为夏冬至期间。

去，这些微粒还能清晰可辨吗？在这一情况下，土星环就不再是一个连续的拱形，而是由亮度不一的点连成的线条。若土星环的构成成分只是一些极小的尘埃般的微粒，那么土星环实际的总体外观几乎与我们在天文望远镜中观测到的外观别无二致。我们必须要考虑这种不确定性；我们在插图中呈现的风光只局限于在将土星环成分阐释为颗粒状物的情况下出现。这是一个折中选择，但就目前而言，这似乎也是最接近现实的一种解释。

在上述天象中还应加入各个"月亮"会给画面带来的风光，因为那些更加靠近土星的"月亮"会迅速变换着相位。

尽管有这么多光源，土星的夜晚还是缺乏光亮，因为这些天体所接收的太阳光照极为微弱，同样的面积，月球要比它们的亮度高 100 倍；且它们反射在土星上的光线也十分微弱，土星环的"光辉"能驱散黑暗，只是因为它的整体面积足够大。此外，每隔 14 年，在春秋分时，这些"月亮"会遮住太阳或彼此互食。

◄ 夏至时，土星中纬地区午夜时分天空中的土星环

➤ 夏至前后，土星高纬地区午夜时分天空中的土星环

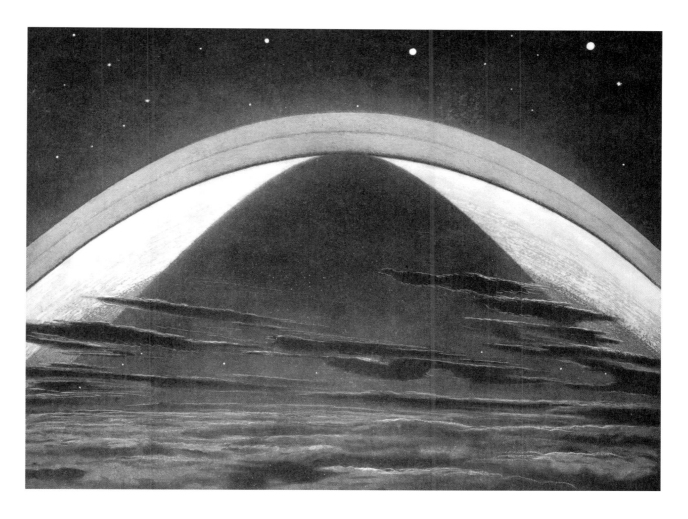

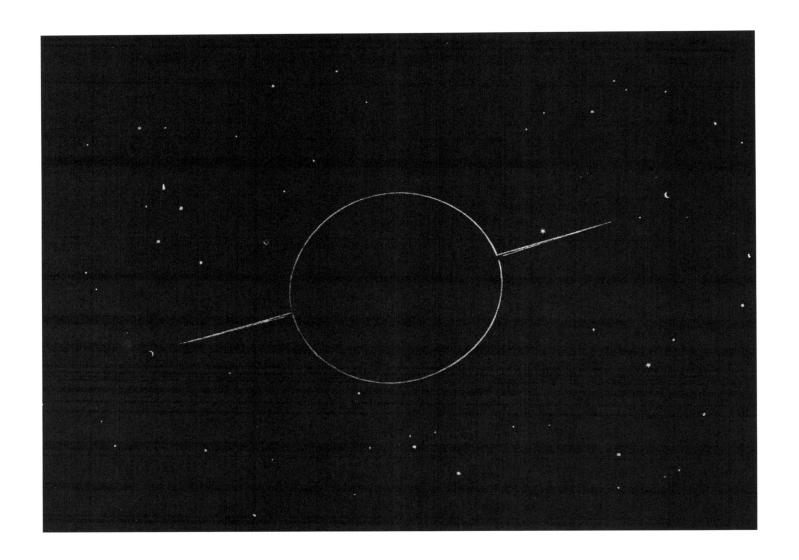

我们的眼睛被以上各式各样的天象所吸引，几乎要忘记其他星球——尤其是地球的存在了，但的确，无论我们在土星上空看到了什么星球，几乎都不能引起我们的注意：木星只是一颗在夜晚或白天都可见的星球，比在地球上看到的金星更靠近太阳；而在金星周围的地球就像一个微亮小点，在土星上只能偶尔且勉强可见。

现在，我们离开土星，转到它的卫星上去。从卫星上看到的土星样貌着实让人大吃一惊：大部分的卫星几乎沿着土星环所在的平面运行，所以土星环总是呈现为一条将土星团团围住的粗线，对离土星最近的卫星来说，土星环的长度无边无际，而在不同相位下的巨幅土星被土星环一切为二，成为卫星空中最显著的标志。我们在此就不一一列举这些天象奇观了，但我们会试着通过还原出图像来呈现它们的概况。

综合以上所有可见，如果人类要背负探索土星世界的任务，那么这可能是星际航行中最丰富和令人叹为观止的一站。

▲ 在泰坦的夜空中看到的土星情形

第十章 天王星，海王星，冥王星

在上一章的一开始，我们就已经提到了，自数个世纪以来，土星一直被认为是我们太空旅行最后一站的标志，但现在我们被带到了更远的地方，人类过去对太阳系边界的认知便显得尤为狭隘。与过去天文学家所持观点不同的是，土星虽然对我们来说也是一种边界，但它意味着某些精确认知的边界，要在以下行星的所在之地进行调查研究，必定会遭遇无数障碍，有关以下星球的已知数据只供我们对这些如此疏远的世界有一番笼统的了解。

我们也找不到能让我们对这些行星展开详细论述的材料，因此我们仅在同一章中对它们的基本概念扼要重述，以此帮我们更好地形成认知。

▼ 当用较小的望远镜观测太阳系中最后几颗行星时，会发现它们只是几乎消失在繁星里的微亮光点而已。

天王星
天王星的轨道、运动和要素

在土星和天王星之间横卧着一片巨大空间，甚至迄今为止这仍然是行星轨道之间最大的空隙。天王星轨道的平均半径为 28.68 亿千米，其轨道偏心率使近日点与远日点相距近 2.65 亿千米。

由于天王星离中心十分遥远，因而它的运行速度很慢，加上轨道又如此庞大，公转一周至少需要 84 年 7 天[1]。若某位天文学家在某一时刻看到天王星处在某一位置上，他实际上不可能在有生之年在同一位置上再看到它……这已经能让我们对天王星所处的偏远地带以及它与地球的不同之处有了一定概念。

◆▶ 现测定天王星公转周期为 30 687 天。（NASA）

天王星几乎隐没于天空的深处，唯有借助性能强大的观测设备才能辨认甚至瞥见其特征。1781年3月13日，威廉·赫歇尔发现了天王星，需注意的是，当时赫歇尔认为这是一颗彗星——天王星一开始呈现出的样子只是一个暗淡模糊的光点，通过对天王星的运动进行细致分析，它属于行星的性质才被确定了下来。由此我们就能看到在辨别这颗星球时会遇到的麻烦。我们也注意到了，在历史上，天王星早就被赫歇尔之前的一众天文学家观测到了，但在当时它只被当成一颗普通星球而被归入众多恒星中：弗拉姆斯蒂德是第一位观测到天王星的天文学家，他在1690年至1715年间共观测到了6次；布拉德雷于1748年至1753年间观测到3次……

天王星离我们的眼睛那么遥远，最大时也只是一个张角在3角秒到4角秒之间的小型圆盘，用一架超大口径的望远镜对它进行放大才能得到令人满意的清晰度。根据这一视大小，人们计算得出，天王星直径长达50 000千米[1]，是地球的4倍，体积是地球的63倍，因而这又是一颗相对于地球来说的巨行星；天王星在木星和土星面前可能是微不足道的，但它们属于同一类天体——体积硕大但密度极小：天王星的密度不超过1.27[2]（水的密度=1）。我们对这一特殊形态的判断就如我们对木星和土星形态的

▲ 天王星与地球的大小对比

▲ 天王星概貌

现测定天王星的直径约为50 724千米。（NASA）

现测定天王星的平均密度为1.270克/立方厘米。（NASA）

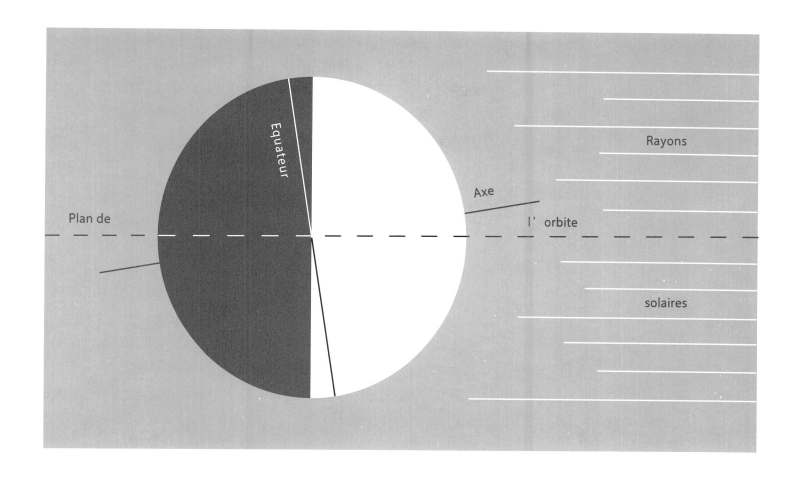

Plan de — Equateur — Axe — l' orbite — Rayons — solaires

▲ 天王星自转轴与轨道平面的倾角

Plan de l' orbite: 轨道平面;

Equateur: 赤道;

Axe: 自转轴;

Rayons solaires: 太阳光

一样，都停留在不确定的地带。

除了这一相似之处，还有另一个证据可证明天王星与木星和土星在本质上同属一类星球，即它们的外部结构是相同的。天王星的中部比边缘更加明亮，所以用光学性能不够强大的仪器观测到的是面目模糊的天王星。上世纪就不断有天文学家隐约观测到了天王星表面各种形状的明亮斑点，尤其是那些灰色区域，让人联想到小型望远镜观测下的木星也有类似的斑纹。借助现代大型仪器来观测，我们证实了二者的相似性，但由于天王星微弱的亮度以及望远镜下过小的图像，要想观测到上述特征的细节仍困难重重，似乎超出我们的目力极限。尽管天王星表面的一些细小特征仍不得见，但基于已知事实，我们可以推断，天王星大体上与木星和土星之间确实存在相似之处。

同样地，我们发现天王星的自转轴几乎完全躺倒在轨道平面上。还必须承认的是，由于与木星和土星之间的相似性，天王星表面的带纹也与赤道平行。关于天王星轴倾角的确切数值众说纷纭，因为细节的可见度问题仍非常棘手，但目前可以确定的是，天王星的赤道平面与我们下文将论及的天王星卫星的公转轨道平面相重合。

天王星的自转轴与垂直线呈 82 度夹角，它的自转速度高于木星和土星。虽然还没有给出天王星自转周期的精确定值，但已知其大致介于 10 到 11 小时之间[1]。在我们眼中，天王星的自转轴方向使其在与其他同类行星的对比之下做的似乎是逆向运动。

◆ 现测定天王星自转周期约为 17 小时。（NASA）

正是因为天王星在轨道上近乎横躺的姿势，我们才会看到天王星星系在不同视角下呈现出的不同样貌：有时从侧面望去，天王星的球体几乎和土星一样扁平，此时它的椭圆率会非常明显；当它的一颗卫星几乎完全对着太阳和地球时，我们见到的天王星轮廓是沿着赤道的一圈圆周。

这样的轴倾角导致天王星上夸张的季节变化，我们将在下文有所涉及。

天王星的卫星

目前已知天王星有 4 颗卫星相伴 [1]，但它们都很难辨认，因为它们与我们的距离太过遥远，且这些星体的亮度甚微，因此要想对它们进行观测，只能依靠性能强大的天文望远镜。

天王星最重要的两颗卫星，同时也是离主星最远的两颗卫星是由威廉·赫歇尔在 1787 年发现的，后来他认为自己又发现了另外 4 颗天王星卫星，所以当 1851 年拉塞尔发现了离天王星最近的两颗卫星后，诸多天文学论文中都提及天王星拥有 8 颗卫星，但迄今为止被论证其真实存在的只有 4 颗。下面是天王星卫星系统的基本情况：

编号及名称	直径（千米）	距离（百万千米）	公转周期
I. 艾瑞尔	900？	192	2 天 12 小时 29 分钟
II. 乌姆柏里厄尔	700？	267	4 天 3 小时 27 分钟
III. 泰坦尼亚	1700？	438	8 天 16 小时 56 分钟
IV. 欧贝隆	1500？	587	13 天 11 小时 7 分钟

表中给出的天卫尺寸只是近似值，但我们已能发现它们的体积并不大，我们暂时没有办法对它们的其他情况多做解释。

天王星卫星的特点也非常鲜明，它们运行的平面几乎与天王星轨道平面垂直，和主星一样，它们相对于其他同类星球做的也是反向运动。在太阳的光照方面，天王星空中的这些"月亮"的位移似乎与我们的月球不同，在每个天王星年的不同时期所看到的相位接替都有着深刻的不同。

➤ Uranus：天王星

天王星各卫星的轨道距离

◆ 天王星目前已发现拥有 27 颗卫星。（NASA）

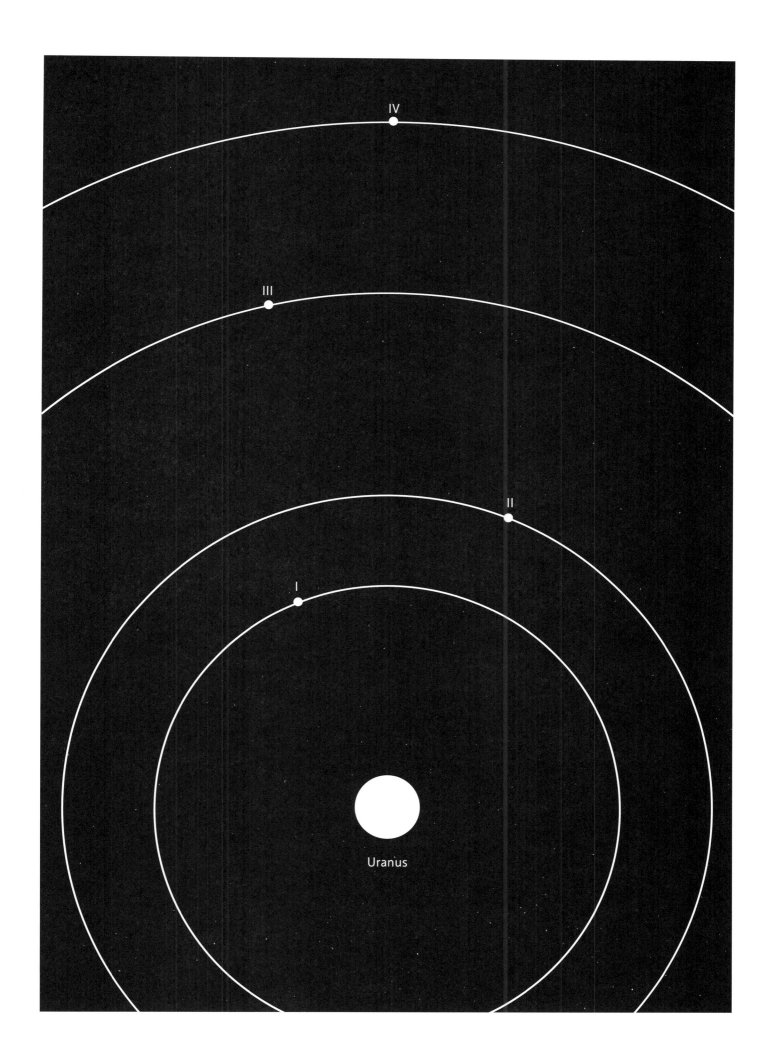

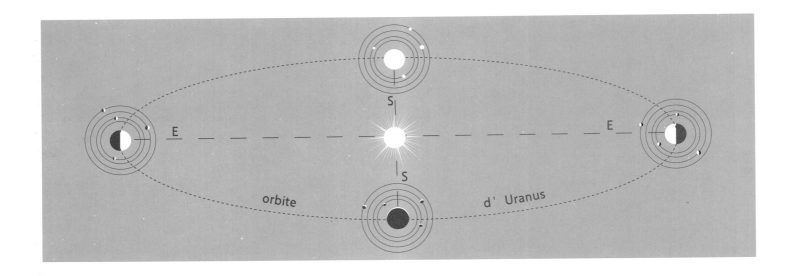

天王星世界的景观

正如我们在前几章持不确定态度，对于天王星世界的物理特征，我们同样不
能妄下定论。此外，我们也无法凭我们的经验想象天王星上的任何地貌。那么我
们可以描述它的哪一部分呢？一切迹象都表明，天王星是不稳定的星球，它呈现
出的外貌似乎与浓厚的大气层的波动有关；天王星大气的化学成分与木星和土星
的相同。

无论如何，遥远的太阳难以照亮天王星。首先，在天王星上太阳的视直径几
乎不在目力可及的范围内，天王星的日射只有地球上日射的 1/400，且这些微弱
的太阳辐射在天王星的不同季节里又差异极大，可以说是完全颠倒的。在二至点
时，由于天王星的自转轴方位，太阳就悬于两极的天顶，赤道区域反而成了极地
气候！相较于地球上的四季，天王星的每一季都持久得惊人，两极交替享受日光
的时间分别等于地球上的 42 年。在长达 21 年的夏季里，天王星上与巴黎同一纬
度的区域会看到太阳都不曾落下。要是假设天王星可能孕育着某种生命，这个物
种需要具备什么样的与地球物种截然不同的适应能力呢？

同样神奇的是在天王星上空运转的卫星。首先，这些卫星都是亮度极弱的光
源，它们微弱的反光只能驱散主星夜间非常有限的黑暗，且在天王星不同纬度以
及不同时期看到的卫星样貌都有所不同。有时它们在垂直于太阳光线的轨道平面
运转，只有 1/4 的部分或居于天王星的地平线之上，或高悬于空中；有时它们的
相位更迭就和我们在地球上看到的月亮一样。与之相反的是，在卫星上观察到的
天王星就像一轮硕大的月亮。无论如何，在我们人类看来，这些天象都太暗淡了，
因为这些天体只能从渺小的太阳那里接收到微弱的亮光。

这些卫星天空的其他部分呢？天王卫上空所见的恒星和从其他星球看到的总
是一样的，但行星失去了光彩。由于天王星不够亮，所以它只能在深夜被看到；木
星和土星在夜间或日间都能看到，但视面积并不大；而地球就不再能用肉眼见到了，
若借助性能非常强大的观测仪器，也许能够在太阳旁边发现沦为微型光点的地球。

海王星
轨道与运行——海王星的发现

　　我们正在越来越深入宇宙空间，因为离开天王星去海王星所要跨越的路程相当漫长。海王星的庞大轨道接近圆形，离太阳足足 44.94 亿千米，以至于海王星的运行异常缓慢，绕轨道走完一圈需要 164 年 280 天 [1]。比天王星更甚的是，我们在地球上几乎看不到海王星在天空中的位移。

　　海王星直到上世纪才为世人所知，尽管在此之前已有人预测了它的存在；海王星的发现过程值得我们留点时间讨论一番。海王星是最能彰显人类数学天才的丰碑之一，它的发现成就了法国天文学大师勒维耶。

　　天王星被发现后，人们发现它的运行呈现出明显的不规律性；通过数学计算得出的天王星在轨道上的连续位置并不与它实际被观测到的位置相吻合。在行星运行的过程中，距日远近不是决定轨道运动的唯一因素；其他行星的引力也会使它的轨道运动受到干扰。然而，木星和土星的影响不足以解释天王星所受的这种摄动，因此人们将这一现象归因为一颗尚不为人所知的行星的存在，这颗行星就是勒维耶着手研究的对象。

确定这颗行星的各要素所需的计算量是惊人的,计算工作实际持续了一年多的时间。勒维耶从一个暂时既定的轨道出发——因为在计算之初需要有个定值——一点一点地实现了对未知行星轨道——在这一轨道上,未知行星应该具备可满足摄动条件的位置和质量——更加精准的定位。1846年8月31日,这位天文学大师将计算结果向法国科学院进行了汇报,他甚至精确计算出天文望远镜要朝向天空中的哪一点才能找到这颗行星。接着,伽勒于同年的9月23日在柏林天文台第一次观测到海王星,位置和勒维耶预测的一样。

下面要补充的逸事丝毫无损于勒维耶的荣光:在此之前,一位名叫亚当斯的英国剑桥学生也计算出了近似的结果,并将计算结果提交给格林威治天文台台长,但后者并没有立刻对此给予重视。等到勒维耶公布了其计算结果,人们才想起被人遗忘的亚当斯,并发现二人都推算出了同一个位置!

海王星的要素和构成

海王星的直径为 53 000 千米,是地球直径的 4.3 倍,因而它的体积是地球的 78 倍[1]。海王星的密度很小,只有 1.20[2](水 =1),这多少与我们前面介绍过的三颗巨行星相似。

其实它们之间的相似不止于此,尽管我们观测到的图像还不能令人满意,但呈现出的海王星外观与前面的三颗巨行星的也很相像。由于海王星十分遥远,所以它的视直径缩小到了 2 角秒 6,想在如此微型的圆面上捕捉到任何明显的特征都是不可能的。最多只能像美国天文学家 T. J. See 那样,在 1919 年到 1920 年间观测到海王星表面有一些模糊的灰色条痕,这不由让人想起巨行星的表面也有类似的带纹。

相似之处还表现在这些星球的构成方面。光谱分析揭示出海王星上存在着甲烷与氨,但含量似乎比木星上的要少。

不过,由于观测没能提供足够的要素,有关海王星自转速度和轴倾角的数据仍然是粗略估计出来的。根据一些确定的数据,我们倾向于认为,海王星的自转周期为 15 小时左右,且轴倾角非常倾斜[3]。

▲ T. J. See 于 1919 年用天文望远镜观测到的海王星

▲ 海王星与地球的大小比较

◆ 现测定海王星的直径为 49 492 千米,是地球直径的 3.9 倍,其体积是地球体积的 57 倍。(同上)

◆ 现测定海王星的平均密度为 1.6 克 / 立方厘米。(同上)

◆ 现测定海王星的平均自转周期约为 16 小时,自转轴倾角为 28.33 度。

海王星的世界

我们在此只能再重复一遍我们对前面几颗行星的所有描述。我们只有在为了推测可能主宰海王星的环境时，才会讨论海王星上的风光。人们推测海王星的温度低至 -200 摄氏度左右 <>，从海王星上看到的太阳最多只能算作一颗明亮的恒星，海王星受到的辐射微乎其微，只有我们在地球上享有的 1/900。这颗星球上所谓的正午在我们看来就是清朗的夜晚，如果它的天空足够干净，那么我们瞥见太阳的同时还能再看到几颗明亮的恒星。我们很容易发现这颗星球上的环境与地球上的有天壤之别，以至于我们无法想象海王星的真实面目。

所以我们只试着通过海王星上能见到的天象来想象这颗星球忧郁的环境氛围。除了恒星世界给它带来的不变天象，剩下的天象都乏善可陈。在海王星上空，所有行星似乎汇集在太阳周围，只有我们之前造访的那些最大的星球才离太阳稍远一些，它们运行缓慢，周期漫长，难以引人注意。那些离太阳更近的星球，比如地球，在海王星上都是见不着的。假设海王星上生活着居民，他们不会知道我们星球的存在！

对海王星来说，唯一看上去有一定大小的星球是它的卫星，其视圆面比我们的月亮还要大，但亮度是月亮的 1/900：在海王星上还能有"月光"这一说法吗？

从这颗卫星上望去，海王星呈现为众多恒星之中的一个失去光辉的巨大圆盘，此情此景应该十分奇特。

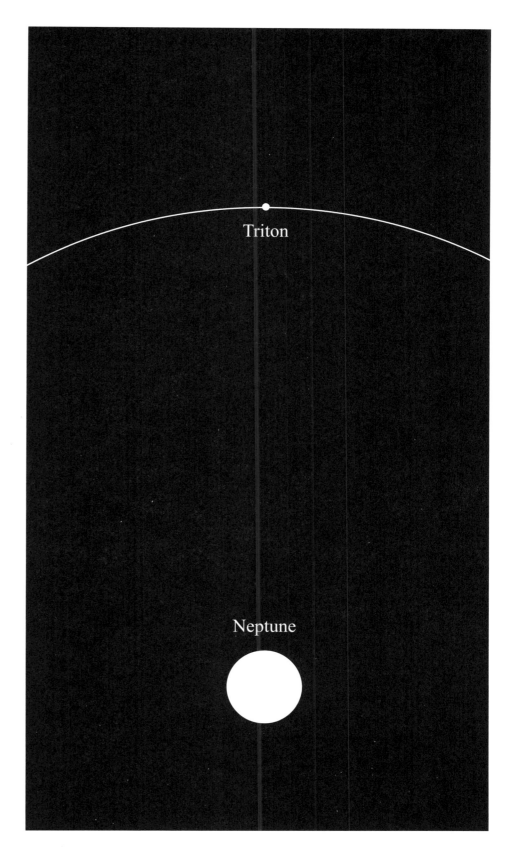

▲ Triton：海卫一崔顿；Neptune：海王星
海王星与其卫星之间的轨道距离

◆▶ 1989 年，旅行者 2 号飞掠过海王星时，测定海王星云顶的温度为 -218 摄氏度。

▲ 海王星几乎难以靠它的卫星驱散黑夜，因为尽管海卫的视圆面比我们的月亮大，但它们过于暗淡。

冥王星
冥王星的发现及其要素

若是几年前，我们纵贯太阳系的星际航行可能就得到此为止了。并不是因为过去人们认为海王星的轨道终于能够标志由太阳统治的帝国的边界，而是因为在这一边界之外再没有发现其他任何行星，但是各种推论都让人猜测还有其他星体的存在。

由此可以将话题不断延伸出去，但我们此处只进行概括总结。受到勒维耶启发的天文学家们开始像前者当初寻找海王星那样，通过数学计算提前推导出这颗行星的确定位置。尤其是美国的天文学家洛厄尔，他全身心投入这一使命中去，并在弗拉格斯塔夫（美国亚利桑那州）建立了天文台。洛厄尔逝世以后，他所做的工作激励后继者们在洛厄尔天文台通过拍摄照片进行系统性研究，1930 年 1 月 13 日，克莱德·汤博所摄的夜空的底片中出现了一个微型光点，至此，人类终于在太阳系中找到了新的行星，并冠之以冥王普鲁托的名字。

由于冥王星的运行速度很慢，冥王星轨道的确定工作漫长而艰苦。幸而有前人留下的数据，才使得这项工作得到了助力；正如天王星的发现过程，冥王星也早就被前人记录在案，只不过那时它被看作众多恒星中十分不起眼的一员。我们只有通过冥王星的位移才能揭示它的属性。1919 年在威尔逊天文台、1921 年和 1927 年在叶凯士天文台、1927 年在于克勒天文台（比利时）所拍摄的冥王星的连续位置这些收集到的要素信息有助于进一步确定冥王星的分类。

▼ Orbite de Pluton：冥王星轨道；Neptune：海王星；Uranus：天王星；Saturne：土星；Jupiter：木星

远观下的冥王星轨道。相较于其他行星的轨道所在平面，冥王星的轨道平面非常倾斜，NN 为交点线，或者说是两平面的相交处。由两平面的夹角 a（点线）可见冥王星轨道的倾斜程度非常明显。P 为近日点，A 为远日点。

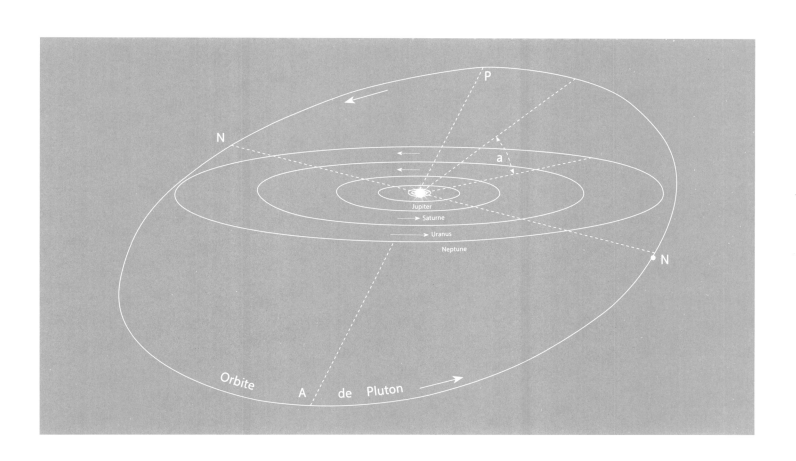

过去海王星的轨道几乎就标志着太阳系的边界，现在冥王星的轨道大大将这一公认的界限拓宽了。冥王星轨道的偏心率极大，且它与太阳系其他行星的轨道所在平面成 17 度夹角。冥王星到达近日点时，距日约 45 亿千米——比海王星离太阳还要更近一些；在远日点时，冥王星与太阳之间的距离长达 74 亿千米。从这些数值中可以发现，这颗行星距日最近和距日最远之间的差值达 30 亿千米。

消失于宇宙空间深处的冥王星呈现在我们眼前的样子极其渺小，它属于十五等星，只有在超大型的观测设备下才能看到。人们对冥王星的精确尺寸一无所知，由于它离我们太过遥远，因此迄今为止任何直接测算都是不可能的。只有通过迂回的方式——计算海王星运动时可能受到的摄动影响或比较亮度——才能得出接近的数值。尽管这些数据具有不确定性，但它们能指出冥王星尺寸的上下限，我们可暂时根据其平均值对冥王星的大小有一定概念。据此，冥王星直径最大是地球直径的 4/5，最小则接近月球的直径，平均值和水星直径相当。另外，这一天体的密度接近地球密度，但根据上面假设的尺寸大小，冥王星的质量最多是我们星球的 1/50[1]。

因此，冥王星不算大，其特征和构成显然与巨行星不同，反而与那些靠近太阳运行的星球类似。不过，尽管存在相似之处，冥王星上的环境却是如此特殊，以至于我们不可能把这些星球上的任何生命形式拿来对比。

冥王星与太阳之间的距离不断

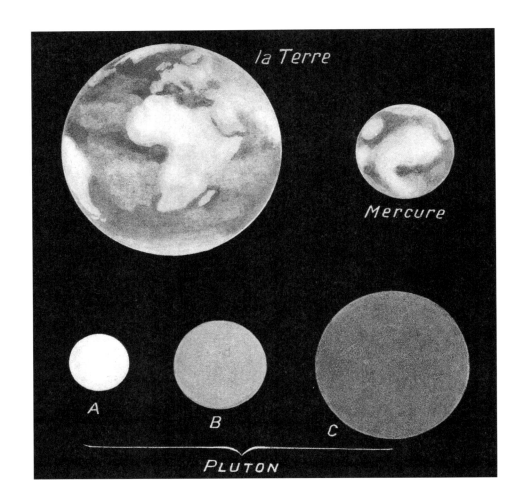

▲ la Terre：地球；Mercure：水星；Pluton：冥王星
冥王星与地球和水星的尺寸比较。根据对冥王星表面不同的反射能力的测定，推演出冥王星可能的大小：A 的表面最亮，直径最小；C 的表面最暗，直径最大；B 介于中间。

变化且差异极大，从冥王星上望到的太阳只是一颗亮度会出现明显波动的恒星，但太阳无法施与冥王星任何真实可感的热量——冥王星在近日点时，所受太阳辐射最多和海王星享有的一样多；在远日点时，太阳辐射降至不超过地球享受到的 1/2000。有人计算认为，冥王星理论上的温度应该非常低，接近绝对零度，该星球上的氮和氧可能会因此变成固态。

但我们要重申的是，与其说以上这些是真实数据，不如说是人类的想象。到目前为止，除了冥王星的相对大小以及它在宇宙中的位置，对于其他方面我们一无所知。

至此我们可以止步了，因为我们到达了太阳系目前已知的边界。这趟旅程会让我们对各个星球的无限性和多样性有一定认知，而这些星球也在这一过程当中完成了各自的使命。

◆ 现代探测表明，冥王星直径约 2320 千米，其质量为地球质量的 0.24%。（《基础天文学》）

▲ 从地球和冥王星上看到的日面对比。P 为冥王星在近日点时看到的太阳大小，A 为它在远日点时看到的太阳大小。

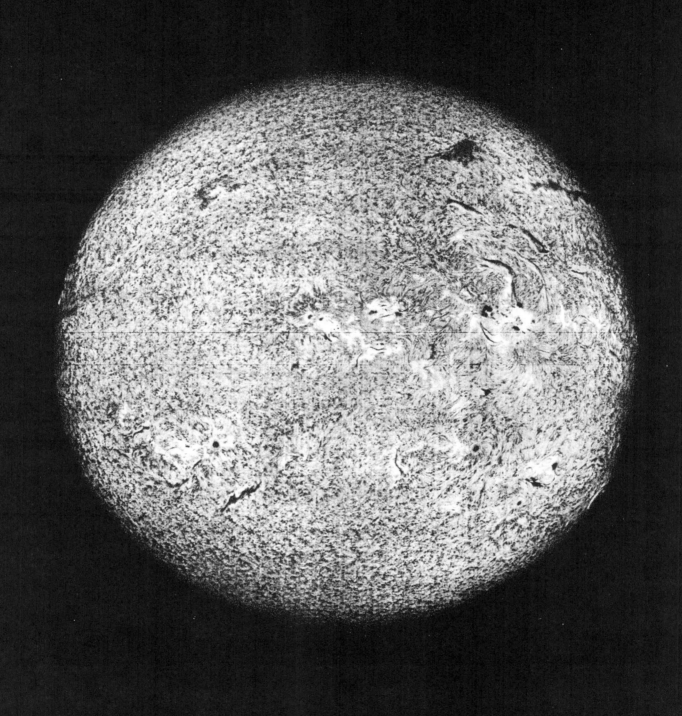

第十一章　太阳与恒星

在参观了主要的行星世界后——最后一站把我们带向了太空的边远之境——我们现在要回到这些行星所在系统的中心，近距离看看这一辐射光热、赋予生命的神奇火源：太阳。

近距离观测只是一种说法而已……太阳是一个令人咋舌的炽热天体，没有任何生命能够靠近。我们此处无法采用之前那样的视角，但太阳不得不引起我们接下来几页的关注，因为各颗行星的自然元素和物理环境都取决于它的辐射作用。我们已经以我们自己所在的星球作为参照，试图呈现行星是如何以及在何种程度上接收太阳的光和热；但这些推论并不可靠，因为人们推理出的是经过遥远距离后的总辐射量，光和热只有通过我们的感官才能被直接感知。然而，尽管它们非常重要，我们并不仅仅考虑它们。

太阳还是其他许多已知或未知辐射的来源，这些辐射显然对众多我们试图解开其原因和机制的现象或变化的产生发挥着各自的作用，因此对太阳的研究可以揭示太阳对绕其公转的行星上的生命的实际影响。

最后，我们必须在一个更宽广的视域中看待这颗星球。在认识太阳的同时，我们也在认识恒星，因为太阳就是散落在人类可探测到的太空边界内的无数恒星中的一员。尽管我们从自己的感受出发，倾向于赋予太阳重要地位，但太阳只是恒星家族中的普通一员。一视同仁地看待宇宙中的各个成员，认清人类在宇宙中的地位毫无优越性可言，我们才能通过类比和对照向宇宙进行最热烈的发问。

我们之所以把太阳放在首位，一方面是因为我们的命运与之紧密相连，另一方面，太阳是唯一我们有可能对其进行近距离研究的恒星，研究太阳有助于确定其他那些超出我们研究能力范围的恒星的特征。

▲ 我们星球上的生物、自然元素等所有一切都有赖太阳活动。

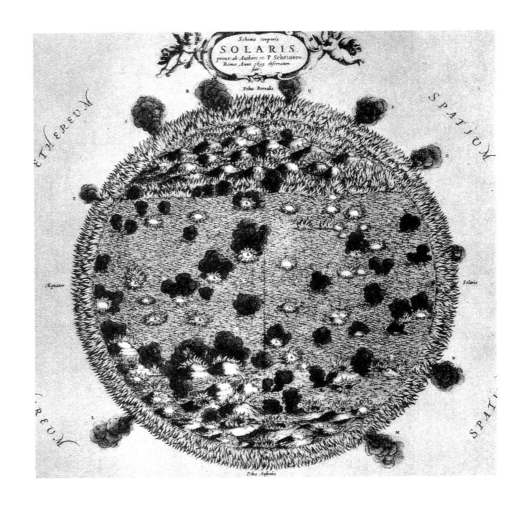

◀▶ 现测定太阳直径 1 391 016 千米。（NASA）

太阳的尺寸和要素

透过天边缓和致盲阳光强度的云雾，我们用肉眼所看到的太阳是一个亮度均匀的巨大球体，没有任何东西会玷污它的纯洁，这也让我们明白了古人对太阳的看法，但用肉眼看到的只是单一的太阳外观，天文以及物理研究让世人逐渐对其有了惊人的发现。

我们已经在第一章中介绍了太阳的主要特征，我们再来梳理一下：太阳的直径为 1 391 000 千米，其体积是地球的 1 301 000 倍，但这个硕大天体相对较轻，平均密度为 1.41（水 =1），质量只有地球的 333 432 倍[1]。

通过测定太阳明亮表面上的一些细节便可轻易获得有关太阳自转活动的信息。

自天文学家对太阳自转观测以来，人们就大致得出了 25 天左右这一太阳自转周期。之后更为精确的研究揭示了太阳不同纬度地区自转不同步的事实：这样的现象我们已经在木星上看到过了。从太阳赤道至南北纬 5 度的地区完整自转一周需要 24 天 9 小时，纬度为 10 度的地区自转一周需要 25 天，对纬度 20 度的地区来说自转一周需要 25 天 4 小时，南北纬 30 度的地区需要 25 天 9 小时，南北纬 40 度的地区需要 27 天 5 小时，南北纬 60 度的地区需要 31 天，最后在南北极附近的地区则需 34 天。

这一现象与太阳复杂的构成有关，接下来我们就将对其做简要概述。

▲ 在太空中到处可见恒星闪耀，正如我们的太阳一样，其他恒星也是一个个光和热的来源。

太阳的描述

事实上，太阳不只是一个能被人类看到的耀眼表面——光球，在这一表面之上是色球和日冕。下面我们将一一介绍它们每一层的情况。

光球层并不是均匀的，呈现出由各种从相对来说较暗的底色中喷出的光点组成的外观。这些明亮的光点虽被叫作米粒，尺寸却十分庞大，直径从 500 千米到 800 千米不等。当我们借助放大倍数极高的天文望远镜进行观测时，会发现它们似乎还是由其他更小的"米粒"组成的 <1>。

太阳的中心要比边缘明亮，照片中的明暗对比会更加夸张。这种亮度差异是因为有一层气体覆于光球层之上，这些气体会对来自光球的光线产生吸收作用，当光线穿过的气层特别厚时，吸收作用就越发明显，因此，在到达地球的光线中，来自太阳边缘的光线亮度要比来自球体中心的更弱。

在太阳发光的表面上，还有更加明亮的区域从背景中凸显出来，并蔓延成大量弯弯曲曲的分叉：耀斑 <2>。它们在靠近日面边缘的区域尤其明显，因为在边缘这些变暗部分的衬托下，耀斑的亮度会特别突出。这些亮斑可能位于光球层上方，在这种情况下，耀斑的光芒便不会被更上一层的大气吸收过多，因为耀斑所需要透过的太阳大气此时就没有那么厚。

同耀斑一样，作为光球层最突出的太阳活动，黑子 <3> 通常也是一种变化无常的现象。耀斑和黑子关系密切；通常黑子就诞生于耀斑区域内部 <4>。

太阳黑子所呈现出的形状和大小各异，但它们的外观总是一个或几个被大片不太黑的半影所围绕的非常暗的本影。有些半影是丝状的，或呈现为由颗粒排列而成的条纹状，它们似乎朝着本影汇聚；其他黑子的轮廓则毫无规律可循，或者它们会任意组成黑子群。总之，由于丝状的半影或如架在本影上方的桥梁般的光束，黑子的复杂结构最终呈现出神奇的旋涡样貌。

◆ 现代天文学界一般称米粒组织，大型的米粒组织（超米粒组织）平均直径可达 30 000 千米左右，现普遍认为米粒组织是一种太阳大气的对流现象。

◆ 不同于下文所说的耀斑属于光球层的太阳活动，现代天文学测定耀斑是色球层的太阳活动，是太阳大气层最复杂、最激烈的活动现象，耀斑爆发时会产生高能电离辐射、高能粒子爆发等，能引起地球磁暴和无线电短波衰减或传播中断。

◆ 黑子是太阳光球层上的暗斑，是光球层上温度较低的区域，往往成群出现。

◆ 没有确切证据表明太阳黑子诞生于耀斑区域内，原书这样表述可能是因为早期观测时天文学家发现耀斑和黑子群交错分布。

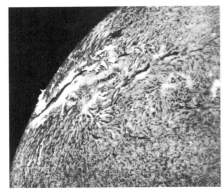

▲ 日珥以及太阳黑子群的氢气团旋涡。1915
年8月3日、5日、7日和9日摄于威尔逊山天文台。

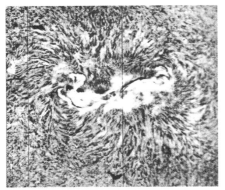

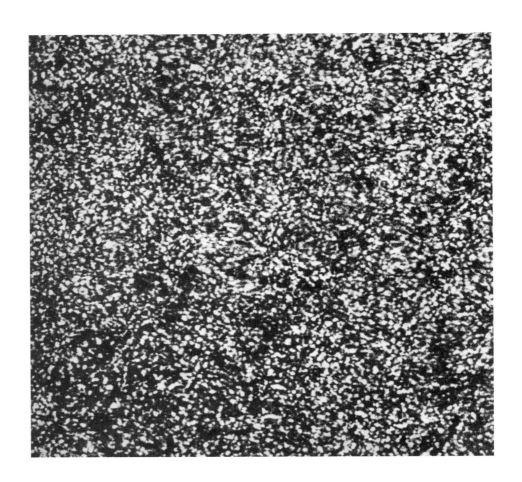

▲ 皮埃尔·让桑在默东天文台拍摄到的太阳上的"米粒"。

▲ 太阳上的一处巨型斑点的结构：太阳斑
的面积与地球的对比。

　　黑子，尤其是成群的黑子，有时能够长达 10 万千米或 20 万千米，甚至更长。只要黑子的长度达到 36 000 千米，就可以被我们用肉眼看到；而又因为这样的情况高频出现，人们不得不好奇，是否自从发明了望远镜，黑子的存在就众所周知了。

　　太阳黑子现象容易发生速度极快的大规模变化，它们在太空中只持续几小时甚至更短，最多也就几天或几周的时间。此外，我们会看到它们的位置也变更了（此处的位移不应与太阳自转导致的位移相混淆）。

　　这些黑子在太阳表面的形成并非偶然，相反，它们出现的区域非常明确。最常见到黑子的纬度介于南北纬 5 度到 35 度之间，其中黑子最密集的区域在纬度 10 度到 15 度之间；在 40 度以上的区域，黑子的出现就极为罕见了。

　　最后，尽管黑子——就单个来看——的生命非常短暂，且形状变幻莫测，完全不再是形成初期的样子，但黑子的演替呈现出明显的周期性，我们将在下文展开论述。

　　色球是位于光球上方的一层气体，呈玫瑰红色，它是日珥爆发的所在地。日珥的爆发通常非常壮观，它们从太阳表面升腾而起，千姿百态，有时垂直喷射，有时像随意歪扭的羽翎，有时像拱桥或滚滚浓烟。

➤ La Terre：地球

太阳的外观。图上通过夸张的对比突出了太阳作为气态球体的外观特征——中间部分更加明亮。

➤ 日珥或太阳耀斑的迅速变化 1929 年 6 月 18 日摄于威尔逊山天文台。

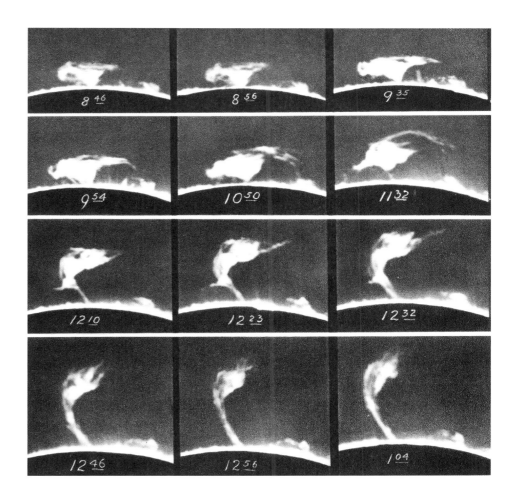

日珥可分成两大类：如无边无际的云团或滚滚浓烟般铺开的宁静型日珥以及爆发型日珥[1]——其炽热的金属蒸汽通常能抛射至 90 万千米的高空。日珥现象的变化快得惊人，速度可以超过 400 千米 / 秒。在频率和体量方面，日珥和黑子的周期性演替一致，因此所有这些现象似乎都是同一种强烈太阳活动的不同表现形式。

色球以及日珥只有在日全食，即月亮挡住了刺眼的日面时，才能被直接观察到；不过，光谱学的应用使我们在任何时候都能对它们展开研究。

我们试着用简单易懂的方式让读者明白其中的原理。当我们把分光镜的狭缝在太阳的边缘轮廓上来回移动时，就会注意到出现日珥光线的区域，

这样的扫描一层一层重建了色球的外延、日珥的形状及其规模。像这样一个由机械装置来实现探测的方法，例如法国的德朗德尔和美国的黑尔同时发明的太阳单色光谱照相技术，使得我们可以自动获得覆盖整个太阳表面的照片，从而为人类带来意义极为重大的发现——人们因此就可以辨认出太阳大气各层的连续分布情况、大气层中水蒸气和气体的分布情况。由此获得的太阳外观与我们单单用眼睛观察到的完全不同。

日冕环绕太阳的厚度达数百万千米，同样地，我们只有在日全食这样极罕见的时刻才能一睹它的风采。虽然日冕覆盖地并不均匀，但它就像一个光环一样环绕在太阳周围，并射出一些或分岔或笔直或弯曲的光束，它们通常能向外延伸极远。尽管围绕着太阳的日冕会朝向各个方向辐射，但这些辐射线更多是朝着赤道的方向延伸的，而不是朝着两极的方向，且通常在两极会出现明显的日冕洞。

通过观察日冕形状周期性的变化可知，它也取决于太阳活动。

◆ 日珥的分类众多，一般分为两大类，现一般称宁静日珥和活动日珥。

► 日冕的三种外观：从上至下是日冕活动渐弱的三个阶段。

► L 德朗德尔于 1908 年 9 月 18 日在默东天文台利用太阳单色光谱照相仪拍摄到的太阳。照片显示了色球层中钙蒸汽的分布情况。

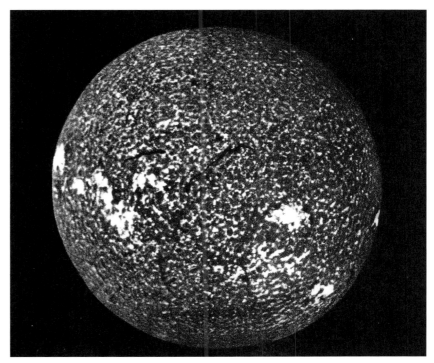

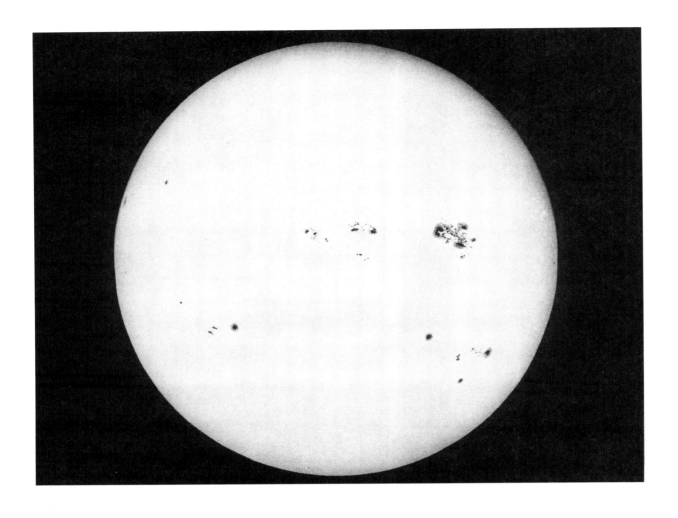

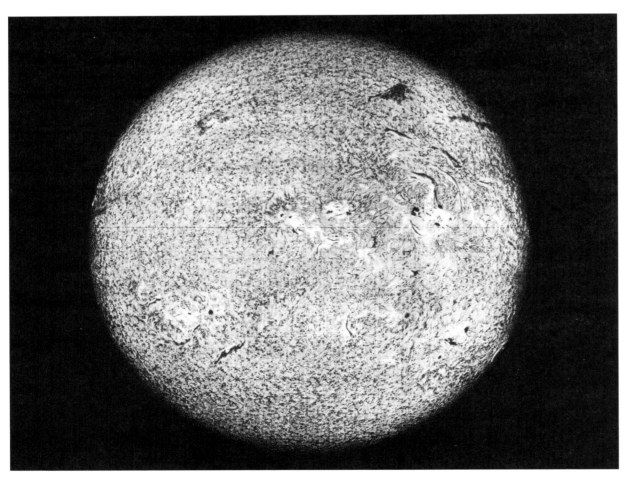

太阳的构成与化学成分

我们可以认为光球是浓厚大气内的一层或固态或液态的发亮悬浮微粒。我们很难准确辨认出光球层上太阳黑子的本质及其形成机制——有些黑子就像一个个裂缝，我们可以窥见其中心有一个不是那么明亮的本影；在另一些黑子中可以看到，有一些过热区域由于光球分子的气化也不那么明亮。总之，黑子和耀斑的外观与厚达 3000 千米的光球的剧烈变化有关。光球上方还有一层 1000 千米左右的薄薄的大气 [1]，这层大气包含了构成太阳元素的金属蒸汽。再往上是平均厚度约 1000 千米、同样由蒸汽构成的色球层。从色球层喷出的日珥是一团团氢气、钙蒸汽、钠蒸汽、铁蒸汽和镁蒸汽。

至于环绕着以上一切的日冕，它就像是一层非常稀薄的大气，似乎是由极其微小的炽热颗粒和同样炽热的气体——光谱研究揭示了气体中含有铁、镁、钛、氢、氦以及被暂时命名为"癔"的假定元素——组成的混合体；但癔可能只是氧，由于它的原子处于一种特别兴奋的状态，所以还不能在实验室中被还原出来。

最后，对于所有在太阳上形成的物质或发生的扰动——若一言以蔽之，即所有太阳活动的表现形式——电磁现象似乎起到了重要作用。

太阳是个神奇的大火炉，在里面上演的动乱的规模令人咋舌，即便是最小的动荡，其波及范围也比整个地球都大。

关于太阳温度的问题一直是上世纪争论的焦点。普耶认为太阳温度达 15 000 度，但塞奇神父认为太阳温度高达 1000 万度。人们现在普遍信赖用精确度更高的现代测算手段测得的光球温度：6500 度。有人估计，太阳这个火炉所释放出的光等同于 $30\,000 \times 10^{24}$ 根蜡烛共同释放出的光的总和 [2]。

不管怎样，太阳释放出的辐射绝对不是持续且有规律的。人们最近所做的测定显示，太阳辐射似乎随着太阳活动周期的变化而波动。下面我们就来讨论这些太阳活动的周期。

大规模的太阳黑子——在数量和范围上都格外明显——平均每 11.1 年出现一次。两次大规模黑子爆发的间隔，小规模黑子出现，在此期间，太阳上时常有好几周不会出现任何黑子。小规模黑子并不正好在两次大型黑子爆发的间隔正中出现：大型黑子衰落成小型黑子需要 6.5 年，而小型黑子再次发展成大型黑子只要 4.5 年。另外，这些数字只是平均值，因为周期根本不是有规律可循的，有时一个周期时间降至 7 年，有时则拉长至 15 或 16 年。我们趋向于认为，这些异常取决于其他尚不明确的波及范围更广的周期活动。

再次说明，黑子是太阳光球层上的活动，耀斑是太阳色球层上的活动；现测定太阳光球层约 500 千米，光球层上方的色球层厚度在 2000 千米到 10 000 千米之间，而最外面的日冕则能延伸出几倍太阳直径的范围。（《天文学新概论》第四版）

现测定太阳中心温度在 15 000 000 开尔文到 20 000 000 开尔文之间，即 14 999 727 摄氏度到 19 999 727 摄氏度。（《基础天文学》）

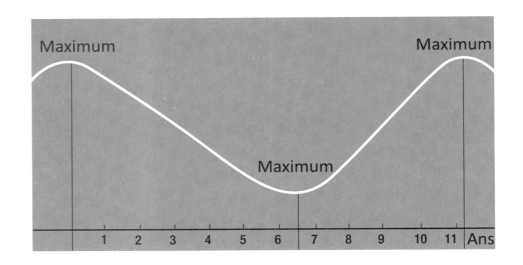

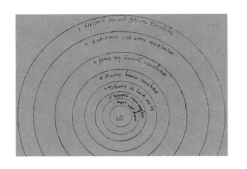

▲ 一部分哥白尼（1473—1543）绘制的太阳系图示

太阳与地球之间的关系

很长时间以来，人们一直试图在太阳的各种现象与我们地球经历的沧桑之间找到某种关联，这也合情合理，因为行星是靠太阳施与的神奇辐射维系生命的。

人们暂且只考虑那些可直接认定的现象，因此他们试图找出太阳黑子的出现与地球主要气象——比如温度和降雨——之间的直接联系。然而，尽管有人坚信发现了其中的普遍联系，但就此正式做出总结还是为时过早，尤其是对某一时刻的精确关系进行构建。不可否认，地球必然受到太阳活动变化的影响，但黑子只是太阳活动的其中一种表现而已，且我们对其方式和起源都一无所知，因此我们首先要对此做出澄清，然后才能明确太阳上的这些现象与地球气象紊乱之间存在着什么样的确切关系。我们观测到的一些行星上的各种变化也与太阳活动有关，这使我们相信，更加深入该方向的研究可能会在将来提供一些有用的数据。

不过，太阳上的现象和地球上的磁力之间确实存在紧密的相关性。磁针、电报和电话的紊乱都是当日面中央出现黑子或某一重大太阳活动发生时产生的现象。鉴于此，我们认为是太阳带电粒子的释放在其中起了作用，这也可以用来解释地球上的那些发光现象，比如在高层大气中出现的美丽而神秘的极光。然而，正如我们刚才明确指出的那样，相关性——地球上的这些现象在发生太阳活动的情况下出现——不一定是必然的，因为在其他类似的情形下，太阳上出现大型动荡似乎没有伴有地球上的任何特殊现象。因此，就目前来说，与其关照一些特殊情况，我们不如进行归纳和概括；且数据清楚地显示了，在大型太阳活动爆发期间，地球上的磁暴和极光的数量会上升，逢太阳活动的小年，磁暴与极光现象就很罕见。

总之，太阳与地球之间的关系、太阳与它所普照的世界之间的关系相当复杂；而无数执着于解开这些谜团的天文学家和物理学家所做的努力尤其意义重大。

关于恒星的普遍推论

尽管上文的介绍非常简洁，但足以让读者对太阳有所了解，或者更准确地说，是对像太阳这样的天体有所了解，因此我们的论述必然要过渡到太阳的同类们。然而，我们会立刻注意到，相似性只存在于这些从自身汲取能量的光源最普遍、似乎也是我们最确定的特性中。

我们的太阳是一颗尺寸和性质都已知的恒星；同样地，其他恒星也有各自的特性，我们可以通过物理手段进一步确定。在这样一个令人意想不到的恒星群体中，无数的个体分散在宇宙各处，我们根据它们之间的相似性将恒星分门别类，有些天文学家还认为不同的恒星类别代表着演化的不同阶段。光考虑这类问题，换句话说，深入恒星天文学领域来研究，就可占用本书的全部篇幅，这超出了我们本来定下的范围，所以我们暂不考虑恒星的分布以及可见宇宙的结构，而仅限于对这一命题做出综述。

很长时间以来，各种探测方法都无法对恒星进行深入的研究，因为它们是如此遥远，即使到了今天，任何一架望远镜都无法直观揭示它们的真实大小，不管我们对拍摄照片放大多少倍，得到的图像依旧是一个个尺寸微不足道的小点。因此，我们关于恒星所知的一切皆来自现代的物理手段，比如分析光谱以及研究不同辐射和光波的特殊属性。

有了这些数据，我们才了解到，有些恒星的体积大到连太阳在它们面前也只是一颗尘埃般的微粒；也有些恒星大小近似太阳；最后，还存在一些非常微小的恒星，就连地球都可与之一较高下。

▲ 在某一恒星磁场内的丝状天鹅星云，摄于威尔逊山天文台。

在这些恒星中，有些是由气态物质构成的极其稀薄的巨型星球，有些密度却大得惊人。在它们的化学构成中，我们总是能认出这样或那样与构成太阳的物质一样的成分，虽然这些成分在各个恒星中的比例有所不同。

这些星体的状态不同，温度也各异。我们测到了一些温度要比太阳的高得多的恒星，比如人们已经找到了一些温度高达 21 000 摄氏度的恒星；有的恒星相对来说温度较低，不超过 3000 摄氏度。在恒星所释放的光线方面也存在个体差异：同等的面积，有些恒星的光芒往往比太阳的光芒更加强烈、白亮，后者沦为不太闪耀的黄色恒星；但还有一些橙色或偏红的恒星，它们的亮度更加暗淡。

宇宙中的其他"太阳"很可能也会爆发程度和规模各异的"太阳活动"。事实上，人们已经发现某类被称作变星[1]的恒星的光度变化，即变星在释放光时产生了变光现象。

我们还需指出的是，许多恒星会形成双星或三星系统，而且这类系统极其繁多。根据万有引力定律，这些联合的恒星运行速度很慢，而且系统中成员的属性各不相同，使各个系统都呈现出自己的特殊性。我们只需借助望远镜，就会欣赏到这些星体以不同的亮度和色调在闪闪发光：在一颗黄色恒星旁边的邻星或呈绿色，或呈蓝色，或呈红色。我们注意到，这种现象很大一部分可根据众所周知的互补色原理来解释，即颜色的反差效果加强了色彩的对比度[2]。即使恒星的这

◀ 变星现指亮度和电磁辐射不稳定，经常发生变化且伴随其他物理变化的恒星。

◀ 现代研究对双星或三星系统成因提出了不同的假设，但成因绝对不是互补色，互补色假设只能说是那个时代的一个浪漫想象。

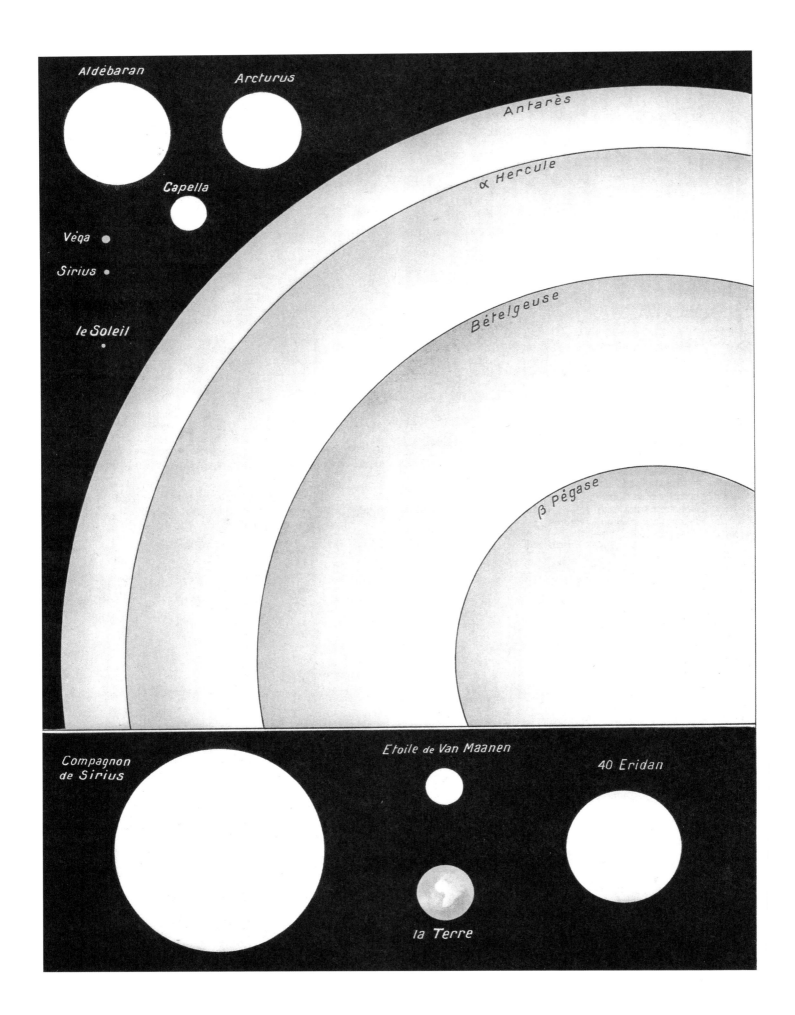

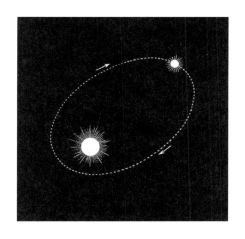

▲ 双恒星系统的轨道

些真实特性看起来可能没那么明显，也不妨碍我们做出各种猜想。

事实上，当我们知道了恒星只是一种和赋予我们光热的太阳同类的星体时，自然而然会产生这样一个疑问：其他恒星也扮演着和我们的太阳一样的角色吗？也就是说，它们周围也环绕着一个行星系统吗？我们可以猜想这些通过引力在轨道上运转的行星也发展出了生命吗？

对于这样的问题，任何断言都是轻率之举，原因如下：任何直接观测都无法证实这些行星真实存在，毕竟连它们的"太阳"——体积更大的恒星——都超出了我们的可视范围，所以要对这些遥远的行星下任何判断实际上都是不可能的。如果某一天，我们可以通过间接的方法确认它们的存在，我们又会面临新的窘境：这些星球上是否发展出了能使生命存续的环境？

且把恒星视为类似我们在本书中介绍的行星所在系统的中心，只是一个通过类比法做出的推断。这样的推理并非毫无逻辑，尽管一些现代理论——若要一一列出就过于冗长了——似乎持的是反对意见，但没有什么能阻止我们进行这样的假设。如果该推论有理，就可由此衍生出各种在我们看来甚至是天马行空的猜想。下面我们就来看看其中都有哪些猜想吧。

比如，让我们来想象一下，某颗行星并不像我们的地球这样只围绕着一颗恒星旋转，它的运行场所是一个双星系统，那么它表面所接收到的光照注定要令人类大吃一惊。请设想一下被两个光源同时照亮的景象，而这两个光源要么在天空中处于相反的位置，要么在远观视角下彼此挨得很近，并释放出亮度和色调各不相同的光芒。这会形成多么奇特的光明景象啊！不会再有阴影，这让我们很难想象这颗行星上的色差效果。在地球上，由于各个单色的叠加，互补色就会消失，地面被我们称之为"白光"的太阳光照亮，若物体或高低不平的表面所朝方向射来了由两颗恒星放出的光芒，那么恒星各自的色光会保留下来。不过，我们注意到，人类对这种现象完全不是毫无经验的——我们经常看到现代灯光技术被应用于无数的舞台剧中。没有什么比舞台灯光能更好地让我们想象这些星球上的光照效果了。如果存在这样的行星，我们唯一能做的就是从理论上给出上述定义，因为我们无法设想在这些行星上还会出现什么别的状况，比如它们所受辐射的性质和强度、物理环境，迄今为止我们对这一切仍旧一无所知。

因此，一方面，我们可以假设存在这样的行星，就像我们的地球存在于太阳的周围一样；另一方面，一切迹象都表明，这些行星必定是截然不同的，关于在它们上面可能存在的外星居民，我们只能做随心所欲的幻想了。

结语

在现代知识的基础上，我们已尽可能确切地连续观察了所有多少可被研究的天体。

我们有理由从这些事实中得出哪些推论呢？首先是一个无可争议的结论：太阳系中的任何一颗行星——我们能真正直接发现的——都不是我们居住的这颗星球的复制品。我们可能会发现这些其他"地球"中的某几颗与我们的行星之间有着公认的相似性。而现在我们能够根据由观察或计算获得的数据做出描述与重建，想象某颗行星的总体特征，想象它们可能展现在人们目光中的自然景象。在这一平台上的我们不再像从前一样局限于智者的单一视野或完全没有根据的思辨。我们已然收获了很多。

然而，所有这一切都强调了地外生命这一永恒命题。

在预示着伟大发现的望远镜被发明出来之初，人们首先投机性地想要直接解决这一激动人心的问题。然而，我们在本书中一开始便展示了光学仪器的真实能力以及各种阻碍其应用的拦路虎，这些条件不足以用来实现人们的愿望。即便如此，我们还是想在此处谈谈看到生存在最近的星球——月球表面上的生物的可能性，抑或在没有看到该生物的情况下，找到生命或其他方面证据的可能性。然而，我们已经得知，月球提供的世界景象并不适合维系我们称之为生命的东西。在这一点上，我们的目光更合乎逻辑地投向了物理环境与地球相似的行星。然而，可以回答我们好奇心的精确研究受限于种种物质障碍，行星研究困难百倍。

说罢限制，怀着因人类视觉能力的人工扩大而似乎被率先合法化的雄心壮志，我们必须重新回到基于推理和逻辑的思辨上来；这并不意味着重温过去的积习。借助望远镜对行星所做的研究使得一切观念——即使是基本构思——都建立在肯定的基础之上。当我们迫于无奈，只能把行星看作一个没有暴露出半点特征或性质的亮点时，想象恰恰可以尽情驰骋；当我们通过双眼看到一颗星球时，必然或多或少会将它的尺寸、表面结构、大气层与我们的地球的做比较，先验地赋予它类似的可能性，这一点都不荒谬。然而，这些表象不管多么具体，都不足以向我们提供有效的信息；许多表象仍然是不确定的，因此更加难以解释。与我们在地球上观察到的景象的比较需要建筑在更夯实的地基上，因此我们需要可以带来定性、定量数据的手段。所以，在人类根据通过单一视角收集到的事实，将某些行星视为明显类似地球环境的条件的集合后，随之而来的更加深入的分析会对此产生深刻质疑。尽管火星和金星明显拥有大气层，但正如我们所见，无论从密

➤ 臭氧层的比例高度：臭氧层在大气层低空云层聚集的上方。我们用气球来表示当前平流层上升的海拔高度（22 000 米）。

度、比例，还是从构成大气的要素性质而言，它们都无法与地球的大气层相提并论。

我们在此处所陈述的一切引导人们如下考虑这一难题：其他星球具备我们认为能够维持有机生命的条件吗？如果具备，这一生命会与地球上的生命相似吗？

关于最后一个问题，通过对每颗行星的逐一论述，我们已经指出，如此深刻的差异的存在本身就意味着该命题的不成立。换句话说，可能存在于其他星球上的植物、动物或人类与地球上的生物相似这一假设看起来是没有根据的。

还有人认为存在地外生命，只是我们尚未识别出任何迹象（除了被我们解释为"植物"迹象的火星有机物）。这一猜想在原则上没有遭到任何反对，我们依然应该持保留意见，但只有联系所获知识，这些保留意见才是有效的。此处，科学仍有许多东西有待教给我们。根据我们对各种生物的组织、机能及维系的认识可知，给定的条件必须对其有利：低于或超过某一温度的话，没有什么能存活于世；一定比例的某些化学物质、气体或其他成分的存在或缺失判定了某一植物或动物的消亡或不可能存在。不过，即便我们在其他星球的基本成分中发现了与地球相同的元素，这些元素以及由重力、光线和热量决定的自我平衡条件也会以不同于地球上的比例结合在一起。最后，像月球这样的天体缺乏这些被认为对生命必不可少的元素，因此我们承认这些星球上不可能存在生命。

一旦认识到这些差异，人们就会

▲ 最渺小的土壤罅隙同样是深谷壮景。

思考它们将造成什么影响，我们甚至试图设想哪种生物会特别适应这些星球的环境。这一论点尽管在科学领域中有理有据，但实际上很难深入研究，因为我们缺少的资料太多。

举一个具体的例子。在本书中我们曾多次谈及紫外线及其治疗效果，以及其他众所周知的破坏性或有害影响。然而太阳是这些辐射的巨大来源，如果没有东西来阻挡它们的持续作用，地球上的生物无疑会遭受酷热暴晒。这一保护要归功于大气层中存在的一定比例的臭氧。研究臭氧必然要知道法布里、比松、多布森、杜菲、夏隆热以及其他许多物理学家的名字。在本文中我们仅概述该研究的结论：这一气体在距离地面约 50 千米的大气层高空形成了臭氧层；臭氧层像滤光器一样吸收过滤掉有害辐射。因此，如果没有臭氧，地球上的一切或许都将改变。

只要说明几个问题就足以使人们完全理解地外生命这一议题的重要性，并使他们看到其他星球环境的复杂性，关于后者我们掌握的数据尚不够准确。如果人们要求特定辐射按照其在地球条件下的作用扮演重要角色，那么这一角色在我们

无法实地掌控的其他地方会发挥怎样的作用呢？无论如何，我们即将跨入广阔的生物科学领域，这一领域带来了如此丰富的发现和启示，终有一天它将与物理天文学通力合作，携手并进。

在许多方面，所有这些问题都不可避免地源自我们基于推理和与地球环境相关的数据所做的唯一判断，因此我们的判断依赖物理事实和生理感受。例如，我们在观察自然现象的生成过程中建立规模、速度、强度以及持续时间的刻度。我们总是将周围发生的事情与我们的体型、器官的功能及感觉相比较。正是我们人类在无限大和无限小之间做出区分。无须走到极限，我们只要在视角的正常范围内观察无数令人赞叹不已的宏伟景色中的一个就够了，例如水流侵蚀冲刷而成的惊人的峡谷峭壁。

机械作用的过程众所周知，但我们依旧震惊于它完成后的规模以及所耗费的时间。请看看脚下——我们总是忘记这样做——类似效果的出现未能引起人们的注意，这是因为它们过于渺小。然而，在这个领域里，我们可以进行多少奇特而美好的研究啊！这里有着自然界伟大现象的复制品，我们经常能够捕捉到这些现象的生成机制，该机制的连续阶段进行得非常迅速。大家注意过先被雨水冲刷后被晒干的沙坡吗？它坍塌滑落成由微粒组成的细小洪流。仿佛观看快进的电影一样，我们能够直接观察悬崖和废墟状岩石等巨大景观的形成，而我们本来是看不到决定它们形成的机械工作是如何作用的。

▲ 这些巨大的树木只是草芽幼苗。

▲ 微观世界：此处的废墟状悬崖不过是一个被放大了的几厘米大小的沙坡。

➤ 在夜空的唯一光亮下拍摄到的风景

时间和规模概念同样与人类息息相关。我们认为什么是光明或黑暗的也是如此。人眼的能力受到诸多限制，因此，当我们不再能有效地指导自己的行动时，就宣布天黑了，可如果眼睛弹性地适应了非常大的强度差异，那么它的能力就会被削弱——它只能看到一次，任何给它留下深刻印象的东西都不会再看到第二次。但想象一下具有与摄影感光片相同特性的其他眼睛吧。感光片不同于人眼，它可以积累光能，无论其多么微弱。这是时间的利用问题，我们在应用于实际中看不到的天体的调查研究中已经看到了这一点，因此，在种种条件下，最深沉的黑夜也开始变得明亮：上图便是证明。

通过这些东拉西扯，我们可能已经稍微偏离了本书的主题，但这也非常必要，因为它可以提醒我们不能局限于从感官出发的唯一观念、比较或估计。这就是为什么有人进一步认为在其他星球上的其他生物可能有着不同的感官和天赋。地外生命这一领域对于所有假设都是开放的。关于这一主题的任何尝试都会不可避免地带有拟人倾向，所以要继续坚持"不切实际"。

天文望远镜或其他研究手段能否在将来的某一天告诉我们有关地外生命的积极信息？这是未来的秘密。从准确度而言，实地验证更加可信。这里，我们触碰到了古往今来富有冒险精神的人首先要考虑的一个问题，也是今天的人们用科学方法去研究的一个问题。从各个角度而言，脱离地球穿越太空抵达月球或其他行星都是一个激动人心的前景。星际航行的可能性，或——用现代术语表述——航天学在过去的几个世纪里已经引发了最异想天开的计划。这一问题由于物质上的困难而非常严峻；它的原理是赋予一台机器一股让其首先可以克服地球引力，然后在穿越遥远距离所需的时间里能够持续飞行的推力。

为了得到这样的结果，我们必须放弃把"飞行器"发射到地球大气之外的想

▲ 戈达德安装实验火箭。

➤ 施密特的火箭升天。

法。唯一合理的模式是通过机器自身的推进；如典型的烟花一般，该推进由一种反作用力激发并维持。

　　无数学者与物理学家——埃斯诺 - 佩尔特里、戈达德、奥伯特等人不懈地研究该问题的理论部分，同时进行了各种技术测验。我们已经能够精准地确定到达月球或其他行星所需的力和速度，但尚缺乏最主要的元素：所需力量的来源；目前所知的一切都不能达成这一目的。

▲ 蒂林在（柏林）滕珀尔霍夫发射的火箭飞到 800 米高。

▲ 当从任意方向划过太空的一些天体穿过大气层与地球相会时，就形成了瑰丽壮观的流星。

一旦力量来源被发现，人们就能够实现渴望已久的目标，解开那困扰良久的谜题吗？关于这一点我们依然应该有所保留。即使造好的机器非常完美，被赋予了一股巨大的力量，我们也应当首先思考冒险者们无波无澜地实现星际旅行的运气有多少；其次，如果他们安全抵达，又将遭遇什么呢？

关于旅行本身，生理方面的问题也被考虑在内；人类的器官在摆脱重力极速前进的飞行器中不得不经受的一切似乎并非无法抵抗。简言之，所有机械数据、生命在机器里的人工维持以及"舒适"问题都已被研究，这些问题看似能够实际解决，对于准确到达目的地的方向问题也同样如此。

但凡事皆有意外。太空中的道路未必如我们想象中的那样自由。无数天体从各个方向驶来，因此造成了地球上流星的出现和陨石的降落。我们不讨论它们的来源和性质，而是将其视为危险因子。它们可能非常庞大——鉴于掉落在地球表面的碎块可以有几吨重——也可能十分微小；但不管体积如何，所有天体都被 30~40 千米的惊人秒度所裹挟。某些抛射物的碰撞避无可避，因为它们方被人察觉就已闪现到眼前；碰撞在所难免。一个巨块可以摧毁火箭及其搭载的乘客；一个小小的碎片可以像子弹一样穿透船体，所有氧气从小孔中逸出……宇宙浩渺，没有证据证明这些事故是不可避免的，但它们仍然是可能发生的，这是任何事、任何人都无法改变的危险。

► 坠落在（阿尔卑斯滨海省）Caille 市的一块铁陨石重 625 千克，存于巴黎自然历史博物馆。

让我们假设一次顺利的航行。我们应思索旅行者将如何登陆目标星球。这一难以减速的登陆与严重的坠落极为相似，因而必须给予恰如其分地指挥；而且在高低起伏的地区与地面接触困难重重，例如月球登陆。假设这些困难均被排除，旅行者能够在抵达的区域自如探索吗？在这一方面，我们所了解到的关于其他星球的一切都值得思考。在月球上没有大气层，其他星球上的空气令人窒息，气温也很可能让人无法承受。于是，极度限制行动的保护措施和呼吸装置就派上用场了，但如此一来，我们能在未知星球上探索广阔的区域吗？降落在撒哈拉沙漠走不出去的火星来客能了解地球生命吗？我们只能泛泛考察这一问题。这些概述足以说明地外旅行的困难依然比人类乍一想到的要复杂得多，况且我们还未开始思考如何返回地球这一至关重要的终极问题。

这是否意味着我们看到了这一未来计划的绝望之境呢？不，我们不能过于悲观，因为人类还没有完全展现自己的天才，我们的勇气没有极限……

在此期间，我们应当如我们在本书中的所为，将自己限制在天文学方法和手段所能带来的所有知识之中。

许多奥秘依然隐藏在浩瀚的宇宙之中，可能永远不会被揭开。幸亏有越来越完善的方法和手段，通过不懈努力而获取的基本知识理所当然地让我们充满斗志。过去纯粹假设的模糊概念已被能令渴望知识的人满意的事实取而代之。

▲ 木刻画——16 世纪初的一位天文学家，威尼斯，1520。

▲ 现代天文望远镜的能力使我们能够看到越来越远的星球。在我们寄身的行星远方，数十亿颗可见的

恒星构成了这幅画面——摄于威尔逊山天文台（加利福尼亚）。

▲ 如果有朝一日人类可以登上别的星球，届时月球表面可能对人类来说并非安全的着陆之地。

▲ 要在金星上登陆，首先要穿过它浓厚浑浊的大气层。

图书在版编目（CIP）数据

在别的星球上 /（法）吕西安·吕都著；王秀慧，
唐淑文译 . -- 北京：北京联合出版公司，2020.3
　　ISBN 978-7-5596-3571-6

　　Ⅰ . ①在… Ⅱ . ①吕… ②王… ③唐… Ⅲ . ①天文学
– 普及读物 Ⅳ . ① P1–49

中国版本图书馆 CIP 数据核字（2019）第 195602 号

在别的星球上

作　　者：[法] 吕西安·吕都
译　　者：王秀慧　唐淑文
责任编辑：喻　静
特约编辑：陈　曦
产品总监：魏　雎
产品经理：卿兰霜
装帧设计：今亮后声·田　松　陈沁佳

北京联合出版公司出版
（北京市西城区德外大街83号楼9层　　100088）
北京联合天畅文化传播公司发行
天津光之彩印刷有限公司印刷　　新华书店经销
字数320千字　　710毫米×1000毫米　　1/8　　39印张
2020年3月第1版　　2020年3月第1次印刷
ISBN 978-7-5596-3571-6
定价：198.00元

cheron 阿克戎链坑 / 槽沟
cidalium 阿西达里亚山丘 / 桌山 / 平原
esacus 埃萨库斯山脊
lpheus 阿尔斐俄斯山丘
menthes 阿蒙蒂斯凹地 / 槽沟 / 高原 / 悬崖
onius S. 阿俄尼亚湾
rgyre 阿吉尔悬崖 / 平原 / 山 / 凹地
vernus 阿佛纳斯凹地 / 山丘 / 山脊 / 悬崖
stapus 阿斯塔普斯山丘
tlantis 亚特兰蒂斯混杂地形
urorae S. 曙光湾
usonia 奥索尼亚山脉 / 凹地 / 桌山
vernus 阿佛纳斯山脊 / 悬崖
éraunius 什洛比尔斯链坑 / 槽沟 / 山丘
erberus 刻耳柏洛斯槽沟 / 沼
olce Palus 科派斯沼
ydnus 西得纳悬崖
eucalionis Regio 丢卡利翁区
euteronilus 德特罗尼尼鲁斯桌山 / 山丘
irce Fons 迪尔塞泉
lectris 伊莱克斯山
lysium 埃律西昂平原 / 链坑 / 深谷 / 槽沟 / 山 / 悬崖
rebus 埃里伯斯山脉
ridania 艾瑞达尼亚山 / 平原 / 断崖
rythraeum Mare 厄瑞斯瑞姆海
umenides 欧墨尼得斯山脊
uphrates 幼发拉底环形山
ons Juventae 青春泉
ortunae 芙特娜槽沟
alaxixs 伽拉科斯尔斯槽沟 / 山丘 / 混杂地形
anges 恒河链坑 / 凹地 / 混杂地形 / 桌山 / 深谷
igas 吉珈斯沟
ellas 海拉斯平原 / 混杂地形 / 山脉
esperia 希斯皮利亚高原 / 山脊
ephaestus 赫菲斯托斯悬崖 / 槽沟
yblaeus 修布腊俄乌丝链坑 / 深谷 / 山脊 / 槽沟
ydaspes 海德斯皮库斯混杂地形
ydraotes 海德拉奥特斯混杂地形 / 山丘
ndus 印度峡谷
sménius L. 伊斯美纽斯湖
acus Hyperboreus 极北湖
Latit. australe 南纬

Latit. boréale 北纬
Lunæ L. 月神湖
Lybia 利比亚山脉
M. Chronium 克洛纽蒙海
M. Hadriacum 哈德里亚卡海
M. Sirenum 塞壬海
M. Tyrrhenum 塔海尼亚海
Mare Acidalium 阿西达里亚海
Mare Australe 南海
Mare Cimmerium 辛梅利亚海
Margaritifer S. 珍珠湾
Mœris L. 美利斯湖
Nepenthes 尼盆西斯桌山群 / 高原
Niliacus L. 尼罗湖
Nilokeras 尼洛克拉斯槽沟 / 桌山群 / 断崖
Nilosyrtis 尼罗瑟提斯桌山群
Nilus 尼罗斯混杂地形 / 山脊 / 山群
Noachis 诺亚高地
Nodus Alcyonis 阿尔库俄尼斯点
Oenotria 欧诺特利亚高原 / 断崖
Ogygis Regio 奥吉斯区
Orcus 奥库斯环形山
Phison 费艾山悬崖
Phlegethon 佛勒革同链坑

Protei R. 普罗丢士区
Protonilus 普罗敦尼勒斯桌山
Pyriphlegeton 疑似与佛勒革同链坑所指相同
Pyrrhae R. 丕耶区
Simois 西摩伊斯山丘
Sinus Sabæus 萨巴斯湾
Solis Lacus 太阳湖
Styx 斯堤克斯山脊

Syrtis Major 大瑟提斯高原
Syrtis min. 小瑟提斯高原
Tanais 塔内斯槽沟
Tartarus 塔耳塔洛斯悬崖 / 断崖
Thaumasia 陶玛斯高原
Tithonius Lacus 提托努利林湖
Trivium Charontis 卡戎三叉路
Uranius 乌拉纽斯山脊 / 槽沟 / 山 / 环形山 / 山丘

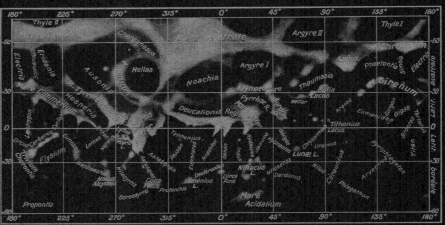

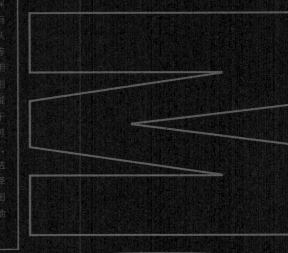

附录 III 提供的是书中用斯基亚帕雷利命名法命名的火星图中的地名参考中译名。对于少数带有明确地形信息的地名，译名保留了该地形信息（图中采用旧有的地形辨别系统，例如暗区被认为是湖（lacus）、海（mare）等水体），而对于图中没有给出明确地形信息的地名，地形信息则结合在图中位置参考了当前权威信息，其中相邻或相关联的若干地形区采用同一名称。为尽可能保证信息的准确性和有效性，对于无法辨认或译名和地形无法明确的地名，将不予提供其译名，读者可自行参考文中地图图示和地图绘制的历史背景对该地形区进行了解。

附录IV 书中人名 双语对照表

阿布马谢尔·阿巴拉克斯 Albumasaris Abalachi
阿那克萨戈拉 Anaxagore
阿萨夫·霍尔 Asaph Hall
阿塔纳斯·珂雪 Athanasius Kircher
埃克 Heicke
奥拉托斯特尼 Ératosthène
埃斯诺 - 佩尔特里 Esnault-Pelterie
安德烈亚斯·塞拉里乌斯 Andreas Cellarius
奥伯斯 Olbers
奥伯特 Oberth
巴纳德 Barnard
巴托利 Bartoli
柏拉图 Platon
伯伊迪克 Boeddiker
贝尔纳 Bernard
本生 Bunsen
比尔 Beer
比松 Buisson
毕达哥拉斯 Pythagore
布拉德雷 Bradley
布鲁诺·德·拉博里 Bruneau De Laborie
达盖尔 Daguerre
达朗贝尔 d'Alembert
丹宁 Denning
道斯 Dawes
德尔波特 Delporte
德尔莫特 Delmotte
德朗德尔 Deslandres
邓纳姆 Dunham
第谷·布拉赫 Tycho Brahé
蒂林 Tilling
杜菲 Dufay
多布森 Dobson
多普勒 Doppler
尤斯塔什·德·迪威尼 Eustache de Divinis
法布里 Fabry
菲佐 Fizeau
丰特奈尔 Fontenelle

冯特纳 Fontana
夫琅禾费 Fraunhofer
弗拉姆斯蒂德 Flamsteed
傅科 Foucault
戈达德 Goddard
哥白尼 Copernic
歌德史密斯 Goldsmith
格雷戈里 Gregory
格里马尔迪 Grimaldi
格林 Green
格罗特胡森 Gruithuisen
哈丁 Harding
哈金斯 Huggins
赫拉克利特 Héraclite
黑尔 Hale
胡克 Hook
惠更斯 Huyghens
伽勒 Galle
伽利略 Galilée
伽桑迪 Gassendi
基尔霍夫 Kirchhoff
基勒 Keeler
纪尧姆 Guillaume
卡洛斯 Charlois
卡米伊·弗拉马利翁 Camille Flammarion
卡塞格林 Cassegrain
卡西尼 Cassini
开普勒 Kepler
克莱德·汤博 Clyde Tombaugh
克莱罗 Clairault
克雷佩 Kléper
科桑 Cosyns
拉格朗日 Lagrange
拉普拉斯 Laplace
赖特 Wright
勒卡尔博尔 Lescarbault
勒莫尔旺 Le Morvan
勒内·戴维南 R.Thévenin

勒维耶 Le Verrier
雷姆斯 Reimuth
里乔利 Riccioli
卢克莱修 Lucrèce
罗默 Roemer
罗斯爵士 Lord Rosse
洛厄尔 Lowell
洛克耶 Lockyer
洛维 Loewy
吕西安·吕都 Lucien Rudaux
马克思·科桑 - 范·德·埃尔斯特 Max Cosyns-Van Der Elst
马克斯·沃尔夫 Max Wolf
麦卡脱 Mercator
梅德勒 Mädler
梅洛特 Melotte
米歇尔·安东尼亚第 Michel Antoniadi
美特卡夫 Metcalf
莫里斯·达尔内 Maurice Darney
尼克尔森 Nicholson
牛顿 Newton
诺伊明 Neujmin
奥伯斯 Olbers
帕利萨 Palisa
皮埃尔·让桑 Pierre Janssen
皮卡德 Piccard
皮克林 Pickering
皮萨诺 Pisano
皮瑟 Puiseux
皮亚齐 Piazzia
普鲁塔克 Plutarque
普罗克特 Proctor
普耶 Pouillet
乔托 Giotto
塞奇神父 Père Secchi
申纳尔 Sheiner
圣多玛斯·阿奎那 Saint Thomas d'Aquin
施罗特 Schröter
施密特 Schmield

史托邦特 Stroobant
斯基亚帕雷利 Schiaparelli
斯塔尼斯拉斯·莫尼耶 Stanislas Meunier
塔基尼 Tacchini
提丢斯 Titius
托勒密 Ptolémée
威廉·赫歇尔 William Herschel
威廉·拉塞尔 William Lassell
威廉·克兰奇·邦德 William Cranch Bond
沃格尔 Vogel
喜帕恰斯 Hipparque
夏隆热 Chalonge
亚当斯 Adams
亚里斯塔克 Aristarque
亚诺芝曼德 Anaximandre
约翰·赫维留 Jean Hévélius
约翰·基尔 John Keill
祖奇 Zucchi

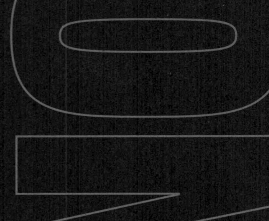
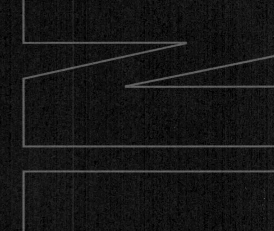
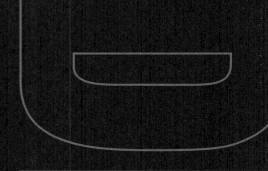
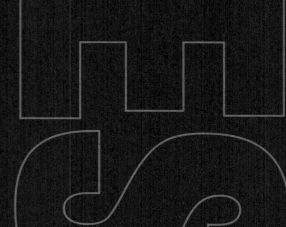

附录 I
第 63 页月球地图中地形和地名
参考中译名

Alpes 阿尔卑斯山脉
Apennins 亚平宁山脉
Caucase 高加索山脉
Cordillères 山脉
Golfe de la Rosée 露湾
Golfe des Iris 虹湾
Golfe du Centre 中央湾
Golfe Torride 暑湾
Karpathes 喀尔巴阡山脉
Lac des Songes 梦湖
M. de Smyth 史密斯海
Marais de la Putréfaction 腐沼
Marais du Sommeil 睡沼
Mer Australe 南海
Mer de Humboldt 洪堡海
Mer de la Fécondité 丰富海
Mer de la Sérénité 澄海
Mer de la Tranquillité 静海
Mer des Crises 危海
Mer des Humeurs 湿海
Mer des Nuées 云海
Mer des Pluies 雨海
Mer des Vapeurs 汽海
Mer du Froid 冷海
Mer du Nectar 酒海
Mts. D'Alembert 达朗贝尔山脉
Mts. Hémus 赫穆斯山脉
Mts. Hercyniens 海西山
Mts. Leibnitz et Doerfel 莱布尼兹山脉与德费尔环形山
Mts. Riphées 里菲山脉
NORD 北
Océan des Tempêtes 风暴洋
Pyrénées 比利牛斯山脉
SUD 南
Vallée des Alpes 阿尔卑斯大峡谷

附录 II
第 63 页月球地图中数字代表的环形山
参考中译名

1. 亥姆霍兹
2. 蓬泰库朗
3. 汉诺
4. 布里安班
5. 奥肯
6. 菲利普斯
7. 纳皮尔
8. 普卢塔克
9. 哈恩
10. 贝罗索斯
11. 高斯
12. 恩底弥昂
13. 德拉鲁
14. 阿诺尔德
15. 波达
16. 优克泰蒙
17. 布森戈
18. 哈格休斯
19. 比拉
20. 弗内留斯
21. 哈泽
22. 佩塔维斯
23. 瓦森
24. 文德利安斯
25. 明伦
26. 韦布
27. 阿波罗尼奥斯
28. 费尔米库斯
29. 奥祖
30. 孔多塞
31. 克莱奥迈季斯
32. 布尔克哈特
33. 杰米纽斯
34. 穆萨拉
35. 博格斯劳斯基
36. 奈阿尔科
37. 罗森贝尔
38. 弗拉克
39. 让桑
40. 法布里休斯

41. 梅修斯
42. 里伊塔
43. 夫琅禾费
44. 斯蒂维纽斯
45. 斯内利厄斯
46. 雷亨巴赫
47. 桑特贝奇
48. 哥伦布
49. 郭克兰纽
50. 谷登堡
51. 梅西耶
52. 塔伦修斯
53. 皮卡尔
54. 普罗克洛斯
55. 马克罗比乌斯
56. 贝采利乌斯
57. 奥斯特
58. 阿特拉斯
59. 赫拉克勒斯
60. 德摩克利特
61. 凯恩
62. 彼得曼
63. 克·迈尔
64. 默冬
65. 斯伦贝谢
66. 辛普路斯
67. 曼齐尼
68. 穆图什
69. 培根
70. 皮蒂斯楚斯
71. 内安德
72. 皮科洛米尼
73. 弗拉卡斯托罗
74. 博豪
75. 马德勒
76. 卡佩拉
77. 依西多尔
78. 马斯基林
79. 扬松
80. 维特留夫

81. 勒莫尼耶
82. 波希多尼
83. 普拉纳
84. 比格
85. 彭特兰
86. 居维叶
87. 利切蒂
88. 马若利科
89. 施特夫勒
90. 林德瑙
91. 萨库托
92. 杰马·弗里西斯
93. 萨克罗博斯科
94. 凯瑟琳
95. 西里尔
96. 西奥菲勒斯
97. 皮达
98. 普林尼
99. 泊松
100. 阿里辛西斯
101. 维尔纳
102. 阿皮亚努斯
103. 阿尔马农
104. 艾布·菲达
105. 德朗布尔
106. 门纳劳斯
107. 林奈
108. 亚历山大
109. 欧多克索斯
110. 亚里士多德
111. 帕罗特
112. 阿尔巴塔尼
113. 喜帕恰斯
114. 雷番席斯
115. 阿格里巴
116. 戈吉努斯
117. 马尼利乌斯
118. 巴罗
119. 库尔提乌斯
120. 马吉尼

121. 第谷
122. 米勒
123. 瓦尔特
124. 雷乔蒙塔努斯
125. 普尔巴赫
126. 塞比特
127. 阿尔扎赫尔
128. 阿方索
129. 托勒玫
130. 莫斯汀
131. 尼拉多塞
132. 阿基米德
133. 奥多利卡斯
134. 阿里斯基尔
135. 卡西尼
136. 柏拉图
137. 戈尔德施米特
138. 莫雷
139. 克拉维斯
140. 隆蒙塔努斯
141. 威廉
142. 加夫里库斯
143. 律泽包尔
144. 皮塔屠斯
145. 布约
146. 兰斯伯格
147. 赖因霍尔德
148. 哥白尼
149. 梯摩恰里斯
150. 朗伯
151. 约·赫歇尔
152. 拉·孔达米恩
153. 牛顿
154. 布兰卡纳斯
155. 沙伊纳
156. 席勒
157. 海因泽尔
158. 卡普雷纳斯
159. 墨卡托
160. 卡普纳斯

161. 伽桑狄
162. 恩克
163. 开普勒
164. 阿里斯塔克斯
165. 希罗多德
166. 索恩
167. 巴贝奇
168. 毕达哥拉斯
169. 巴伊
170. 福西尼德
171. 施卡德
172. 多佩尔迈尔
173. 傅里叶
174. 韦达
175. 梅森
176. 比伊
177. 马利厄斯
178. 拉格朗日
179. 格里马尔迪
180. 里乔利
181. 赫维留
182. 奥伯斯
183. 塞琉古
184. 色诺芬尼

附录 I、II、III 译名来源如下:
①《火星科学概论》, 欧阳自远、邹永廖编, 上海科技教育出版社
②《火星》, (法) 弗朗西斯·罗卡尔、(美) 阿尔弗雷德·麦克伊文、(法) 沙维叶·巴来尔著, 青年天文教师连线译, 北京美术摄影出版社
③中华人民共和国民政部公布的月球地名标准汉字译名
④中国天文学会天文学名词审定委员会的译名成果
⑤《世界地名翻译大辞典》, 周定国主编, 中国对外翻译出版公司
⑥维基百科